近代日本の衣服産業

姫路市藤本仕立店にみる展開

岩本真一
Shinichi Iwamoto

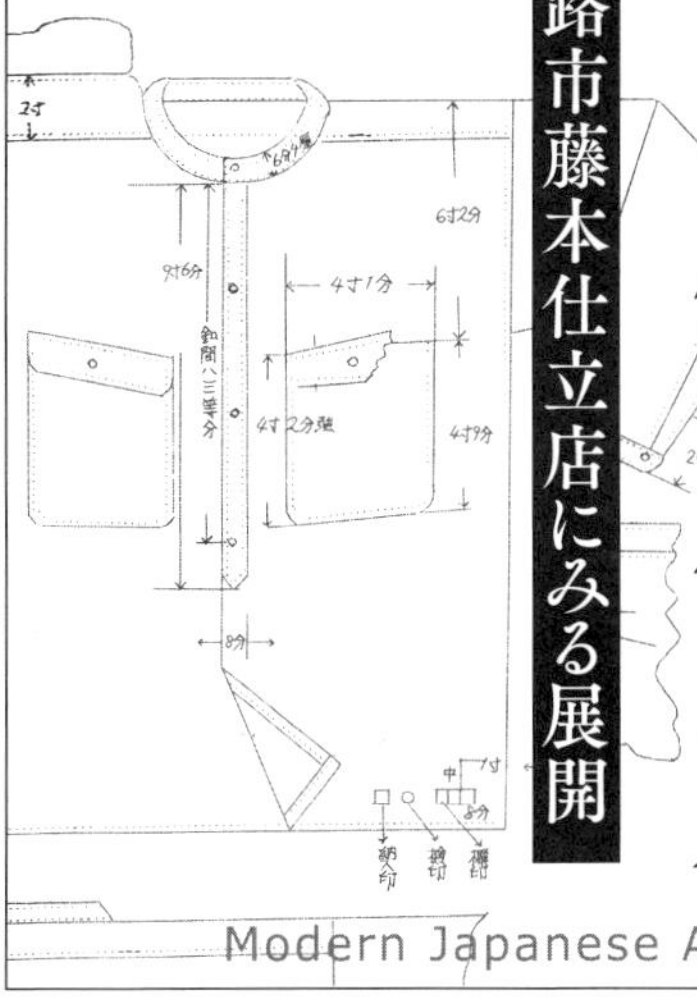

Modern Japanese Apparel Industry

思文閣出版

Modern Japanese Apparel Industry:
Its Development through the Case Studies of Fujimoto Garment Shop

Iwamoto Shinichi

Shibunkaku Publishing Co. Ltd., 2019
ISBN 978-4-7842-1981-0

序章　本書の主題と藤本仕立店の概要

第Ⅱ部　戦時体制と衣服産業の再編

第四章　一九三〇年代までの販売圏の展開とその背景

第五章　戦時経済統制下の衣服産業

第六章　戦時経済統制下の藤本仕立店

第七章　戦時経済統制下の業態と取引状況

（凡例）

（一）本書の多くで依拠する藤本仕立店に関する史料（藤本家文書）は藤本祥二氏の所蔵にかかるものである。史料の利用は祥二氏および姫路市史編集室の好意による。藤本家文書からの出典名は主に本文へ記し、引用の場合は注に記した。

（二）史料からの引用文には適時句読点を挿入した。

（三）本文の一部に史料で使用されている地名や職業上の地位をそのまま利用した。一例は「女工」であるが、当然ながら二〇世紀前半の差別的な意味合いでは使用せず、男性工員・男性職工への対語として用いた。

（四）依拠した統計表のうち『工業統計表』は一九三八年まで『工場統計表』であったが、煩雑を避けるためすべて『工業統計表』に統一した。

（五）利用した戦前期刊行物の一部は国立国会図書館デジタルコレクション（http://dl.ndl.go.jp/）、陸軍被服廠・海軍衣糧廠関連の史料は多くがアジア歴史資料センター（JACAR）「デジタルアーカイブ」（http://www.jacar.go.jp/）、戦前期の新聞はすべて神戸大学附属図書館デジタルアーカイブ「新聞記事文庫」（http://www.lib.kobe-u.ac.jp/sinbun/）を利用した。

（六）衣服のうち商品となったものをとくに衣料品と記した場合がある。

（七）衣服の説明は大丸弘の説を念頭においた。上体衣（上半身衣）は胸部と腹部を覆い、裾は轡部の全部を覆わない衣服。下体衣（下半身衣）は轡部を覆い、上端は乳頭を覆わない衣服。これは腰衣と脚衣とに分かれる。下体衣のうち、腰衣は両足が一本の筒に入る衣服。脚衣は両足が別々の筒に入る衣服（以上、大丸弘「西欧型服装の形成――和服論の観点から――」『国立民族学博物館研究報告別冊』四号、一九八七年二月、三二一・三二二頁）。この区分に基づけば、藤本仕立店が約半世紀間に販売した仕事着、柔道着、学生服、足袋などのさまざまな衣料品は上体衣と下体衣に大別できる。さらに本書では、上体衣のうち腹掛や前掛などを胴体衣、手甲・半手覆などを手腕衣と称した。以上の区分にもとづき、本書は、衣服を主として上体衣と下体衣とし、衣服産業をそれらの製造販売と仕入販売を担う部門と規定する。

（八）　西欧では一四世紀にテーラリング技術の基礎が形成され、密着性・密閉性の強い衣服が作られるようになった。スーツやコートのような外衣は前方開放様式をもっている。この様式は密着性を高める手段であり、これらをボタン（最近ではファスナー）で留める（中国の旗袍はこの部類に入る）。これに対し、漢服、和服、チョゴリなど、東アジアの多くの民族衣装は、西欧と同じ前方開放様式を採りながらも帯や紐で留め、非密着性・非密閉性と関わっている。西欧型の前方開放様式は「密着開放衣」と呼ばれる（以上、大丸「西欧型服装の形成」五三頁）。

近代日本の衣服産業

――姫路市藤本仕立店にみる展開――

序章　本書の主題と藤本仕立店の概要

第一節　本書の主題

本書は、兵庫県姫路市の藤本家文書を手がかりに、近代日本経済史の発展段階のなかで特異な位置を占めた衣服産業（裁縫業）の動向を詳しく述べる。その主な内容は、藤本仕立店の設備・規模・労働力、取扱製品の構成と展開、そして戦時統制下における衣服産業部門の再編と同店の対応である。対象とする時期は一九世紀末の創業から終戦後の廃業までの約半世紀である。

衣服産業が繊維産業のなかで確固たる地位を占めたのは一九七〇年代のことである(1)。現在のアパレル産業は多国籍企業の典型例として知られ、経営組織や生産組織は地球規模に拡大している。日系企業ではユニクロ、米国系企業ではギャップ（GAP）やフォーエバー・トゥエンティ・ワン（Forever 21）、スウェーデン系企業ではエイチ・アンド・エム（H&M）、などがあげられる。これらの企業は自社工場と委託工場のいずれか、またはいずれをも海外にもっていることが多い。

これに対し、本書の扱う二〇世紀前半日本の衣服産業では生産組織が各地域内に留まる傾向が強かった。組織の範囲が一国規模に拡大したのは戦時経済統制期である[2]。この拡大を本書は藤本仕立店の動向をもとに描く。

(1) 問題の所在

古代から、織物が徴税対象や交易・貿易対象となった地域では、それら製品や織機の標準化が行なわれ[3]、各種織物の呼称も定着する傾向にあった。日本も例外ではない。他方で衣服は徴税対象にならず商品化も進まなかったため、衣服の呼称は二〇世紀前半の公的資料である『工場統計表』でもほとんど細分化されなかった[4]。日本の衣服産業は、一九世紀中期から一九七〇年代頃までの約一世紀間に、めまぐるしく商品化、産業化、衰退を経験した。急速な産業化は用語の整理や定着を難しくし、この分野の学術研究を混乱させてきた。たとえば、衣服とは何か、衣服産業とは何か、衣服産業にはどのような部門が含まれるか、等々の根本的な問題が不明確なままである。研究が活発になったのは一九七〇年代以降であるが、いずれも短期的な視野で生産合理化や輸出化を中心に論じる一方、戦前期衣服産業の位置づけを共有しなかった。

衣服産業の位置づけは、戦前期にその成立を認めるか認めないかという点ですでに両極に分かれている。鍜島康子は戦前期の繊維産業に占める衣服産業の低位を根拠にして次のように述べた。「アパレル産業という産業の名称は、日本では一九七〇年代から正式に使用されるようになった。それまでは、衣服産業、または既製服製造業などと呼ばれることもあったが、衣料製品は縫製品製造業の一つで産業としては成り立ってはいなかった」[5]。他方、中込省三は戦前期からの連続的な側面を重視し、「衣服産業の中心は衣服の工業生産と流通にあるが、それは衣服の既製化の普及によってはじまった」[6]ととらえ、「わが国における衣服の既製化のはじめは、明治初年から」[7]と述べた。

急速な産業化は位置づけだけでなく用語の混乱も生じさせた。幕末開港期以降に輸入された衣服や裁縫技術は、外国語直訳の新造語という方法を採らず、カタカナ外来語として理解される傾向が強かった。たとえば、ミシン、アイロン、ボタン、ポケット、テープ、カフス、ギャザー、ダーツなどである。[8] そのうえ、衣服自体の曖昧さ、すなわち衣服形態のもつ不定性と衣服用語のもつ溶解性（フュージョン性）[9] も衣服を学術的に考察する障壁となってきた。

以上のように、衣服産業は二〇世紀を通じて拡大してきたにも関わらず、今なお研究史上で不安定な位置にありつづけている。

このような研究状況のなかで、山崎広明・阿部武司は、この産業を文献史料に基づいて初めて詳しく取りあげた。山崎・阿部は一九二〇年代・三〇年代に備後産地の綿織物業者（佐々木商店）が衣服産業へ進出し、戦時経済を通じて軍部から受託生産を担う過程を詳述した。[10] ただし、この研究成果を直ちに一般化することはできない。山崎・阿部が分析の対象とした佐々木商店は、陸軍被服廠による指定工場化を通じて戦時経済統制を比較的スムーズに乗り越えた特殊な事例だからである。また、佐々木商店が衣服産業へ進出した時期は戦時経済統制期にほぼ重なり、分析対象とする時間幅は狭い。したがって、二〇世紀前半の衣服産業の示す製品の多様化や社会史的な背景を同書だけから知ることはできない。

本書の取りあげる藤本仕立店は、二〇世紀の衣服産業の拡大を如実に示しながらも、材料生地の配給途絶に繰返し直面し、佐々木商店とは対照的な条件で営業を続けた。

（2）　本書の課題

一九世紀前半までの日本で、ほとんどの衣服は自家消費目的（非商品）で調達されていた。同世紀後半から徐々に衣服は商品化されていき、二〇世紀前半になると衣服産業は急速に展開した。二〇世紀前半は前近代から引き継がれた自家消費用の衣服生産と、近代になって勃興した販売用の衣服生産が併存した。双方とも衣服の形態は同じで、前開き形式で紐や帯を腰に締めるもの（前方開放衣）が中心であった。

これまでの衣服文化史や衣服産業史の研究は、「自家消費目的の和服」から「販売目的の洋服」への展開として近代衣服史を述べてきた。しかし、「販売目的の和服」には注意を払っていない。その隙間を埋めるために、本書は和服の商品生産に注目する。これが一つ目の課題であり、主に第Ⅰ部第二章・第三章で述べる。

補論1に詳述するように、近代日本の衣服産業は、一九世紀中期にスーツや軍服などの毛織物製衣服を商品として製造販売することから始まった。二〇世紀転換期になると、自家消費用に生産される衣服と類似のものを商品化する段階に進み、生地の種類は毛織物以外に綿織物や絹織物などへ広がった。戦時期になると材料不足によって経済統制が強化され、その影響から、糸・生地・衣服という衣服産業に関わる全段階が仕入・製造・販売面で政府に管理された。

この段階で自家消費用（非商品）の衣服生産は原則として困難となり、衣服商品化の比率が高まった。本書は商品化の比率が高まる二〇世紀前半の半世紀に、姫路市の小規模裁縫業者である藤本仕立店がどのような経営体制のもとで、どのような製品を取り扱ったかを明らかにする。これが二つ目の課題であり、本書の多くの箇所、たとえば第Ⅰ部第一章〜三章、および第Ⅱ部第四章・六章・七章で述べる。

そして、第三の課題は衣服産業の成立時期の検討である。前にふれたように、鍜島康子は、一九七〇年代に日本国政府が白書や報告書でアパレル産業という呼称を正式に用いたことを受け、同年代にアパレル産業が成立したととらえた。しかし、戦前の『工場統計表』『工業統計表』をはじめとする統計類において日本帝国政府が「裁縫業」と称す部門を設けている点をふまえると、政府の認知を産業化の指標にする以上、戦前に裁縫業が成立していたという反論が成立する。また、戦前期衣服産業を否定する点で鍜島と同じ立場にある木下明浩は、アパレル産業の成立を一九七〇年代前半に想定し、成立根拠を大量生産・大量販売体制の確立、全国市場の成立、衣服既製化の三点に求めた[11]。しかし、本書が示すように、これら三点は早ければ一九世紀末、遅くとも戦時期に確認できる。衣服産業の成立時期は、その規定の是非も含め、終章で再び検討する。

(3) 本書の構成

本書は藤本仕立店の経営動向を構造と展開に大別し、二部構成とした。第Ⅰ部「藤本仕立店の商品・生産・流通」の第一章「生産体制と流通体制」では、生産財の導入と配置、通勤工と受託工の作業内容、製品の出荷・販売の仕組みを明らかにする。同店や受託工がどのような衣服を生産したかを衣服形態から明らかにしたのが第二章「取扱商品の主な形態」である。姫路市役所（姫路消防組）の印袢纏、藤本仕立店特製の柔道着、陸軍被服廠の夏襦袢を取りあげた。また、生産した衣服（または広く衣料品その他）がどの程度に多様化していたかをロング・テール論の観点からとらえたのが第三章「取扱商品の構成」である。ロング・テール論は現代のオンライン小売店の販売戦略として近年注目されてきたが、二〇世紀初頭の実店舗でも確認されることを明らかにする。補論2では、戦前期衣服産業が総体としてどの程度まで衣服を商品化したかを統計類における項目名の推移から概観する。

第Ⅱ部「戦時体制と衣服産業の再編」は第Ⅰ部よりも時間的経緯を重視しつつ経営動向を論じる。

まず、第四章「一九三〇年代までの販売圏の展開とその背景」は仕事着、柔道着、学生服を取りあげ、同店がそれらの販売地域や顧客層をどのように開拓し、取引関係を継続させたかを論じる。創業から一九三〇年代にいたる時期は、需要拡大と供給拡大が同時並行に進展し、新産業たる衣服産業を突き動かした、いわば自由主義的な時期であった。

一九三〇年代末に開始された戦時経済統制は、衣服産業の従来の自由主義的な状況に固定的な取引偏向をもたらした。複雑な戦時経済統制の経緯を衣服産業部門から要約したのが第五章「戦時経済統制下の衣服産業」である。

戦時経済統制は藤本仕立店の経営にも大きな影響を与えた。徐々に迫る材料生地の枯渇によって同店の自家生産比率は委託生産も含めて低下し、商圏も再編された。この過程を詳述したのが第六章「戦時経済統制下の藤本仕立店」である。

統制が衣服産業を府県単位に再編する過程で、日本帝国政府は材料生地配給上で組合単位か業者単位のいずれが適当かという問題に直面し、しばしば業者に経営体転換の促進を強要した。この転換を藤本仕立店側から詳述したのが第七章「戦時経済統制下の業態と取引状況」である。同店は材料生地の配給を途絶された時期もあったが、結果的に廃業することなく終戦を迎えた。第八章「資産の動向」では、この継続要因を資産面から補足する。

終章では、従来の日本経済史研究のうち繊維産業で取りあげられた論点を整理する。そのうえで、本書の分析を通じてみえてくる結論や展望を述べたい。

第二節　藤本仕立店の概要

すでに岩本真一〔二〇一四〕が明らかにしたように、裁縫業者の存在する府県数は一九一〇年代以降ほぼ一貫して増加傾向にあった。[12]そして、裁縫業の従業者数は一九二〇年代に二〇人から三五人の幅にあり、その前後の時期（一九〇〇年代・一九一〇年代・一九三〇年代）は全国平均で一五人ほどに固定される傾向にあった。[13]小規模業者・零細業者が全国規模で多数展開していた。

藤本仕立店もまた小規模な裁縫業者であった。同店をブリヂストン創業者である石橋正二郎の事例に比較すると、街の雑貨屋とでもいうべき、雑多ではあるが便利な商店であった。ブリヂストンの前身「しまや足袋」を創業するにあたり、石橋は、多様な製品を取り扱う裁縫業は非効率だと一九〇〇年頃に認識し、裁縫業から足袋業に専業転換した。(14) 他方、藤本仕立店は二〇世紀前半の約半世紀にわたり多様な製品を取り扱い続けた。その種類は、第三章に述べるように一九〇二年時点で約二二〇種にも及び、多品種少量生産の代表産業とみなされた織物業と比べても一桁多い。

本節では藤本仕立店が創業した経緯を述べ、一九一〇年代を中心に、同店の業種名や類似業者の業種名を紹介する。そのうえで、同店の業種や事業規模が当時の衣服産業を代表する一般的なものであった点を確認する。

（1）創業の経緯

藤本仕立店は姫路市鍛冶町「糸吉呉服店」の店主藤本吉平の次男である政吉が一八九四年に本家近辺で独立創業したことに始まる。(15) 政吉の兄は呉服店を継いだ。政吉は一八八〇年一二月生まれで、父吉平の糸吉呉服店を手伝いながら仕立店を開店した。現当主藤本祥二氏からの聞き取りによると、創業にあたり本家からの負債はなかった。

二人の父である吉平は、兄弟間で軋轢が生じないように、兄は絹、弟は綿というように取り扱う生地に違いをもたせた。呉服店は太物《ふともの》（絹以外の織物）を扱う場合も多いので、弟の政吉には織物の隣接部門の裁縫業に従事させることで競合しないようにも工夫した。(16)

（2）定義と業種名

本書は藤本政吉の創業した店舗を藤本仕立店と称す。「大福帳」や「注文帳」をはじめとする同家の文書類で最も自称頻度が高いからである。仕立という言葉は注文服仕立を指すことが多いが、既製服仕立という言葉もあるように、注文の有無や多少を問わず生地を裁縫する意味である。

裁縫業の取り扱う製品種類が多様であったことに加え、前節に述べたように衣服産業は二〇世紀前半に急速に展開したことから、確固たる業種名をもたず、さまざまな呼称が充てられてきた。たとえば裁縫業や仕立業などである。藤本仕立店の場合も、一九一〇年代に同店が登載された各種の人名録類からこのことをうかがえる。

藤本仕立店は次の文献などに登載されている。たとえば、竹内則三郎編〔一九〇九〕に「裁ほう」[17]、『工場通覧』〔一九一二〕に「足袋シャツ、装束」[18]、商工社編〔一九一四〕に「襯衣《はだぎ》莫大小《めりやす》商」[19]、商工社編〔一九一九〕に「莫大小シャツ商」[20]、篠田介爾編〔一九二四〕に「仕立」[21]などである。

表1は竹内則三郎編〔一九〇九〕をもとに作成した姫路市の裁縫業者の一覧である。この文献は所得金額をもとに等級を付しており、主に資産規模を反映している。登載された業者のうち、大塩善次郎（足袋）は一八一八年に創業した姫路市で確認できる最も古い足袋商である。足袋は前近代日本で商品化されていた衣料品の代表的なものであり[22]、大塩の例のように姫路市内にも一九世紀初頭以来の歴史がある。表1からも、二〇世紀初頭にも大塩をはじめ足袋業者の多いことが確認される。

表1からは読みとれないが、藤本仕立店も足袋を製造販売していた。「大福帳」からは一九〇一年から二六年まで足袋を出荷していたことを確認できる。このように「裁縫」業と記される者が「足袋」を扱うこともあった。同業者がさまざまな業種で記されていることは、同店が足袋の他にも多数の雑多な衣料品を取り扱っていたことを想定させる。また、衣服産業の内実を史料上の業種名だけでは判断できないことも示している。

表1　姫路市裁縫業者の所得等級(1908年)

氏名	級	職業	氏名	級	職業	氏名	級	職業
神村卯平	6	足袋	松井好太郎	13	手拭	三宅貞次郎	15	足袋製造
神村元治郎	8	〃	渡辺市太郎	〃	シャツ仕立	福永林之助	〃	仕立物
神村在徳	〃	〃	松本力太郎	〃	帽子	三木栄	〃	仕立屋
神村永太郎	〃	〃	山崎亀太郎	〃	洋服	八木利吉	〃	シャツ
船曳庄吉	〃	洋服	松井麟之助	〃	〃	中村善次郎	〃	カッパ製造
藤本政吉	9	裁縫	隅野清七	14	裁縫	角谷源吉	〃	帽子
英賀兵次郎	〃	洋服	堀江文七	〃	足袋	岩崎太蔵	〃	〃
菊川惣七	11	足袋	菊川惣吉	〃	〃	香山伝治	〃	〃
井沢源次郎	〃	〃	桑原勘三郎	〃	手拭	中安作次	〃	洋服
吉田シツ	〃	洋服	根岸卯一	〃	洋服	浦上庄五郎	〃	〃
西仁三郎	12	足袋	井上仁左衛門	15	裁縫	高見弥三郎	〃	〃
八木仙吉	〃	〃	池田源次	〃	〃	長谷川米治	〃	〃
黒田圓次	〃	洋服	日下部丑松	〃	足袋	長谷川勇吉	〃	〃
三宅萬吉	13	足袋	田代栄次郎	〃	〃	三浦常次郎	〃	〃
三宅正太郎	〃	〃	森田政次	〃	〃			
六角佐兵衛	〃	〃	大塩善次郎	〃	〃			

出典：竹内則三郎編『兵庫縣姫路市。飾磨。印南。神崎一市三郡富豪家一覧表』1909年。
注1：各項目の「級」の数値は刊行年の前年分。
　2：縫製工程を含む業種、裁縫、足袋、足袋製造、手拭、仕立物、仕立屋、シャツ、シャツ仕立、カッパ製造、帽子、洋服を「裁縫業者」として抽出した。
　3：「級」は所得金額階層を示し、4,000円の6級から1,000円単位で9級まで下がり、900円の10級から100円単位で15級(400円)まで下がる。

（3）事業規模

最後に全国規模の工場名簿から、姫路市の裁縫工場の職工数と男女比に言及しておきたい。農商務省商工局工務課編『工場通覧』一九〇九年版には、表1に掲げた業者のうち、英賀兵次郎、大塩善次郎、藤本政吉、船曳松之助、本間藤吉の五者の工場が記載されている。同年版の登載基準は例年の職工一〇名ではなく職工五人以上であり、小規模工場を把握しやすい。

これによると、英賀兵次郎は「英賀洋服工場」として記載され、一八九七年に創業、製品種類は「洋服」、職工は一三人ですべて男工である。大塩善次郎は、創業は一八一八年と古く、製品種類は「足袋」、職工は五人ですべて男工である。藤本政吉は「藤本工場」として記載され、一八八七年創業、製品種類は「足袋シャツ、装束」、職工は五人ですべて男工である。船曳松之助の場合、工場主は船曳庄吉となっているが、双方の住所が東二階町で一致するので、松之助の工場も庄吉と同じく「船曳洋服裁縫場」と考えられる。同裁縫場は一八八五年創業、製品種類は「洋服」、職工は六人ですべて男工である。最後に、本間藤吉は「佐野装束店」工場主として記載され、一九〇五年創業、製品種類は藤本と同じ「足袋シャツ、装束」、職工は六人で男工五人・女工一人である。

藤本仕立店を含むこれらの業者は、前節冒頭に述べた裁縫業の職工数推移からみると、おおむね全国平均一五人を数名下回る規模で操業していた。以上のこともふまえ、職工数の規模や業種名の点から、同店は一般的な小規模裁縫業者に位置づけることができる。

第三節　藤本家文書の概要

本書は「姫路市史編集資料目録集三六　藤本祥二氏文書」を藤本家文書とよぶ。藤本家文書は藤本家現当主である藤本祥二氏の所蔵にかかるものである。

前節にみたように、二〇世紀前半の姫路市域では裁縫業・洋服業・足袋業などが広がっていた。全国的にみてもこの時期は大規模業者から零細業者まで増加傾向にあった(23)。多くは小規模業者や零細業者が占め、転業や廃業が多発していた関係から、この産業の史料はほとんど残っていない。その点で藤本家文書は貴重であり、二〇世紀前半の半世紀にわたり経営動向を概観できる点でも珍しい史料である。

また、第七章でもふれるように、統制関連調査は、控書未記入や戦災焼失等の理由から、ほとんど知られていない。このような残存状況のなか、藤本仕立店店主の政吉は戦時期の調査報告書類を控えとして保存していた点は特筆に値する。

本書が参照した文書類は目録集に収録された史料名をおおむね踏まえるが、さらに細かい名称を用いた場合もある。主たる史料の詳しい説明は各章冒頭に付した場合もあるので、以下には書式や記載対象年などの形式的な側面から主要史料を要約する。

（1）　創業期の原型的史料

藤本仕立店が創業当初に記録していた帳簿は「品物直分簿」で、一八九四年三月に記載が始められた。記載内容はしばしば変化し、未記入月が若干ある。

当初の記載項目は顧客名ごとに月日、品目、点数、符牒の四点が記されている。符牒の存在からのちの「注文帳」の特徴をもつ。この頃はかなり小規模な取引内容である。半年後の一八九四年九月からは符牒が金額に変わりのちの「大福帳」と同じ書式となる。翌月（九四年一〇月）からは、一回の出荷数の多い顧客には品目名を「〆」と一括して略記する場合も出てくる。

その後、一八九七年一月から九九年一月までは「棚卸」や「棚落シ」と表記されるようになり、のちの「棚卸」と同じ項目が記載されるようになった。この期間には「小売貸」「生野銀山貸」などの記載がみられ、販売先の小売店や消費者に対する売掛金が発生していたことが分かる。そして、一九〇一年からは「市内〆」のように地域単位で売掛金に「〆」と表記され、掛売関係をもつ小売店や消費者が広がっていることを推測させる。〇四年からは「現在金」「親睦講」「債券」の項目が確認される。「品物直分簿」は一九〇六年三月一日以降「棚卸」の記載がなくなるが、他の項目は一九〇七年二月まで記載された。そして翌〇七年三月一日から「棚卸」が単独の帳簿として記載されるようになる。

(2) 仕入・受注・製造に関する史料

生地やカタン糸などの材料の仕入は「現金帳」や「判取帳」から取引先や支払月日・支払金額については断片的に知ることができるが、生地の種別は不詳である。

製造する衣料品の受注内容は「注文帳」「商人注文帳」「当座帳」「製品見積控」から知ることができる。このうち一八九〇年代末の「注文帳」と「当座帳」は「藤本仕立店」と「藤本仕立店外」に分けられた場合があることから、創業して間もない藤本仕立店の受注の一部を藤本吉平商店側で行なったことがわかる。受注史料のうち長期的に記録されているのが「商人注文帳」と「注文帳」である。これらの書式は月日、注文者名・社名、注文品名、点数である。「商人注文帳」の半数弱に「送ル」と記され、その都度に送付期限や送付点数が併記されている。商店へ商品をまとめて発送していたことがわかる。他方で「注文帳」には藤本仕立店へ発注した団体や組織(つまり最終消費者)が意匠文字を付けるよう指示した場合がしばしば確認される。同店は卸売と小売を兼ねていたことが分かる。

藤本仕立店の製造内容を示す史料は断続的である。米国シンガー社との契約内容を示す「ミシン購求に付契約書」、委託生産の生産者名、品目名、点数を示す「職方仕事帳並仕事数控帳」、通勤工の出勤状況を記す「磯吉出入帳」などがある。前述のとおり、史料的価値の点で特筆すべきは、同店店主の政吉は「布帛製品関係業者に関する調査報告控」をはじめとして戦時経済統制関連の報告書類を控えていたことである。通常ならばそれら統制関連調査の書式しか知られないが、同店は控えを細かく転記していたため、戦時の業態を具体的に把握することができる。同時期の出荷状況・販売状況を知るうえでも、この史料の価値は高い(24)。

(3) 出荷・販売に関する史料

出荷・販売を示す主要史料は「大福帳」である。一九〇〇年代後半から販売の大半を占めることになる掛売の内容が詳細にわかる。「大福帳」の書式は顧客名に町村までの所在地が併記され、それを単位として年月日順に金額、品目、点数と並び、顧客からの入金があるたびに該当商品群の最後に入金額を「〆」とともに記している。ごく稀に返品内容も記載されている。また現金売の販売内容を示す「現金帳」も存在する。

「大福帳」以外に出荷や販売の状況を示す史料として「判取帳」がある。これは一九〇二年一月一日から一九三五年六月二八日まで記載された。書式はまず「一　(支払額または梱包名)　右正ニ受取申候や」という文章が印刷されており、継いで受領年月日の空白欄に各数字を入れるようになっている。そして金銭ないし品目を受け取った者の署名(時には捺印)が記されている。梱包名は「紺包三個」「メリヤス入紙包壱個」「油紙包壱個」等々である。この史料に登載されている固有名詞は掛売顧客、運送業者、材料生地販売業者の三者に大別できる。掛売顧客には「那波定七　代岩吉」のように代理人も見られる。運送業者で頻出するのは「内藤運送店」で、藤本仕立店近隣の野里支店を示す押印が確認される。同店の店長は「石堂浅吉」で、石堂自身が藤本仕立店から個人として衣料品を購入する場合もあった。生地販売業者には「龍田謙也」「伊藤長平」「高井利一郎」ら姫路市内に織物業を営む業者が確認される。

（4） 出納・資産に関する史料

出納や資産を示す史料には「棚卸」「諸納税簿」「金銭出入帳」「製造帳」などが存在する。このうち長期的に経営状況を観察できるのが「棚卸」と「諸納税簿」である。「棚卸」は一九〇七年から廃業までの「資産」「負債」を費目別に記載したものである。資産と負債の全容（未回収金、在庫推定額、貸金・借金、投資、所有山林等）が分かる。「諸納税簿」は年月日順かつ税種別に記された帳簿である。課税対象からみた営業規模を類推できる。

小括

本節では藤本仕立店の創業の経緯、業種名、事業規模、史料概要をみてきた。最後に職工の男女比に触れておきたい。第二節に取りあげたような裁縫工場には男工が多く女工が少ないことがみてとれる。新産業には女性労働力が投入されることが多いと思われるが、岩本〔二〇一四〕によると、衣服産業の場合は次のような事情から男性労働力も多く活用された。陸軍被服廠は一八九〇年に設立され、その始まりとともに下請組織としていくつかの軍服受託工場を抱えた。それらの工場には男工も女工も勤務していたが、被服廠は徴兵制をつうじた男工を廠内に多く抱え、徴兵を終えた（退営した）男工たちは被服廠を去っていった。そのため、廠内に技術蓄積ができない問題に被服廠は直面していた。この問題が是正に向かったのは日露戦争頃のことで、被服廠周辺に居住する女性労働力を投入するようになった。[25] 一方では、このことから一八九〇年代から一九〇〇年代半ばまでは、全国各地に裁縫業を自営したり内職したりする男性（退営した男工）が多かったと考えられる。

第一章では、一九〇〇年代の史料をもとに、藤本仕立店と男性内職者との関係にふれながら、同店の小規模な生産体制の構造や特徴を明らかにする。同店は一九二〇年代・三〇年代に他家に設置するミシンを自家以上に多くしていくが、この時期になると設置先には女性と思われる固有名詞も増えていく。

（1）岩本真一「衣服産業史研究の動向――個別史から全体史へ――」大阪経済大学日本経済史研究所『経済史研究』第一七号、二〇一四年一月、一〇五頁。

（2）本書は戦時経済統制期を次のように規定する。日中戦争勃発の一九三七年七月七日を起点に、広義には戦争継続期間の観点から、連合国軍最高司令官（ＳＣＡＰ）による陸海軍解体命令や軍需工業停止命令の一九四五年九月二日まで。狭義には、統制諸法令に対する藤本仕立店のさまざまな対応が自社にも市域や県域の組合にも実質的効果をもてないまま、第二海軍衣糧廠姫路本廠の開庁という、統制諸法令の管轄外である生産主体の出現によって諸法令自体を否定する段階に戦時体制が到達した観点から、一九四二年一〇月頃まで。

（3）中国では西周の時代に「紡織生産の規範化が始まり、布帛の軽重長闊はすべて製品としての標準性を備えていた。周初期の規定は布帛の幅は二尺二寸（六六・六六センチ）とし、長さは四丈（＝四〇尺＝一・二一二センチ）を匹とした。軽重長闊が標準を満たさない場合は貢納が認められず、市場で販売することさえできなかった」（劉克祥『簡明中国経済史』北京、経済科学出版社、二〇〇一年、一九七頁）。西欧では「布地が現在よりもはるかに貴重であり、また縫合の技術も劣っていたこの時代（中世から一六世紀頃まで：筆者注）では、法的規制によって標準化されていた布幅が、衣服のかたちをきめるうえでの重要な条件になっていた」（大丸弘「西欧型服装の形成――和服論の観点から――」『国立民族学博物館研究報告』別冊四号、一九八七年二月、四二頁）。

（4）最初の統計表である一九〇九年版の織物は、絹織、綿織、絹綿交織、麻織、毛織の五種類に過ぎなかったが（農商務大臣官房統計課編『工場統計総表』一九一一年一月、「府県別工場生産額及数量統計表」六頁）、これは統計技術上の問題であろう。二回目の調査である一九一四年版からは繊維別に細分化され、絹織物は「紋織類」から「帯地類」まで、その他を除いて一六種が対象とされた。同様に、絹綿交織類は「繻子織」から「帯地類」まで七種、綿織物は「白木綿」から「帯地類」まで一九種、麻織物は「着尺地」「蚊帳地」の二種、一九世紀中期以来の新素材である毛織物ですら「モスリン」から「羅紗」までの六種、四繊維の合計で五〇種が登載された（農商務大臣官房文書課編『工場統計総表』一九一六年三月、一六三〜一七四頁）。これに対し、衣服産業に関する「製産品」は、メリヤスが「シャツ」から「サル股」まで五種（農商務大臣官房文書課編『工場統計総表』一七四・一七五頁）、雑工場のうち、革製品が靴、裁縫製品が「和服」から「足袋」まで四種、これに帽子の三種を含めても登載品目は一二種に過ぎない（農商務大臣官房文書課編『工場統計総表』二一四〜二一八頁）。

衣服名称の曖昧さの例として、下体衣の股引とパッチには次のような傾向がみられる。関西では縮緬・絹・木綿製のいずれも丈が長いものはパッチと呼ばれ、丈の短いものは股引と呼ばれ、関東では丈の長短に関わらず縮緬・絹製はパッチ、木綿製は股引と呼ばれた（宮本馨太郎『民俗民芸双書　かぶりもの・きもの・はきもの』岩崎美術社、一九九五年、一五三頁）。また、本書の取りあげる藤本仕立店の出荷内容を示す「大福帳」には「柔道着」購入客からの返品品目が「襦袢」と記される場合があった。柔道着も襦袢も接膚衣の観点からとらえれば同じものである。接膚衣として襦袢を考えた場合の具体的で詳しい考察は次の文献を参照のこと。大丸弘「近世の襯衣に関する考察――その着装様態について――」『大阪樟蔭女子大論集』第七号、一九六九年一一月。

（5）鍜島康子『アパレル産業の成立――その要因と企業経営の分析――』東京図書出版会、二〇〇六年、一二頁。戦前期に衣服産業は存在しなかったとみる説は他にもある。山崎光弘は一九六〇年代をアパレル産業への助走期間と位置づけた（山崎光弘『現代アパレル産業の展開――挑戦・挫折・再生の歴史を読み解く――』繊研新聞社、二〇〇七年、五六頁）。

（6）中込省三『衣服産業のはじめ』国際連合大学、一九八二年、二頁。

（7）中込『衣服産業のはじめ』二頁。大塚佳彦も一九世紀中期に衣服産業が開始したとみなし、一九世紀中期の既製服誕生を衣服産業の端緒ととらえている（大塚佳彦『ファッション業界』教育社、一九七六年、二三〜二九頁）。

（8）大丸「西欧型服装の形成」一八頁。

（9）大丸弘「シンポジウム特別講演　民族服飾と専門用語」専門用語研究会『専門用語研究』第一号、一九九〇年八月、三頁。

(10) 山崎広明・阿部武司『織物からアパレルへ――備後織物業と佐々木商店――』大阪大学出版会、二〇一二年。
(11) 木下明浩『アパレル産業のマーケティング史――ブランド構築と小売機能の包摂――』同文舘出版、二〇一一年、二五頁。
(12) 岩本真一『ミシンと衣服の経済史――地球規模経済と家内生産――』思文閣出版、二〇一四年、二〇八頁。
(13) 岩本『ミシンと衣服の経済史』一九七頁。
(14) 石橋正二郎『私の歩み』一九六二年、二四頁。
(15) 本書に登場する藤本家の家族構成は藤本政吉からみて次のとおりである。春治が弟、嘉吉が次男、幾野が嘉吉の妻。
(16) 以上、当段落は岩本『ミシンと衣服の経済史』二二七頁による。
(17) 竹内則三郎編『兵庫縣姫路市。飾磨。印南。神崎一市三郡富豪家一覧表』名誉発表会、一九〇九年。書名の「。」は表記どおり。情報は一九〇八年現在。
(18) 農商務省商工局工務課編『工場通覧』日本工業協会、一九一一年、一六八八頁。情報は一九〇九年一二月現在。
(19) 商工社編『日本全国商工人名録』第五版、一九一四年、ホ三二頁。
(20) 商工社編『日本全国商工人名録』第七版、一九一九年、ホ三〇頁。
(21) 篠田介爾編『姫路飾磨神崎紳士大鑑』姫路興信所、一九二四年、一〇六頁。
(22) 岩本『ミシンと衣服の経済史』一一四頁。
(23) 岩本『ミシンと衣服の経済史』第二部二章。
(24) 製靴業では大塚製靴の陸海軍受注関係史料が知られる。同書には戦前期からの内容が記載されているが、戦時期は調査書式が記されているだけで内容は記載されていない。大塚製靴百年史編纂委員会編『大塚製靴百年史資料』一九七六年、九六～一二七頁。
(25) 岩本『ミシンと衣服の経済史』一八〇～一八二頁。

補論1　近代日本の衣服産業史

本章では、第Ⅰ部・第Ⅱ部での検討の前提としてほとんど知られていない近代日本の衣服生産の歴史について概観する。観点は大別すると前近代に行なわれていた一部の衣類の商品化と近代における生地素材の多様化である。

第一節　前近代と近代における衣服産業の概観

(1)　衣服産業と裁縫

衣服産業の基本的な工程は裁縫である。さまざまな衣料品や帽子、手袋、鞄、靴等の関連品を作る場合、生地をあらかじめ設計した型に切り分け、それらを縫合する。型に切る工程は裁断といわれるが、縫製業は裁断工程と縫製(縫合)工程の両方を含む場合が多く、戦前は裁縫業の名で親しまれた。裁縫業以外にも、仕立業、衣料加工業、繊維加工業などとよばれる場合もあった。戦後になると、縫製業、アパレル産業、衣料品産業、衣服産業という言葉が使われた。衣服には編み布地であるメリヤス製品も含まれるが、本書でいう衣服産業は織物生地を用いたものを中心にして話を進める。

糸の生産は繊維を加工することにより長大化させる作業であり、布の生産は織物に限っていえば原料糸を経糸と緯糸から織り合わせる、いわば線から面を作り出す作業である。対して縫製（裁縫）はこのような長大化や拡大化とは異なり、利用者の体型に基づいて布の裁断と縫製を行なうという細かく加工的な側面が強い。

この特徴から、衣料品生産には服を着用する者と服を作る者とが向き合う必要があった。すなわち対人生産が根幹であった。そのため、日本のみならず多くの地域で、前近代には部分的に商品生産（販売向け生産）が確認されるものの産業化はあまり進展しなかった。すなわち前近代の衣料品は支配者層から民衆に至るまで自家消費目的で生産された。ミシンが開発されてからも一点生産という原則は維持されているため、ミシンの導入はどちらかというと大量生産よりも高速生産を可能にしたものといえよう。

（2）衣服産業成立以前の衣料品生産

①古代

古代から糸や布が租庸調の徴税対象物となったことは広く知られている。朝廷や地方政府に集められた糸や織物は管轄内で最終的に（徴税対象外の）衣料品へと仕上げる必要があった。すなわち、利用者側で糸は織物へ、織物は衣料品へと加工されたわけである。また、糸や布は生産者（納税側）の余剰分が商品として市場へ出されることもあったが、衣料品はほとんどなかった。

古代に自家消費目的ではない衣料品生産を辛うじて知らせるのは律令・格式類である。これらによると、朝廷には縫殿寮・縫部司等の衣料品生産部門が設置されていた。七五七年（天平宝字元）に施行された基本法令「養老律令」は「職員令」と「後宮職員令」から構成されており、これらに糸生産部門・布生産部門・衣料品生産部門が明記されている。

九六七年（康保四）施行の「延喜式」に至るまで職員数の変化は激しいが、糸生産は糸所、織物生産は織部司にほぼ限定されているのに対し、衣料品生産部門は中務省管轄内に内蔵寮と縫殿寮が、大蔵省管轄内に典縫司、縫部司、縫司、縫女部が設置され、複雑かつ大規模な組織を有していた。布生産を担う「織部司」が一五人（ただし下部組織の作業者数は増える）と少数であるのに対し、衣料品生産を担う者は、中務省管轄内で約二〇〇人、大蔵省管轄内で約五〇人と大規模であった。

七九九年（延暦一八）、中務省の縫殿寮は大蔵省の縫部司へ吸収された。この際、縫女部には女孺という下級女官が設置され「延喜式」以後は女孺だけでも一〇〇人にのぼった(1)。

このように、織物生産部門に比して衣料品生産部門の職員数が大規模であるのは、先述したように衣料品が租庸調の対象とならず、朝廷内で生産する必要があったためである。さらに、朝廷で着用された礼服・朝服・制服などは、冕服に代表されるように多種類の関連品によって構成されていたため、種々の品目を現場の必要に応じて生産しなければならなかった。

②中近世

中世になると一部の民間で衣服の商品化（製造販売）が行なわれるようになる。たとえば、鎌倉末期に若狭の東寺領荘園である太良荘の市場へ販売目的で縫小袖が持ち込まれた事例（古着販売）(2)、一五世紀に高野山の僧侶が京都西陣に装束製作を発注した事例(3)、一六世紀中期に奈良興福寺多門院の僧侶が絹製袷小袖を仕立てさせた事例等である(4)。これらの事例は衣服の商品化を示すものではあるが産業化と呼べる規模は有していない。なお、日本中世の軍事制度は封建的主従制にもとづき、兵糧・武器・兵衣は原則として自弁であったため、軍需が産業化を後押しすることはなかった(5)。

近世になると既製衣料品の販売が行なわれるようになるが、それは主として古着か仕事着であった。古着では、大阪の古手屋仲間（一六四五年）、江戸の古着株仲間（一六五〇年）等が組織化された[6]。また、足袋、合羽、脚絆、腹掛、蚊帳、手甲等は既製品として製造販売される場合があった。足袋は一八世紀初頭に埼玉県行田市で小規模ながら製造販売が行なわれていた[7]。諸藩は農民に対し足袋や合羽の使用禁止令を断続的に出しており、身分を超えて既製品が普及していたことがわかる[8]。また、幕末開港期長崎の仕立業者が武士層を顧客に注文仕立業を行なっていた事例が確認されている[9]。

（3）幕末の開港と衣服産業の成立

①民間部門

幕末開港によって自由貿易が始まり、横浜や神戸の開港地（居留地）に暮らす欧米人を顧客に衣服を作る注文仕立業、いわゆる「仕立屋」や「洋服店」が誕生した。これを機に男性はスーツ（背広）、女性はドレスという、その後の日本洋装史の基礎が形成された。

横浜や神戸で日本人は欧米人や中国人から裁断や手縫・ミシン縫等の裁縫技術を伝授された。代表的人物にエリザベス・ゴドウィン・ブラウン夫人があげられる。一八五九年の開港とともに彼女は夫のS・R・ブラウン宣教師と一緒に来日し、アメリカ人宣教師たちの宿舎であった神奈川県成仏寺でミシンを用いた洋服裁縫業を行なった[10]。

中山千代は幕末開港期から二〇世紀第1四半世紀までを対象に、横浜、長崎、神戸で活躍した外国人洋服業者を欧米人と中国人、スーツ生産者とドレス生産者に分け、活躍地と創業年の一覧表を作成した[11]。これによると、スーツもドレスも横浜が神戸に比べ圧倒的に業者の多いことがわかる。また、この一覧表から創業時期を無視して人数をみると、欧米人が六五人であるのに対し中国人は九一人も営業していた。すなわち、幕末開港期に欧米人へスーツやドレスを仕立てたのは、日本よりいち早く開港をむかえ欧米の裁縫技術を身につけていた中国人であった。

その後、一九世紀第4四半世紀になると、欧米人や中国人は自ら営業を行ないつつも、日本人仕立業者たちに指導的役割を譲りはじめた。渡辺辰五郎が開いた裁縫私塾（のちの共立女子職業学校）、フランス公使館裁縫方を務めた沢田虎松らが指導した婦人洋服裁縫学校など、洋服店や裁縫学校が横浜・神戸・東京・大阪で設立されていった。

顧客からの受注により製造を開始する注文仕立業は職工数が一桁から二〇名未満にとどまる小規模なものである。二〇世紀全体を通じて確認されることだが、洋服店は商店（小売店）の奥に工場を設置している場合が多い。ただし、一九世紀後半に限っていえば横浜と神戸とを比較すると経営体の違いがみられる。神戸では洋服の小売店と工場が同一建造物に入る場合がほとんどであるが、横浜ではこれ以外に織物商店（呉服商、太物商、輸出絹物商等）が五〇名から一五〇名ほどの職工を擁する中規模・大規模の衣料品工場を設置させる場合があった。また、神戸では洋服裁縫店が集中したのに対し、横浜には和洋服裁縫店がしばしば存在した。[12] 横浜は幕末開港によって最大の絹織物輸出地となったため、一部の織物商店が和洋服地を取り扱う一方で衣料品生産部門にも進出したと考えられる。

以上は近代衣服産業の民間部門の勃興である。他方で幕末維新期の戦乱を通じて軍服という大規模な商品が発生した点も看過できない。

②政府部門

長州征伐（一八六四年）では幕府軍が甲冑を着用したのに対し、長州藩軍は洋式の軽装であったし、[13] 西南戦争（一八七七・七八年）では西郷軍が甲冑であったのに対し新政府軍は洋装であった。

新政府は中央集権的政体をめざし、四鎮台編制成立期にあたる一八七一年に一応の軍装調達制度を整えた。まず、同年四月に海軍所で洋服仕立師を雇用し[14]、一一月には兵部省武庫司所轄の習業場を設立した[15]。これは縫工・靴工・革工の育成を目的としたもので、一八八六年設立の陸軍被服廠へとつながる。しかし、欧米風の軍靴・軍服・軍帽などは新政府にとっても民間業者同様に新技術を要するものであったため、政府のみによる生産体制の確立は難しく、先行して洋服製作に従事していた民間業者（工場）への依存が避けられなかった。

一八七一年一二月に新政府は軍服仕立料を制定し、各軍人は支給された現金をもって民間の仕立屋へ直接注文することとなった。ただし、曹長以下二等兵卒までの軍服は官給として現物支給された[16]。また、同一二月に軍靴生産を弾直樹や西村勝蔵ら幕末期以来の皮革業者へ委託した[17]。一八七三年には植村久五郎が海軍武官服工場を設立したのをはじめ[18]、二〇世紀初頭にかけて民間の軍服受託工場が次々に設立されていった[19]。新政府は同年六月に刑務所労働の一つに軍服生産を課した。このような新政府と民間衣料品製造業者との連携は西南戦争でさらに強固なものとなった。この戦争中に藤田組は被服・草鞋を提供し[20]、大倉組は裁縫師を派遣した[21]。さらに新政府は、注文仕立業者でも既製服業者でも、ミシンが利用でき洋服裁縫の経験がある者ならことごとく軍服生産に従事させた。それでも軍服は足らなかったという。

陸軍被服廠が東京市本所区に設立されてからも、政府は自家生産だけでなく民間工場への委託生産に依存して軍服の調達を行なった。陸軍第一五六号「本省並陸軍諸官衙返納被服品取扱手続」（一八八九年一〇月二九日交付）では再利用のために軍服の返納が義務づけられた。民間工場への委託は、二〇世紀転換期になると工場周辺に居住する女性向け内職にまで枝分かれした。工程間分業が工場内から地域内へ拡大したのである。こうして帝国政府による軍服調達は極めて広範な生産体制を築いていき、日清戦争から日露戦争にかけて軍服の内職ブームを迎えることとなったのである。

軍服以外では、公家・武家の服制を混在させてきた新政府の服制制定には守旧の傾向が強かったが、郵便配達員、警察官、鉄道員、工場労働者、看護婦、学生などの制服には一九世紀末までに洋服が定着していった。たとえば、郵便配達員の制服は小林正義〔一九八二〕[22]、女学生の制服は佐藤秀夫〔二〇〇五〕[23]に詳しい。

（4）居留地貿易撤廃後の展開

①概観

一八九九年に居留地貿易が撤廃された。その後の衣服産業をみる場合は、とくにミシンの存在が重要になる。一九〇〇年に米国シンガー社は横浜と神戸に販売店を設置した。同社は積極的に販売網を広げ、月賦販売をもとに工場にも家にもミシンを販売した。一九二〇年代になると同社製ミシンは都市部だけでなく、一部の農村にまで広まった[24]。

島野隆夫の業績をもとに筆者が試算したところによると、毎年のミシン輸入台数は、本来の設備投資だけでなく投機的売買も多くなされていたため、数年単位で急激な増減を繰り返すが、やや長期的にみれば一八九九年までは一万台を超えず、一九〇〇年に一六、〇〇〇台、一九一〇年に二六、〇〇〇台、一九二〇年に一二六、〇〇〇台と、増加傾向にあった（ただし一九三〇年代前半には飽和状態となり減少した）。

一九一〇年代から二〇年代にかけて衣服産業は大工場、中小工場、家屋までを取り込み目覚ましく展開した。前項でとりあげた注文仕立業は一九二〇年代にかけて全国規模で展開していった。一九一〇年代以降の衣服産業発展の要因には外需と内需があった。

まず外需は大規模な戦乱にもとづくものであった。一九一一・一二年の辛亥革命、一九一四〜一八年の第一次世界大戦、一九一七年のロシア革命である。この時期、主に輸出向けメリヤス衣料品を生産していた大阪市は未曾有の繁栄をみせ、外国からの発注に応じきれず、名古屋市内や東京市内のメリヤス工場にも委託する状況となった。しかし、戦乱を主たる要因とする外需が途絶えると、輸出向け生産を得意としてきた大阪市内ではメリヤス業者の廃業が相次ぐこととなった。

他方、内需をみよう。この時期の衣服産業の発展には、まず、前項で触れたさまざまな制服類の需要が継続していたことと、殖産興業政策のもとで作業着が大量に消費されていたことが一九世紀的要因として関わる。次に二〇世紀的な要因として、スポーツや武道の普及により、ブルーマー、ニッカーズ、体操服・道着類の需要が高まったこと、さらに、洋装が民衆にまで定着していったこと、そして、和装、女性服や子供服が私用・外出用の既製服として生産されるようになったこと等があげられる。

②学生服と足袋

戦前期に衣服産業で産地形成がみられた珍しい事例として学生服と足袋を事例にみていこう[25]。学生服は二〇世紀に入り洋装が定着していく。岡山県では一九一〇年頃に岡山洋服商組合、岡山洋服組合などが設立されたが、一〇年代半ばには細民救済を目的として都窪郡を中心に制服産地が形成され始めた。さらに、一九二〇年恐慌は各地の足袋産地を減退させたが、児島郡などの一部足袋産地は学生服や作業服などの衣料品生産へ転換した。こうして岡山県は学生服やセーラー服（水兵服）等の制服の産地として知られるようになり、三六年には学生服の全国生産額の八割を産出し、内需にとどまらず南満洲鉄道社員その他の子息向けに旧満洲方面へ活発に輸出するようになった。なお、岡山県の衣服産業では二〇〜三〇名程度の職工を抱えた工場が一般的であった。

次に足袋部門をみよう。足袋は近世に身分で規制されていたが、一九〇〇年代以降、徐々に民衆衣料品として定着していった。この部門では数名の家内生産から職工数が一〇〇名を越える大規模な工場生産にいたる実にさまざまな規模の生産拠点がみられた。

まず、家内生産を主として産地化していた地域には、大阪市、東京市、名古屋市、和歌山県和歌山市、岡山県児島市、埼玉県行田市・羽生市、徳島県鳴門市等があった。これらの地域には、行田市のように近世から手工業生産による産地を築いていた所もある。

行田市は一九世紀末に機械化（ミシン導入）に転換するが、一九二〇年頃でも職工一〇名以上の工場は一〇軒を数える程度である。一〇〇名規模の工場が三軒ほど確認できるが、これらは大阪府堺市に創業した福助足袋の行田工場であり、他の多くは小規模工場であった。内職を行なう家にはミシン非所有者も多く、その場合は手縫いで生産した。この地域では委託受託関係が広がり、一九二〇年代には足袋以外に児童服・綿布製学童服・団体服・その他洋服類、さらに乗馬ズボン、シャツ、腹掛などの製造も行なっていた。(26)

足袋の大規模工場は大阪府と福岡県に設立された。大阪府は福助足袋（一八八二年創業、堺市）、福岡県は、つちや足袋（一八七三年創業、久留米市）、しまや足袋（一八九四年創業、一九〇七年足袋専業化、同市）である。これらは裁縫工場のなかでも一九一〇年代に特に巨大化した工場・企業である。一九二〇年頃には福助の職工数は約六〇〇名、久留米市の二社はいずれも一〇〇〇名近い職工を擁した。

久留米市の二社はゴム底足袋のゴム部分を内製化させ、つちや足袋は総合シューズ・メーカーのムーンスター、しまや足袋はゴム・タイヤ・メーカーのブリヂストンとなった。福助足袋は一九〇〇年代から製品の内製化をはじめとする経営革新によって大規模工場へと展開した。(27) 見落としてはならないのは、経営革新による生産性の増大はしばしば従来の産地を脅かす点である。たとえば、一九三四年に日ノ本足袋（ブリヂストンの前身であろう）と福助足袋は埼玉県行田市の職工数十名を下請業者として契約を結んだ。(28)

③戦前期の大衆化

一九一〇年代から二〇年代にかけて、東京や大阪をはじめとする大都市圏では戦後の大衆消費社会につながるような商業文化が芽生えた[29]。衣服の生産面では裁縫学校ブームと内職ブームが発生した。消費面では都市部に商店街や百貨店が形成・拡大していくなか、当時流行の洋服（西洋服）、中服（中国服）、和服（日本服）等を着用して東京の銀座や大阪の心斎橋等を闊歩するいわゆるモダンガール、モダンボーイが登場した。これは世界同時的な現象であり、日本だけでなく多くの地域で非制服の外出用衣服が着用されはじめたことを示している。

前近代の衣服生産の多くは自家消費目的のために行なわれていたが、一九〇〇年頃からは、衣服および関連品のあらゆる種類が商品として生産され、そして売られるようになった。ここにいたって、極めて長期にわたり行なわれてきた自家消費目的の衣料品・関連品生産が比重を下げ、二〇世紀末の全面的な既製品化への道のりが始まった。この事態を家に絞っていえば、無償の家事労働（自家消費用）と有償の家内労働（内職や独立自営など）が拮抗段階に入ったと換言できる。

(5) 戦時統制下の拡大

一九三〇年代後半から様々な経済統制が導入された。時期とともに戦況が悪化し、繊維関連の統制は原料糸の生産統制から衣料品の消費統制へと全面的に拡大・強化されていった。このうち、いわゆる切符制や点数制で知られる衣料品消費統制とは、一九四二年一月二〇日に公布され、即日実施となった商工省令第四号「繊維製品配給消費統制規則」である。この統制規則は付与の総点数内で消費者が衣料品や日用品を購入するというものである。衣料品については「和服類」「洋服類」「朝鮮服類」「作業被服類」「肌着及身廻用品類」「運動用品類」の六種類が指定され、この時期までにさまざまな衣料品を民衆が購入していたこと、逆にいえば商品生産された衣服の種類が多かったことを示している。

戦時期の度重なる統制は衣服産業にとっても総力戦であった。当然ながら統制目的は軍服・軍帽・軍靴・毛布類などの増産に向けられ、衣服産業はその生産額を大きく伸ばした。しかし、本書第Ⅱ部で詳述するように、企業整備によって裁縫工場の規模は保有ミシン五〇台以上と規定され、全国の裁縫工場は企業合同や有限会社化へ向かった。なかにはミシン五〇台を確保できなかったり合併ができなかったりしたために、転廃業を余儀なくされた業者もいた。

ここで、戦前期の繊維産業に対する衣服産業の規模を『工場統計表』の生産額から示しておこう。まず、一九〇九年は「染織工場」（いわゆる繊維産業）が三億九三六二万円、衣服産業（靴、裁縫製品、帽子の合計）は八一二万円であった。すでに述べたように、戦時経済下に衣服産業は軍需衣料品増産のため生産額を急増させるが、一九三七年で「紡織工業」は三九億一五三〇万円、衣服産業（メリヤス製衣料品、靴、裁縫製品、帽子の合算）は二億五八四〇万円であった。このように、二〇世紀前半日本の衣服産業は他の繊維産業全体に比して極めて小規模に留まった。

戦前期衣服産業の特徴は、既述のとおり、あらゆる種類の衣料品・関連品の商品生産が可能となった点に求められる。一九世紀後半の既製服は軍服、制服、スーツ等の画一的な製品が中心であったが、一九四二年に公布された「繊維製品配給消費統制規則」は、従来の統計類が示す衣服産業の品目とは桁違いの種類の衣料品を対象としていた。統計類は生産側の区分であり、「規則」は消費側の区分にもとづく点を差し引いても、二〇世紀前半を通じて既製服の種類が増加し、画一的ファッションのみならず、いわば各人的ファッションとでもいうべき消費者嗜好に応じた広がりをみせていたと推察される。また、これまで輸入されてきた多様なミシンは二〇年代に飽和状態となり、一事業所が必要とするミシンの種類も決まっていた。拡大する衣料品・関連品消費市場に対応できる衣服産業の基本的な経営形態は一九三〇年代に確立した(30)。

第二節　素材からみた近代日本の衣服産業

（1）素材限定期の少種商品化——幕末開港期から日露戦争期まで——

素材限定期は、一九世紀中期から始まった軍服やスーツなどの毛織物製衣料品の輸入を起点に、少数の製造販売業者が発生し衣服産業を牽引した日露戦争期までである。中込省三（一九八二）によると、一八五二年に幕府が洋式兵制を敷いて採用した軍服の多くは綿製か絹製と考えられ、これらは上体衣の筒袖部分や下体衣の股引に従来の裁縫技術を用いるため、兵隊家族や着物製造業者たちで対応できた(31)。一八六〇年代前半になると洋服の要素を強めた毛織物の上体衣（呉呂《ごろ》・呉羅《ごろ》）と下体衣（段袋）が輸入され、幕府の兵隊が使うようになった。この新しい上体衣と下体衣は兵隊家族や着物製造業者たちが観察や分解をする機会をもてず、製作できなくなったと中込は述べている(32)。彼らが製作できなくなった理由は、平面的な仕立や裁縫法があまり理解されなかった点に加え、新式上体衣・下体衣に新素材の毛織物が指定された点にも求められる(33)。

短期間で大量の供給を要した軍服は毛織物製衣服で、縫製、特に縁縫いを手で行なうことが難しかった。一八六八年に幕府開成所はドイツ製横引環縫《かんぬい》ミシンの輸入を開始した。ミシン輸入が緩やかに進むなか、西南戦争では前節に述べたように、ミシンを使えて洋服裁縫に経験のある者は多数が従事した。一八九〇年以来、設立当初の陸軍被服廠は軍靴を廠内で製造し、軍服や軍帽は民間工場へ委託生産させることが多かった。日清戦争での受託生産者は民間裁縫店・工場・家屋で(34)、西南戦争時と同様、洋裁に経験のある者は総動員された(35)。

これも前節に取りあげたが、開港以来、毛織物を素材として民需衣料品を製造販売してきたのはテーラーたちであった。横浜や神戸などの開港地と東京や大阪などの大都市で開始されたスーツやワイシャツの製造販売所である。開港当初は欧米人や中国人の店舗が形成され、そこに通勤した日本人が雇用主の欧米人や中国人から洋裁技術やミシン技術を学び、一九世紀第4四半期には独立開店することもあった(36)。

以上の事例は毛織物の裁縫であった。大丸〔一九八七〕が指摘したように、毛織物は絹織物・綿織物・麻織物に比べ全般的に分厚く、布を手繰り寄せて運針する場合に針は布地断面に斜めに刺さる(37)。その傾斜分、針の貫通する布の断面は本来の距離よりも長くなる。当然その距離が最大になる繊維は毛織物である(38)。田村均〔二〇〇二〕によると、毛織物は幕末期の日本民衆を魅了し、男性では儀礼用羽織や火事装束、女性では半襟や帯などに用いられた(39)。これらの衣料品は裁断作業が重要となり、縫製作業を省力化するように制作されがちであっと考えられる。

他方、一九世紀中期における洋服普及の限界は民俗学の成果から確認することができる。鷹司綸子〔一九八五〕は、一八七〇年代の群馬県で、洋服の上体衣を着用しズボンを高く引上げ、その下には日倉縞の脚半を付けて草鞋を履いている人と、文明開化嫌いの豪農で舶来品を家内に入れず、散髪や戎服《じゅうふく》の人々と交流することも嫌った人とが混ざっていたと述べている(40)。開化好きの人間も、上体衣、下体衣、脚衣などのすべてを洋装にすることは、置かれた状況によっては難しかった。

以上、幕末開港期から日露戦争期にいたる衣服産業は毛織物製衣服を製造販売するという、いわば毛織物への順応とその商品化の段階にあった。日露戦後に軍服の払下品が売れなくなったことや背広やオーバーが市場に出現し始めたことは(41)、羅紗をはじめとする毛織物衣料品が日露戦争期に多く商品化されていったことを示す。

他方、綿織物を主な材料生地として仕事着を製造販売した藤本仕立店の創業が示したように、遅くとも一八九〇年代から非毛織物製衣服の商品化が始まった。同店の扱う仕事着は外衣だけでなく内衣・肌着などの消耗品も多く含み、また、鉱山労働用、消防用、飛脚用など衣料品の種類や用途が多岐にわたっていた。

（2）素材自由期の全種商品化――居留地貿易撤廃から日中戦争勃発まで――

この時期は非毛織物製衣服が漸次的に商品化されていった点を特徴とする。毛織物製に限らない素材自由期は、居留地貿易撤廃・日露戦争期から日中戦争勃発までの時期である。一九世紀後半の日本では毛織物製衣服の商品化が部分的に実現していたのだから、衣服産業の素材自由期は、まず、毛織物製衣服が全国規模で商品展開していった点を特徴とする。道府県レベルや市郡レベルでの洋服組合は、一八六八年から九九年までの三二年間で一八組、一九〇〇年から〇六年までの七年間で一四組、〇七年から一二年までの六年間で一四組が結成された[42]。日露戦争期になると、陸軍被服廠の提携民間工場が受託生産の主体となり、その近隣家屋の住民が在工場製造か在自宅製造を行なう序列関係が整備されていった。また、毛織物素材のスーツ（背広）は神戸や横浜などの居留地を超えて全国規模で創業ブームをみる。『工業統計表』からは「洋服及コート類」の生産府県数は一九一九年に二九府県を数え、一九三九年には四七府県に達したことが確認できる[43]。

素材自由期に衣服産業を拡大させた一因に足踏式ミシンの普及があげられる。開港以来、ミシンを設置していることが洋服店にとっては、看板となっていた[44]。見落としてはならないのは、ミシンが毛織物に向いているという先入観やミシンが洋服に適しているという先入観とは無関係に、洋服・和服の区別や毛織物・その他の織物の区別なく、ミシンが多用されたことにある。

この時期には注文服も既製服も製造販売が拡大された。注文服と既製服の区別は採寸量の多少を基準とする区分であり相対的なものであるが、ミシン利用の有無を問わず全てが手作業である点では同じである[45]。手廻式ミシン・足踏式ミシンは既に一九世紀後半に輸入されていたが、居留地貿易の撤廃を機に米国シンガー社が手廻式ミシンと足踏式ミシンを全国展開し、月賦支払や出張授業を土台に工場や家屋に販路を拡張した[46]。一九世紀後半米国のミシン開発は縫製作業の多様化の段階にあり、靴や帽子のように大きな空洞のある雑貨類を縫製するミシン、縁縫いを丈夫にする千鳥縫ミシンや環縫ミシン、衣服にボタン穴を作りその縁を縫うナイフ付ミシンなどが製造販売されていた[47]。注文服も既製服もミシンの多様化とともに複雑な工程で作られるようになった。

一九二〇年代になると衣服産業は全国規模で女性用衣服と子供用衣服を商品化していった。藤本仕立店は三〇年代に学生服をはじめとする洋服の仕入販売に加え製造販売を開始し、とくに男子用、女子用、小児用の学童服を販売した。これら学生服はテーラリング技術に基づく西洋型衣服の一つの典型であった。素材自由期の衣服産業は、軍服やスーツなどの毛織物製洋服だけでなく、着物・浴衣・仕事着などの絹織物製和服や綿織物製和服も商品化されていく段階、すなわち全種商品化の段階にあった。ミシンは家事労働、家内労働、工場労働の局面で小規模作業場に多用されたため、機械よりも道具と見なされがちで[48]、工場法はこれらの労働作業場を適用範囲外としてきた。ミシンを1台でも設置していれば工場であるとみなした法的根拠は一九三六年の工場法施行令改正[49]であった。

（3）素材不足期の全量商品化——日中戦争勃発から第二次世界大戦終戦まで——

素材不足期は日中戦争勃発から終戦までで、ほとんど戦時経済統制期と重なる。繊維に限っていえば、戦時経済は輸出リンク制に基づく綿糸統制から始まったが、やがては糸全般、織物全般、衣服全般へと拡大した。しかし帝国政府や地方行政組織は、統計的に捕捉しにくい小規模業者や零細業者をどのように経済統制に組み込むかという問題を抱え、統制策は常に空回りした。この問題を打開しようとしたのがミシン集中を通じた企業合同であった。その後、綿織物・毛織物をはじめとする材料生地の輸入が減退し、それらの調達は一層難しくなった。材料生地すなわち素材の不足に陥ったために、軍用衣料品、特に軍装調達を主眼とする日本帝国政府は一九四二年一月公布・即日施行の「繊維製品配給消費統制規則」をもって民衆の衣服消費にまで統制を行なうようになった。

この時期の藤本仕立店は仕事着を主たる取扱品として断続的に製造販売を行ない、収支は浮沈を繰り返した。商工省が配給先を確定するために行なった業績調査書は民間業者の扱う衣服をさまざまな基準で区分した。たとえば、日本、中国、朝鮮の地域別、仕事着、運動着などの用途別、男性、女性、子供などの性別・世代別などであった。

戦時経済統制が進むにつれ、衣服産業は重要産業と認識されていった。事業者たちは無数の法令に対応して業態や経営体を転換し、この産業の機動性の高さを証明した。この時期の衣服産業は非商品衣服の急減をもとに進展した。第一に、家屋や工場などに死蔵されている織物は膨大であると認識されていたが、戦時経済統制によって織物の製造販売が管理されたために、自家消費用に衣服へ加工される織物は減少した。衣服からこの事態を捉えると非商品衣服生産の減少が生じた。第二に、民需衣料品は多種にわたった。第三に、軍需衣料品の増産が強要された。以上の三点をふまえ、戦時経済統制はあらゆる衣服の商品化を促進させたとみることができる。

小括　近代日本の衣服産業史における藤本仕立店の位置づけ

本章では幕末開港期から戦時期にかけて、商品化される衣服の素材が毛織物から他の三繊維へと広がった事態を概観した。

藤本仕立店は主に綿織物を素材とし衣料製品の製造・仕入・販売に従事した。同店が営業した約半世紀は、衣服の商品化があらゆる種類にわたり進展した時期であり、同店の示す動向は、衣服産業において重要な事実を多く提供する。

(1) 以上、当段落は次の文献を要約した。浅井虎夫『新訂 女官通解』所京子校訂、講談社学術文庫、一九八五年、および阿部猛編『日本古代官職辞典』増補改訂、同成社、二〇〇七年。

(2) 永原慶二『苧麻・絹・木綿の社会史』吉川弘文館、二〇〇四年、一九四頁。

(3) 永原『苧麻・絹・木綿の社会史』一六八頁。

(4) 永原『苧麻・絹・木綿の社会史』二七七〜二七八頁。

(5) これに対し、明代に既製服産業が発展した中国では、集権的群団編成を建前としたことから兵糧や武器をはじめ兵衣までも統一支給を原則としていた（永原『苧麻・絹・木綿の社会史』二二四頁）。

(6) 中込省三『衣服産業のはじめ』国連大学人間と社会の開発プログラム研究報告、一九八二年、六頁。

(7) 細谷秋編『行田足袋組合沿革史』行田足袋被服工業組合、一九四四年、六一頁。

(8) 中込省三『日本の衣服産業——衣料品の生産と流通——』東洋経済新報社、一九七五年、四六頁。

(9) 二村一夫『労働は神聖なり、結合は勢力なり——高野房太郎とその時代——』岩波書店、二〇〇八年。

(10) 出口稔編『日本洋服史——一世紀の歩みと未来展望——』洋服業界記者クラブ「日本洋服史刊行委員会」、一九七六年、四四頁。

(11) 中山千代『日本婦人洋装史』新装版、吉川弘文館、二〇一〇年、表二・表三。

(12) 以上、横浜と神戸の比較は以下を参照した。岩本『ミシンと衣服の経済史』一九三〜一九六頁。

(13) 中込『衣服産業のはじめ』一〇〜一四頁。

(14) JACAR（アジア歴史資料センター）、Ref. C09090560200、会計司諸達 洋服仕立師周吉裁縫方職人申付の件会計司達（防衛省防衛研究所）。

(15) JACAR Ref. A03023214200、縫靴革三工習業場取設工員育成ノ達（国立公文書館）。

(16) 以上、JACAR Ref. A03023148400、軍人被服仕立料ヲ定ム（国立公文書館）。

(17) JACAR Ref. A03023214500、西村勝蔵弾直樹へ十年ヲ限リ軍靴製造申付伺（国立公文書館）。

(18) 農商務省商工局工務課編『工場通覧』日本工業倶楽部、一九一八年（一九一六年調査）。

(19) 全国的な状況は岩本真一『ミシンと衣服の経済史——地球規模経済と家内生産——』思文閣出版、二〇一四年、一八三〜一八六頁に述べた。
(20) 小島慶三『戊辰戦争から西南戦争へ――明治維新を考える――』中央公論社、一九九六年、二四五頁。
(21) JACAR Ref. C09084893200、五月二九日　大倉組裁縫師其許へ来たるや　参謀部（防衛省防衛研究所）。
(22) 小林正義『制服の文化史――郵便とファッションと――』ぎょうせい、一九八二年。
(23) 佐藤秀夫『教育の文化史二　学校の文化』阿吽社、二〇〇五年、「Ⅲ　学校における制服の成立――教育慣行の歴史的研究として――」。
(24) 当段落をはじめ本項は岩本『ミシンと衣服の経済史』第一部五章を要約した。
(25) 本項は岩本『ミシンと衣服の経済史』第二部一章を要約した。
(26) 細谷編『行田足袋組合沿革史』一四二頁〜一四四頁・一五一頁。
(27) 阿部武司『近代大阪経済史』大阪大学出版会、二〇〇六年、一四八・一四九頁。
(28) 細谷編『行田足袋組合沿革史』二四一頁。
(29) 当段落は岩本『ミシンと衣服の経済史』第一部四章を要約した。
(30) 裁縫工場の規模の固定化に関する詳細は、岩本『ミシンと衣服の経済史』一九六〜一九九頁。
(31) 中込『衣服産業のはじめ』二一頁。
(32) 中込『衣服産業のはじめ』二一頁。
(33) 篠崎文子「紳士服の形態研究――幕末期の洋服に関する一考察――」『日本服飾学会誌』第一七号、一九九八年五月、一七五頁。
(34) 岩本『ミシンと衣服の経済史』一八三頁。
(35) 他にも軍服重要に端を発した衣服産業の展開事例がある。たとえば、新潟県新発田市では、一八八四年に新発田歩兵第一六連隊が設置され、「在来の仕立職人が和服縫製の技術を生かして既製服縫製の技術を蓄積」したという（鹿嶋洋「新発田市における既製服縫製業の展開」『地域調査報告』第一五号、一九九三年三月、一二四頁）。
(36) 岩本『ミシンと衣服の経済史』一一・一二頁。
(37) 毛織物は衣服化に際して縫製に不向きであった。そのため欧州では広幅織物を製作することで縫製を少なくし裁断を重視する裁縫方法が長らく採用されていた（大丸弘「西欧型服装の形成――和服論の観点から――」『国立民族学博物館研究報告』別冊四号、一九八七年二月、四二頁）。

(38) 大丸『西欧型服装の形成』二〇頁。毛織物が豊富に生産された欧州でも毛織物の縫製は困難であった。イギリスで一三七五年に鋼鉄針が開発されて以来、毛織物縫製の技術は tailoring の形で高度に発達した（同四四頁）。

(39) 田村均『ファッションの社会経済史――在来織物業の技術革新と流行市場――』日本経済評論社、二〇〇四年、四一～四四頁。

(40) 鷹司綸子「関東地方における維新後の衣生活の変貌」『和洋女子大学紀要家政系編』第二六号、一九八六年三月、八二頁。

(41) 中込『衣服産業のはじめ』五〇頁。

(42) 出口編『日本洋服史』二二八～二三二頁。テーラー（tailor）の全国展開には、第一に開港地等の早期テーラーたちからの技術移植、第二にシンガー社製をはじめとするミシンの普及が考えられるが、第三に、二〇世紀初頭において入営中に陸軍被服廠内へ配属され軍服・軍靴製造の技術を習得した男性たちの一部が退営後に帰郷して開業した可能性を強調しておきたい。熟練縫工や熟練靴工の欠如を打開すべく、陸軍省経理局は一九〇二年に民間工場との随意契約を立案し（JACAR C06083644800「陸軍々用被服の製作を随意契約となす件」第一三画像目）、一九〇五年以降、女性縫工を積極的に雇用するようになった。また、陸軍被服廠から六年ほど遅れて画一的な品質向上を目指し始めた官公庁直轄工場がある。一九一一年七月に鉄道院は従事員貸与用被服の調整直営工場を東京市芝公園地内に設立し、鉄道院倉庫課に属させた（鉄道省編『日本鉄道史』下編、一九二一年、三六頁）。従来は請負制で、制式・品質の不統一だけでなく、価格変動に左右されやすく、下請からの納期が頻繁に遅れたという。そのため、直営工場で裁縫職工を募集した（以上、鉄道省編『日本鉄道史』下編、四二一頁）。

(43) 「洋服及コート類」の一九一四年以降五ヶ年おきの生産府県数は次の通り。二九府県（一九一四年）、二九府県（一九一九年）、三一府県（二四年）、四〇府県（二九年）、四一府県（三四年）、四七府県（三九年）。詳細は岩本『ミシンと衣服の経済史』二〇八頁を参照。

(44) 篠崎文子「紳士服の形態研究――明治初期の洋服仕立てに関する一考察――」『日本服飾学会誌』第一六号、一九九九七年五月、一四八頁。

(45) ミシンには布送り作業や糸掛け作業などの手作業部分がある。

(46) 岩本『ミシンと衣服の経済史』一三六～一五〇頁。

(47) 岩本『ミシンと衣服の経済史』五三頁。

(48) 岩本『ミシンと衣服の経済史』三頁・六一頁・一三六頁。

(49) 「ミシン持つ店は〝工場〟である　裁縫の乙女も新解釈は職工洋裁屋にも工場法」『神戸新聞』一九三六年六月二八日、閲覧は神戸大学附属図書館新聞記事文庫による。三六年改正工場法は以下。大蔵省印刷局編「官報」日本マイクロ写真、一九三六年一二月二一日。

第Ⅰ部　藤本仕立店の商品・生産・流通

日本経済史研究において和洋の二項対立という観点は非建設的に使われてきた。ふつう日本の一国史は二〇世紀初頭にはグローバル経済化が認められるという前提を無視し、西洋にない要素を日本独自のものと即断する傾向がある。

たとえば、佐々木淳は分散型生産組織を日本独自のシステムだと繰り返し述べた。(1) しかし、中国経済史研究でも分散型生産組織は前提となっており「放料加工制」という分かりやすい言葉を用いる。(2)とはいえ日本経済史にも中国経済史にも本章に述べるような地理的要因が欠けている。第一章では藤本仕立店の敷地や立地に注意しながら生産体制を詳しくみていく。

また、日本社会史において井上雅人は一九一〇年頃の洋裁教育を念頭に、和服要素に洋服要素を加えた衣服の段階があったと述べた。(3) しかし、井上が和服要素とみなす袖付けは中国にも広くみられたものである。第二章では藤本仕立店の取扱商品の形態に注目して袖付けの意味を考察するとともに、取扱品目から和服の商品化の実態を示す。

第三章では一九〇〇年代初頭の藤本仕立店の商品構成を概観し、和洋という範疇では決して収まりきらない衣料品の多様性と傾向を述べる。

第一章　生産体制と流通体制

本章では、第一節では藤本仕立店に通勤した職工および工場から受託した職工の仕事状況を把握し、第二節でシンガー社とのミシン売買契約、ミシン修理、ミシン設置台数の推移を述べる。第三節では同店の構造を明らかにし、ミシンの種類や配置の意義を検討する。第四節では従来の流通史研究に欠けていた出荷店舗から鉄道駅へ、そして鉄道駅から小売店への輸送体制を考察する。

一九世紀中期日本の村落に出現した工場は周辺住民から異形なものとして理解された(4)。それゆえ、大工場を設立することは困難であった。これに対し、家屋に製造所機能を設置または増設した場合は周辺住民にとって新奇なものとは受け取られにくかったはずである。ここに家屋が工場化するか否かの新しい区分点、すなわち工場立地の地理的条件が大切になる。従来の生産体制論は工場制か問屋制かの二項対立に固執し、工場立地の地理的条件を軽視した議論であった。

藤本仕立店が営業した姫路市鍛冶町は姫路城下町の一角にあり、大工場を設立することは難しく、家屋と工場が一体である製造所が多かった(5)。同店は創業当初から家屋兼製造所兼小売店として、居住空間と作業空間を同一建造物に収めていた。家屋と工場は一体化していて、店主と雇用関係にある少数の通勤工は自家工場での生産を行ない、他方で問屋的立場として近隣家屋と委託受託関係も有していた。戦時期になると配給会社や陸軍被服廠から受託生産も行なった。同店は自家工場にも委託先にもミシンを設置し、内製も外注も行なう重層的な生産体制を採った。

委託生産による製造補完には委託側と同一品目・同一製品を製造する量的補完と、別の品目・製品を製造する類的補完がある。同店の委託生産には、織物業でみられた類的補完つまり多種化だけでなく、量的補完も確認される。工場の操業面積を拡大しない場合、委託生産によって量的補完を行なう場合がある点に留意したい。

藤本仕立店では通勤工も受託工も工場内移転か家内移転によって裁縫技術が伝えられたと考えられる。創業当初の同店が取り扱っていた製品の多くは前近代的な衣服であり、政吉が本家の糸吉商店をはじめとする家族・親族から技術を伝授されたことは十分考えられる(6)。同店はのちにボタン付用のミシンを設置し、洋服の製造も行なった。一九四〇年頃に同店が導入していたミシンはすべて米国シンガー社製のもので、その後数台の国産ミシンを導入した。製品は自前で配達するか、運送店を用いて配達した。

第一節　通勤工と受託工の仕事状況

(1)　史料概要

藤本仕立店の通勤工の出勤状況や仕事内容を示す史料は「仕事数控帳」で、受託工のそれは「職方仕事控」である。いずれも一九〇〇年八月から記載されている。「仕事数控帳」は記載月日がほぼ毎日で、定休日に記載がない場合が多く、〇一年六月からは欠勤日の記載のみが記される。「職方仕事控」は記載月日が不規則である。以下ではこれら二点の史料を中心に、金銭の出納を示す「金銭出入帳」と通勤工の阿部磯吉の出勤状況を示す「磯吉出入帳」も用いて職工と受託工の仕事状況を検討する。「磯吉出入帳」によると同店の定休日は毎月一日と一五日である。以下、本書では藤本仕立店で衣服製造に従事する労働者（在工場製造者）を通勤工と呼び、藤本仕立店から受託し自宅で衣服製造に従事する労働者（在自宅製造者）を受託工と呼ぶ。

（2）通勤工の仕事状況

「仕事数控帳」には西尾清治、播留吉、阿部磯吉の通勤工三名の仕事状況が記されている。記載項目は、西尾の場合には日別の製品名・点数と仕事代、播と磯吉の場合には出勤状況と金銭・物品の授受である。磯吉は一九〇一年一月から同年一二月まで記載されているが、「磯吉出入帳」からは一九〇二年六月頃にも勤務していたことが示され、一九〇八年三月に退店した。

西尾清治は一九〇〇年七月から出勤し、同年九月一六日まで勤務した。西尾は八月五日に「腹掛地目倉」五枚六〇銭分、「地目倉袷脚絆」一〇足四五銭五厘分を作り、七日・八日と出勤し、九日に内金一円、翌一〇日に内金五〇銭を店主の政吉から受け取っている。その後は一四日まで連日出勤し、腹掛・脚絆・又（股）の製造に従事し、一六日以降は二日に一度の出勤となり、二二日の出勤以降は二五日、三一日のみである。月末の決済では「仕事代」として計上された九円八銭から、前金として政吉が貸していた六円八八銭五厘に「ビイル代」「酒代」の三八銭五厘等が差し引かれ、結局は二六銭三厘のみが政吉から西尾に渡された。九月はほぼ連日出勤したが、一五日で仕事は締められた。わずか二か月半ほどの在職である。退職翌日の一六日に賃金の支払いが終えられた。この期間に西尾が製作した品目は腹掛・脚絆・パッチがほとんどで、一日の製造点数がほぼ一桁であるから、西尾は見習か補助として通勤したと推察される。

次に、播留吉であるが一九〇一年四月から出勤し〇三年一月まで勤務した。月によって欠勤日数が半分を占めることもあれば、数日以内に収まることもあった。とくに播には頻繁に店主政吉が金銭を貸したり、ごくまれであるが「足袋底」「ネル切」「毛メリヤス半ズボン」等の材料生地や衣料品を賃金差引で渡したりしている。ここからは、店主政吉と通勤工らとの間に雇用被雇用を超えた信頼関係が存在したことを読みとれる。「金銭出入帳」によると、同店が一九〇二年に給料を「先貸し」した人物に播留吉、次にみる阿部磯吉、そして鳥羽長三郎の三人がいた。

史料1　播留吉の出勤状況（一九〇一年四月から六月まで）

（一九〇一年）四月二十三日ヨリ
四月三十日迄ノ八日間
　代二円八十八銭
四月二十日
内六十三銭　駄賃取替へ
四月三十日
内二円也
五月ヨリ月給
　代十一円
五月五日
内三円也
〃
内二円也

五月十一日
内一円五十銭也
十八日
内二円也
二十二日
内十銭也
二十六日
内五十銭也
内
〆二円十五銭
六月十三日
金二円十五銭相渡
第六月
一日休、二日休、七日テツ夜、十二日ヒルヨリ欠、十四日ヒルマテ欠、十五日ヒルヨリ欠、十七日休、二十日ヒルヨリ休、二十五日ヒルヨリ休
(六月)十五日
金三銭也
十六日
金二円六十銭　久留米一反

二十日
金五円也
二十一日
金二円也
二十五日
金五銭也
二十六日
金七銭也
〃
金二円也
六月九日
四銭九厘　小包　三尺五代（寸）
六月十六日
四銭九厘　同
貸〆　十一円八十四銭八厘
〆　八十四銭八厘也

（出典：藤本家文書「仕事数控帳」。注：（　）は筆者の補足）

史料1は播留吉の出勤状況の一部である。播は一九〇一年四月二三日から勤務をはじめ、三〇日までの八日間分の給料は二円八八銭である。播は同四月二〇日に「駄賃取替へ」代金として六三銭を藤本仕立店から借用し、さらに同月三〇日には二円を借用した。この日の段階で店主政吉が播に支払うべき金額は二五銭ということになる。五月からは月給で支払われることとなり、その金額は一一円であった。播は同月五日以降二六日までに合計九円一〇銭を前借した。この時点で五月分として藤本が播に支払う残金は一円九〇銭となる。そこに、藤本側の四月未払分二五銭が五月の支払分に加算された金額、すなわち二円一五銭が六月一三日に支払われた。同年六月からは賃金前貸の状況に加え欠勤日の記録も加わった。七月以降もこのような記載が継続される。

このように、播留吉の事情による給料の前借に店主政吉が応じ、翌月または翌々月に差額給料を藤本が支払うという関係が両者間に成立していた。他にも、一九〇一年六月一六日に藤本の材料生地と考えられる久留米（絣）一反を播が二円六〇銭で買ったこと、六月九日・一六日に小包発送を藤本へ依頼したことなどが確認され、播の必要に応じて店主政吉が代行的に協力していたことが確認できる。播が店主政吉から頻繁に賃金を前借していたことは「金銭出入帳」からも確認できる。この帳簿には「出征ニ付」という名目が〇四年九月一八日付で記されており、日露戦争出征に際し一七円が店主政吉から播へ渡された。また「棚卸」帳からは、播が少なくとも一〇年から一五年までは藤本仕立店に勤務復帰していたことがわかり、店主政吉から賃金の前借を続けていた。累積した借金は一〇五円にのぼり、一六年・一七年の「棚卸」には「取立不能金」と記されているから一五年には退店したようである。その後、一八年に借金は完済された。

播留吉は主に足袋製造に従事していたようである。「全国製産博覧会に出品の足袋有功三等銅牌」によると、播は京都で開催された「製産博覧会」に足袋を出品し有功三等銅牌を受賞した。これを受け一九〇四年七月に藤本商店は播に「紀念状」を贈った。

なお、阿部磯吉については、「仕事数控帳」から、年不詳ながら一月から一二月までの一年間の出欠状況が把握できる。この一年間の月給は一〇月に六円から七円へ上がった。磯吉は播のような現金前借ではなく「足袋底切」「中立ズボン下一足生地」「毛メリヤス半ズボン一足」などのように材料生地や衣料品を店主政吉から受け取り、賃金から天引きされていることが目立つ。このことは、磯吉が生地を衣料品に加工して自身や家族に提供したことを示していよう。

「磯吉出入帳」には一九〇五年六月から〇八年三月の退店まで約三年間の出勤状況や給料支払が記されている。これによると「月給金」は〇五年六月から〇七年三月までが七・五円、以降〇八年三月までが八・〇円であった。先に述べた「仕事数控帳」の磯吉の情報は月給金額から判断して「磯吉出入帳」記載開始の一九〇五年六月以前のものである。

表1は「磯吉出入帳」から一九〇七年の出勤状況をまとめたものである。これをみると、欠勤日が多い月は一日あたり二・五銭から三銭程度の額を給金から差し引かれるが、欠勤の自由度は高かったといえる。「退店」月を除き、欠勤日数は最多で〇六年四月の一一日間にのぼる。仕立店の定休日は少ないが、私用で断続的に欠勤する自由さは認められていたと考えられる。

磯吉は一九〇八年三月一五日の定休日以降は出勤せず、二〇日をもって退店した。「大福帳」によると、退店七日後の二七日に藤本仕立店から朝来郡市場村の阿部磯吉に向けて三種の足袋が合計で一三二組出荷された。同店が磯吉に出荷したのはこれが初めてで、取引は〇八年いっぱいまで続けられた。足袋の出荷は三月二七日以降にほとんどなくなり、代わりに厚司、シャツ、前掛、ズボン下、材料生地などが主となった。とくに他の取引業者と異なるのは材料生地を繰り返し磯吉に向けて出荷していることである。〇八年の足袋を起点に、その後は衣料品を数種類と材料生地を出荷し、〇九年以降には藤本仕立店と阿部磯吉の間に取引が切れていることから、同店は磯吉の独立創業時の製品調達に協力したと考えられる。

藤本仕立店と通勤工との契約内容を示すのが「店主と職工の契約書（下書）」である（史料2）。これは正式な

表1　阿部磯吉の出勤状況(1907年)

日＼月	1	2	3	4	5	8	7	8	9	10	11	12
1	休業	休業	○	休業	休業	休業	休業	○	休業	△	△	休業
2	○	○	×	○	○	○	×	×	○	○	×	○
3	×	○	○	清潔	○	○	×	○	○	○	×	○
4	○	○	×	○	○	○	×	○	○	○	×	○
5	○	行商	×	○	○	○	×	○	○	○	○	○
6	○	行商	×	○	○	○	○	○	○	○	○	○
7	○	行商	×	○	△	○	○	○	○	○	○	○
8	○	行商	○	○	△	○	○	○	○	○	○	○
9	○	○	○	○	×	○	○	○	○	○	○	○
10	○	行商	○	○	×	○	○	○	○	○	○	○
11	○	行商	○	○	○	△	○	○	○	○	○	○
12	○	行商	○	○	○	○	○	○	○	○	○	○
13	△	×	○	○	○	○	○	○	○	○	○	○
14	○	○	○	○	○	○	○	○	○	○	△	○
15	△	○	休業	休業	休業	休業	休業	休業	休業	休業	休業	○
16	×	○	○	○	○	○	○	○	○	慰労	×	○
17	×	○	○	○	○	○	○	○	○	○	△	○
18	×	○	○	○	○	○	○	○	○	○	○	○
19	×	○	○	○	○	○	○	○	○	○	○	○
20	×	○	○	○	○	○	○	○	○	○	○	○
21	○	○	○	○	○	○	○	○	○	○	○	○
22	○	○	△	○	○	○	○	○	○	○	○	○
23	○	○	×	○	○	○	○	×	○	○	○	○
24	○	○	×	△	○	○	○	×	○	○	○	○
25	○	○	×	○	○	○	○	×	○	○	○	○
26	○	○	×	○	○	○	○	×	○	△	○	○
27	○	○	×	○	○	○	○	×	○	○	○	○
28	○	○	×	○	○	○	○	○	○	○	○	○
29	○	—	○	○	○	○	○	○	○	○	○	○
30	○	—	○	○	○	○	○	○	○	○	○	○
31	○	—	○	—	○	—	○	○	—	○	—	○

出典：藤本家文書「磯吉出入帳」。
注：「清潔」は清掃と思われる。

契約書ではなく「第八条」の文字で記載が終わっているが、職工の出勤状況を示す「磯吉出入帳」「職方仕事控」「仕事数控帳」に重なる点が多いことから取りあげたい。

史料2　店主と職工の契約書（下書）

契約書

一　今般店主ト職工ト論議ノ上、左ノ契約ヲ設ク

第一条

職工ノ給料ハ時期ノ甲乙ヲナサズ一ケ月金九円ト定ム

第二条

業務ヲ拡張シ売上全高多大ナラシムル為メ、店主ヨリ職工ニ収入全高ノ百分ノ一ヲ賞与シ、以奨励スル事

（但シ賞与金ハ年末ニ渡ス事）

第三条

職工勤務時間ハ昼夜通シテ十五時間トス（但シ臨時テツ夜スル事アルベシ）

第四条

職工ノ不勤ヨリ勤務日時ヲ欠キタル時ハ割合ヲ以テ月給ヲ減去スル事アルベシ

第五条

職工ハ契約勤続年限中、自己ノ勝手ニヨリ「ホンイマココ」ニ退店スル事ヲ得ズ（但シ止ヲ不得事故ニヨリ特ニ店主ノ承認ヲ得バ此限ニアラズ）

第六

契約年限ハ五ケ年トス。満期ノ際協議ノ上継続スル事アルベシ

第七

職工ハ如何ナル場合ト雖賞金ヲ先借スル事ヲ得ズ

第八条

（出典：藤本家文書「店主と職工の契約書（下書）」）

史料2から得られる契約内容は次のとおりである。まず契約は職工と議論の上で交わされた。次いで、月給金は九円、年末賞与は全収入高の一〇〇分の一、勤務時間は一五時間で臨時に徹夜もある。欠勤日時の割合によって月給は差し引かれる、契約期間中の急遽な退職は不慮の事故で店主が承認する場合以外は禁止される、契約年限は五年で以後の継続勤務は店主と職工で協議される、給料または賞与金の前借は禁止されている。

勤務時間が一五時間であるのは非常に過酷な印象を受けるが、店主政吉が、阿部磯吉の独立創業時に製品調達の面で協力したことや、通勤工の欠勤事情への配慮および生活物資の前貸などを行なっていたことはすでにみたとおりで、店主側の一方的な酷使とはいえない建設的な関係にあった。「製造帳　昭和四年」には「働け働け愉快に真剣に　汝の仕事を愛せよ」と記されており、店主政吉も通勤工たちと同様に長時間労働を行なったであろう。

（3）受託工の仕事状況

「職方仕事控」は年月日順に委託品目・点数・代金が記されている。代金は出来高払いで一か月ごとに支払われている。受託工には藤本常と井野林吉の二人が記載され、記載期間は藤本常が一九〇〇年一二月の一か月間、井野林吉が同年一一月から翌〇一年一二月までの一四か月間である。

二人の受託内容をみよう。藤本常の場合、受託した品目すべてがズボン下である。一九〇〇年一二月の受託内容は、五日に四〇銭で「相棒白縞大寸ズボン下」二〇足、一〇日に三〇銭で「白縞中立ズボン下」一三足、一四日に一二銭で「相棒ズボン下」六足、一八日に二六銭で「相棒小立ズボン下」一四足、二五日に二六銭で「相棒中立ズボン下」一三足と二〇銭で「白縞大寸ズボン下」一〇足である。これらの代金は合計で一円五四銭となり、一二月三〇日に藤本仕立店から支払われた。同月五日に受託した「相棒白縞大寸ズボン下」二〇足分四〇銭には「仕上ゲナシ」と記されており、仕上工程の手前で終える場合と仕上げる場合に分かれている。

本章冒頭で述べたように、委託生産（分散型生産組織）の製品補完には量的補完と類的補完がある。同一品目を三週間ほど受託製造した藤本常は前者の役割を担った。

次に、井野林吉の場合は前者だけでなく後者の役割も担ったと考えられる。井野の受託した品目にはシャツが多く、次いでズボン下、稀にパッチや又である。毎月の受託頻度は五日から一〇日ほどである。「職方仕事控」に井野が初出する一九〇〇年一一月の受託内容は、一二日に一円二六銭で「相棒肩当付丸袖」三ダース、一四日に三円一五銭で「肩当付丸袖」九〇枚と三〇銭でシャツ「タチ」（裁断）五枚分、一八日に一円五九銭で「玲柄ネル中立丸袖」五三枚、二四日に四二銭で「玲柄ネル中立シャツ」一ダース、二五日に六六銭で「小立ズボン下」三〇足、一円で「相棒大寸ズボン下」四〇足、五六銭で「極大肩当付丸袖」一六枚であった。当月の「仕事代」[7]は合計で八円九四銭となり、この間、井野は藤本仕立店から一二日に一枚六八銭二厘相当のネル（シャツ）を受け取り、二〇日に二円を前借したため、差引六円二五銭八厘を一一月三〇日に受領した。

井野が受託製造したシャツの数量は突出していた。その数量は一九〇一年の一年間で約二三〇〇点に及び、「大福帳」に記載された同年の藤本仕立店全体でのシャツ出荷数の約一五六〇点を七〇〇点以上も上回っていた。これまでみてきた「仕事数控帳」「職方仕事控」「大福帳」がこの時期の製品の製造または出荷を示す史料であるが、これ以上の情報を得られないので、受託工のシャツ製造数が委託者の出荷数を上回った点をどう理解するかは難しい。

委託者である藤本仕立店が一九〇〇・〇一年頃のシャツ製造で井野林吉に大きく依存していたことは明らかである。井野は「肩当付丸袖」などのシャツを多く製作した。肩当が単なる布当か洋裁用語にいう肩ヨークかははっきりしないが、「職方仕事控」には一九〇〇年一二月六日に「ボタン一箱渡ス」、翌〇一年一一月二四日に「是迄ノ釦《ぼたん》スミ」、同月二七日に「是迄ノボタン渡済」などのように同店が井野にボタンを渡した記述が散見されることから、井野の受託製品にはボタン付シャツが多かったことがわかる。また「大福帳」ではシャツの出荷製品種を記す場合にボタンに関する情報は記述しない。そこで「肩当付丸袖」シャツはボタン付き、さらに肩当を肩ヨークと仮定すれば、次章に取りあげる陸軍被服廠指定の夏襦袢と同類のものであると推察できる。

ここで検討したいのは、一九〇〇年頃の時点で、ボタンと肩ヨークの着いた丸袖（筒袖）シャツの制作法を井野が学んだ経緯である。一八九七年に刊行された『婦人職業案内』には「軍用被服類の仕立」の内職が紹介されている。これは「陸軍省兵士被服部の御用製造品」のシャツやズボン下の下縫とボタン付をするもので、(8)一部に洋裁技術が必要となる。内職者は裁断された布へ躾糸を掛け洋服店に戻す。洋服店でミシン縫製が行なわれ、再び内職者に渡されボタン紐が付けられる。井野の場合は藤本仕立店からボタンや裁断済みの生地を渡されてシャツを縫製していたほかに、「三反タチ代」「シャツ仕立」といったように自ら裁断まで行なってシャツを製作したこともある。『婦人職業案内』に記された内職に比べ井野の担当する工程は多い。洋裁技術を用いてシャツの全工程を担当できる理由として当時考えられるのは井野が退役兵だったことである。一九〇〇年頃の陸軍被服廠では熟練の縫製工や靴縫工が蓄積されない問題が生じていた点は補論1に述べた。おそらく井野林吉は陸軍被服廠にて、ワイシャツ、スーツ（背広）、軍服類の製造経験があったものとみられる。

第二節　ミシンの導入

（1）シンガー社との契約

藤本仕立店がミシンを購入したことを最初に確認できる日付は一九〇二年六月一六日で、「金銭出入帳」に「ミシン一壺」の代金として九円四〇銭が、同年九月七日には同様に三円五〇銭が記されている。[9]史料3に示したように、汎用的なシンガー社製44-13型ミシン一台の価格は一九一四年で一二五円なので、「ミシン一壺」が示すのは同社製中古ミシンであったと推察される。[10]そして、翌〇三年九月一五日には「シンガーミシン追金外に古ミシン一代相渡し」とあり、古ミシン一台に加え追金として二五円を支払っている。

史料3　シンガー社との契約書（一九一四年）

契約書

姫路市鍛冶町十番地ニ住スル拙者藤本政吉ハ日本横浜支店ニ於テ適法ノ代表者ヲ有スル米国ニユージヤーシー洲シンガー、ソー井ング、メシーン、カムパニーノ姫路分店ヨリ完全ニシテ価格金百二十五円〇銭ノ四十四種十三型第二三四四四七六号シンガー裁縫ミシン一台ヲ付属品ト共ニ領収致候ニ付テハ前期代価全額ノ支払イヲ完了スル暁ヲ以テ所有権ヲ取得スル条件ニテ右ミシンヲ購求可致候

右ノ条件ニテ拙者ハ右機械ノ配達ヲ受ケタルト同時ニ初回金トシテ金十円〇銭又古ミシンニテ十二円ヲ支払イ申候而シテ以後毎月二十日ニ金四円〇銭ヅヽノ割合ヲ以テ支払ヒノ催告無クトモ貴会社又ハ其集金人へ前記代価全額ノ支払ヒヲ完了可致候

依テ右ミシン代価全額未払ノ間ハ拙者ノ占有スル右機械ノ所有権ハ貴会社ニ存スル事勿論ニシテ拙者ハ右機

械並ニ附属品ヲ拙者ノ住家又ハ居室ニ於テ大切ニ使用シ且之レヲ善良ナル状態ニ保管シ貴会社ヨリ予メ書面上ノ承諾ヲ得ズシテハ之ヲ他ヘ移動セシメザルベク又之レヲ他ヘ譲渡シ入質シ賃貸スルガ如キ事ヲ致サザルベク候又何時ニテモ御必要ノ場合ニハ貴会社ノ使用人ガ右機械ノ検査ヲ致サル、モ意義無之候
以上ノ条件中一件ニテモ遵守致サザル時ハ何時ニテモ貴会社ハ御随意ニ本契約ヲ解除シミシン代価全額一時皆済ノ御請求相成ルカ或ハミシンヲ引戻サル、コトヲ得ベク候就テハ拙者ハ拙者ノ契約不履行ノ結果トシテシンガー、ソーング、メシーン、カムパニー若クハ其店員ニ自由ニ右機械ノ存在スル何レノ建物ニモ立入リ其機械ヲ他ヘ運搬シ去ルノ権限ヲ与エ且其行動ニ対シテ決シテ抵抗致サザルベク、又家宅侵入若クハ損害賠償ノ訴ヲ起サザルベク候。
貴会社ガミシンノ引戻シテ結構ナサル、場合ハ従来支払ヒタル金額ハミシン並ニ附属品摩滅ノ程度以如何ニ拘拘ラズミシンノ使用料並ニ損害金トシテ全部貴会社ニ於テ任意御領得相成候トモ意義無之候
依テ右ノ證トシテ大正三年二月二十八日ニ拙者茲ニ署名致候也

（中略）

契約人　藤本政吉

立会証人｛主　任　（文字消失）
　　　　　販売人　吉田直次

右ノ署名ハ保証人トシテ前記業務ノ総テヲ右契約人ト連帯シテ負擔可致候。

保証人　藤本ます

兵庫県　国　姫路市鍛冶町十番地

〃県　国　〃　番地

シンガー、ソーキング、メシーン、カムパニー御中

保証人　藤本嘉吉

（出典：藤本家文書「ミシン購求に付契約書」）

史料3は一九一四年に結ばれた藤本仕立店とシンガー社との契約を示す書類である。同店は一九一四年にシンガー社から44-13型第二三四四四七六号のミシンを一台、附属品とともに一二五円で購入した。支払い方法は、初回に古ミシン一台（一二円相当）と初回金一〇円との合計二二円を支払い、以後は毎月二〇日に四円ずつを支払う月賦であった。支払の完了時点でミシンの所有権はシンガー社から同店に移転するので、二年強の二六か月後に支払を終え当該ミシンは同店の所有物となるが、それまでは又貸が禁止されていた。

月賦払い中の又貸が禁止されている以上、藤本仕立店が受託工にミシンを貸与して生産に当たらせる場合は、支払期間の短い中古ミシンを購入すると利便性が高まる。しばしば同店が中古ミシンを購入していたのは委託受託関係により生産量の調節を素早く行なうためであったと考えられる。史料3に記された「44種13型」は次節に詳述するように汎用性の高い本縫ミシンで、これは同店にも受託工家屋にも多く設置されていたものである。「44種13型」の一部に中古が多かったと考えられる。

(2)　ミシンの修理

藤本仕立店にはミシン修理店と取引関係があった。史料4の書状が記された年は未詳であるが、国産ミシンの利用を示していることから一九四〇年代と推測できる。書状には八台のミシンが記されている。シンガー社製が六台（うち、足踏式が四台・動力式が二台）、不二ミシン（動力式）が一台、製造会社不詳の国産ミシン（足踏式）が一台である。修理店の情報は不明である。

史料4　藤本仕立店からミシン修理店への書状

毎度御手数をかけまして誠にすみません。

早速と思いましたところ何分どうにもなりません。甚だ申訳ありません、今日電話の通り、何卒お願い申上ます。ミシンの番号は左の通りに成つて居ります。お願い申上げます。

C二〇二二一二五	シンガー一〇三
C二〇八二五二一	シンガー一〇三
G六三三六六二一	シンガー一五
C二〇六一〇六一	シンガー一五
八二六二四	一五国産
足フミ五台	

G一〇六三五四四　シンガー四四	シンガー四四―二〇　両目一〇五九二三	国産F　不二ミシン六七六九	動力

善所にて直しますから其のところ特にお願申し上ます。

十月五日

（出典：藤本家文書「書状（ミシンの件につき御願）」）

第三節　生産体制

（1）ミシン台数からみた委託生産の拡大

藤本仕立店は自家工場をどれほどの規模で操業し、どれほどの規模で委託生産を行なっていたか。本項では、同店の所有していたミシン台数の推計や設置先の傾向をもとに、これらの点を明らかにする。

同店が『工場通覧』『全国工場通覧』に唯一登載されたのは一九〇九年調査である。工場名称は「藤本工場」、製品種類は「足袋シャツ、装束」、所在地は「姫路市鍛冶町」、工場主名は「藤本政吉」、創業年月は一八八七年（明治二〇年、月は記載なし）、職工数は男性職工のみで五人、原動力は記載されていない。創業当初から一九三〇年代前半まで、同店自家工場の従業者数は職工五人未満がほとんどであった。一九〇〇年代までに同店へ設置されたミシンは五台程度にとどまったと考えられる。

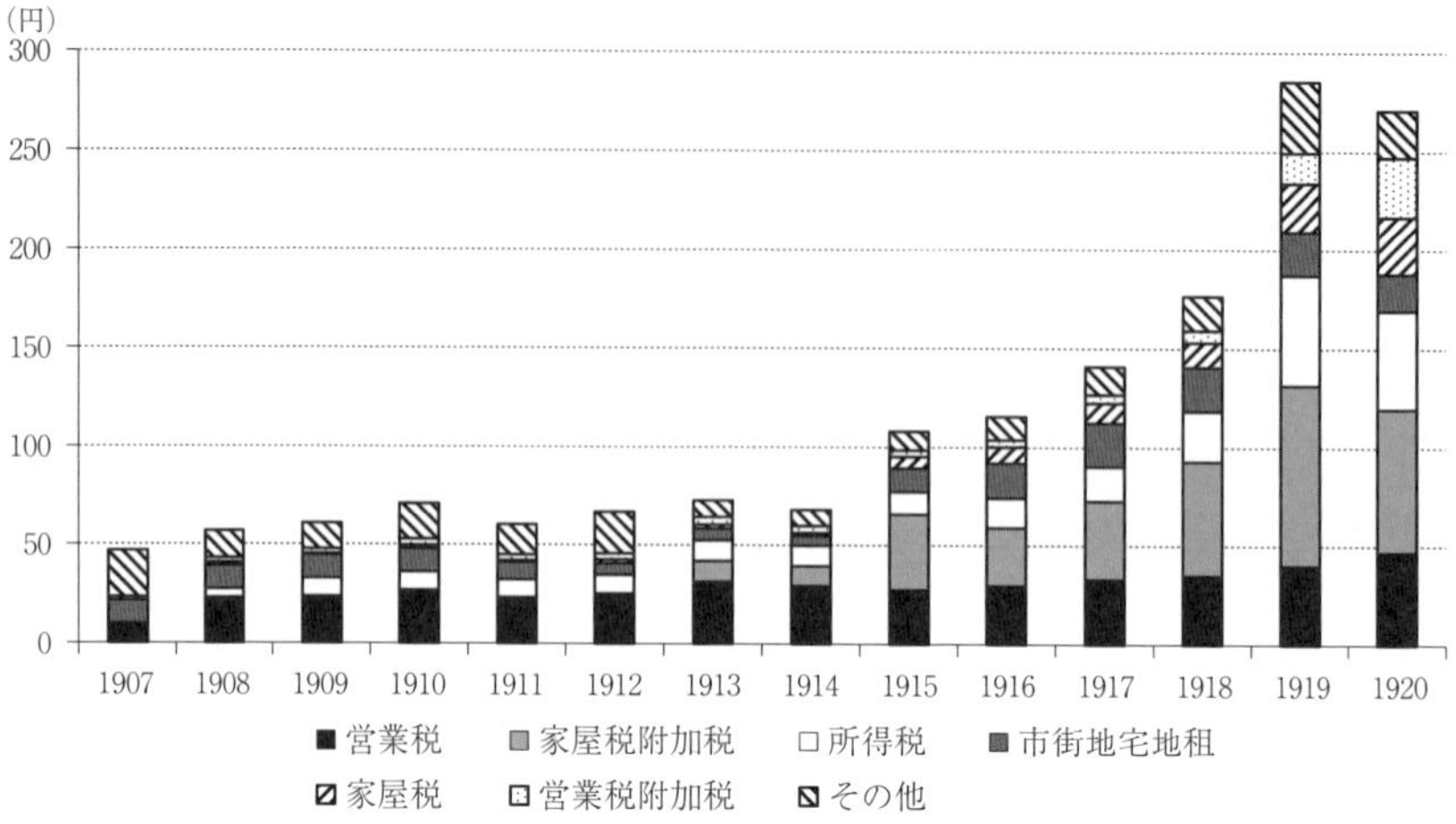

図1　納税額の推移(1907～1920年)

出典：藤本家文書「諸納税簿」。
注:「その他」には次の項目を合算。家屋割、所得税附加税、地租割、国税営業税附加税、国税営業割、地租附加税、所得割、地価割、国税営業別、第四期営業所得割、地租割家屋税、市税営業割、県税営業割、所得税割、同附加、上小田村山林ノ税金、附加税、山林ノ掛物、山林地租、姫山公園営業割、姫山公園所得割、特別税姫山公園、地価割姫山費、本店支払。

図1は「諸納税簿」の情報を営業税、家屋税附加税、所得税、市街地宅地租、家屋税、営業税附加税、その他に区分したものである。一九〇八年から二〇年まで営業税の増加は相対的に小さく、家屋税附加税は一五年から、所得税は一九年から増加した。これらに対して市街地宅地租、家屋税、営業税附加税の増加は小さい。二六年税制改正までの営業税は「売上金額、資本金額、従業員数などをもとにした外形標準課税」[11]であり、「事業規模の大小を推定する一つの指標として先行研究でも用いられてきた」[12]。したがって二〇年までの従業員数はほぼ不変であったとみなすことができる。

次いで「品物直分簿」をはじめとする帳簿類からミシン設置台数を検討しよう。「品物直分簿」はのちに「大福帳」や「棚卸」に分化された帳簿で、商品出荷情報や貸借関係が年別・項目別に記されている。「品物直分簿」の一九〇四年には「ミシン代五ツ」として五〇円の資産価値が設定されており、ミシンが五台所有されていたことがわかる。翌々〇六年には項目名を変更し「器械」となったが、五〇円が計上されていることに変わりなく、一九〇四年から〇六年までの三年間は五台が設置されていたと考えられる。一九〇七年から記載される「棚卸」には「諸器械価格」「職業用器具」という費目が設定されている。四〇年代には「職工用ミシン」に変わることから、「諸器械価格」などの項目にミシンの資産価値が含まれていることに間違いはなかろう。ただし、ミシンのみが計上されているかは不明である。

「金銭出入帳」には一九一四年・一五年に「シンガー月賦金」と記載されており、新品ミシンに対して毎月三円ずつが支払われていたことがわかる。また、一四年三月三日に一〇円、一四年八月一〇日に二一円、一五年四月一日に一六円がシンガーに対して支払われている。これら三回の支払は断続的であり、また「シンガー月賦金」の三円よりも高額であるから、中古ミシン購入を示すのであろう。

以上のことから、藤本仕立店は遅くとも一九〇四年にはミシンを五台にまで増設し、その後は一〇年代にかけて中古ミシンを中心に微増させていった。一九〇〇年代初頭の五台は従業者数を上回るが、その分は受託工たちに貸与された。

ここで、藤本仕立店が受託工にミシンを貸与していた状況を示す「裁縫機登録調査書」(13)を検討する。この調査書は戦時経済統制下の企業整理に必要とされたもので、一九四〇年に作成され、ミシン製造会社、機種、動力、設置場所、設置年、運転開始年がわかる。

表2は「裁縫機登録調査書」から、一九四〇年の時点で藤本仕立店が所有していたミシンの設置年や設置場所をまとめたものである。「裁縫機製造会社名」からわかるように、シンガー社製ミシンが四〇台である。表には示さなかったが、運転開始年月も記載されており、運転はすべて設置年に始められている。

前項でみたようにシンガー社との契約に際し藤本は中古ミシンを買い取ってもらい支払額の一部に充てていた

ことから、表2は藤本が一九四〇年までにシンガー社から購入した全台数ではない。この点に留意して検討しよう。一九一四年には自宅に一台が設置されたのみである。二一年には自宅に二台、受託工五軒に各一台が設置された。表には記載していないが、自宅の二台はいずれも七月、受託工の五台はいずれも九月に設置されている。これ以降、設置は集中的に行なわれる。一九三〇年代をみると受託工への設置が急増している。三〇年は自宅に二台、受託工へ二台、三三年・三四年は五台とも受託工、三五年・三六年も二台とも受託工、三七年は四台とも自宅、三八年は四台とも受託工である。

史料の「備考」に記された設置先をみると、「家」（藤本の自宅工場）に九台、固有名詞の委託先に二六台が設置されている。藤本が委託した生産者には女性名が多く、ミシンを藤本から貸与されて自宅で活用した。そのうち、桂久子、小林カネ子、塚本コユキ、坪田トミエの四名は二台を設置している。また有本キクは「有本（ヌイヤ）」と同じ場所と思われるので、ミシン二台所有者は五名となる。

最後に、「棚卸」から一九四八年一月一九日現在に所有されていたミシンを詳しくみておきたい。「設備動力ミシン機」と記された項目には、ミシン、裁断機、アイロンなどが列挙されている。ミシンと附属品では、シンガー社製44-13型が二三台、71-1型、31K-20型、32-1型、103型（足踏式）が各一台、取付附属穴カガリが一個、

製造年	製造工場
1912	アメリカ
1917	〃
1902	〃
1900	〃
1908以降	ドイツ
1921	アメリカ
1906以降	ロシア
1906以降	〃
1900	アメリカ
1912	〃
1921	〃
不詳	スコットランド
1935	〃
1923	アメリカ
1929	スコットランド
1920	〃
1916	〃
1920	アメリカ
1929	スコットランド
1912	アメリカ
1927	スコットランド
1917	アメリカ
1927	スコットランド
1912	アメリカ
1906	ロシア
1906	〃
1917	スコットランド
1921	アメリカ
1926	スコットランド
1916	アメリカ
1923	〃
1912	〃
1929	スコットランド
1906か07	アメリカ*
1921	スコットランド
1902	アメリカ
1930	スコットランド
1908以降	ドイツ
1917	スコットランド
1910	アメリカ

表2　藤本仕立店のミシン設置状況(1940年)

裁縫機製造会社名	型式	記号	番号	電動足踏手廻の別	設置先	設置年
シンガー	本縫一本針	44-13	G2344476	足踏・手廻	家	1914*
シンガー	本縫一本針	44-13	G5676846	足踏・手廻	家	1921
シンガー	本縫一本針	44-13	K1229116	足踏・手廻	家	〃
シンガー	穴カガリネムリ	71-1	N14487	電動式	家	1930
シンガー	本縫一本針	103	C202496	足踏・手廻	家	〃
蛇ノ目印	本縫一本針	44-13	G8668160	足踏・手廻	岡本モン	〃
シンガー	本縫一本針	103	T533020	足踏・手廻	桂久子	〃
シンガー	本縫一本針	44-13	T525413	足踏・手廻	桂久子	1921
シンガー	本縫一本針	44-13	N423432	足踏・手廻	奥原絹代	〃
シンガー	本縫一本針	103	G2092603	足踏・手廻	平塚カツ	〃
シンガー	本縫一本針	44-13	G8821716	足踏・手廻	島田金太郎	〃
シンガー	本縫一本針	44-13	Y7563521	足踏・手廻	佐野ヨシノ	〃
シンガー	本縫一本針	44-13	Y9725427	—	—	—
シンガー	本縫一本針	44-13	G0425390	足踏・手廻	中嶌トミエ	1932
シンガー	本縫一本針	44-13	Y7043251	足踏・手廻	坪田トミエ	〃
シンガー	本縫一本針	44-13	Y1188723	足踏・手廻	坪田トミエ	〃
シンガー	本縫一本針	44-13	F7442348	足踏・手廻	仲田ハルエ	〃
シンガー	本縫一本針	44-13	G7940606	足踏・手廻	水田	〃
シンガー	本縫一本針	44-13	Y6505919	足踏・手廻	柳内ヨシコ	1934
シンガー	本縫一本針	103	G2068087	足踏・手廻	藤本マサ	〃
シンガー	本縫一本針	44-13	Y5273561	足踏・手廻	芝村アヤノ	〃
シンガー	本縫一本針	44-13	G5407251	足踏・手廻	有本(ヌイヤ)	〃
シンガー	本縫一本針	44-13	Y4837370	足踏・手廻	後藤マスミ	〃
シンガー	本縫一本針	44-13	G2010706	足踏・手廻	大海カズエ	1935
シンガー	本縫一本針	44-13	T519893	足踏・手廻	小林カネ子	〃
シンガー	本縫一本針	44-13	T519071	足踏・手廻	小林カネ子	1936
シンガー	本縫一本針	44-13	F7382523	足踏・手廻	塚本コユキ	—
シンガー	本縫一本針	44-13	G86806611	—	—	—
シンガー	本縫一本針	44-13	Y3887526	—	—	—
シンガー	本縫一本針	44-13	G4410116	—	—	—
シンガー	本縫一本針	44-13	G0398438	足踏・手廻	有本キク	1936
シンガー	本縫一本針	44-13	G2186501	—	—	—
シンガー	本縫一本針	31	Y6321491	電動式	家	1937
シンガー	本縫一本針	44-13	H722284	足踏・手廻	家	〃
シンガー	本縫一本針	44-13	Y177824	足踏・手廻	家	〃
シンガー	本縫一本針	44-13	K460651	足踏・手廻	家	〃
シンガー	本縫一本針	44-13	Y8260632	足踏・手廻	松本スエノ	1938
シンガー	本縫一本針	103	C2081190	足踏・手廻	枡田サザエ	〃
シンガー	本縫一本針	44-13	F7382523	手廻	塚本コユキ	〃
シンガー	本縫一本針	44-13	G554269	手廻	土山周一	〃

出典：藤本家文書「裁縫機登録調査書」より作成。「製造年」、「製造工場」は株式会社シンガーハッピージャパンのウェブ・サイト内「ミシン製造年/生産工場表(Singer-Happy Japan Co., Ltd.)」より作成。

注1：「—」は記載なし。

2：製造工場は「アメリカ」がエリザベス工場、「ドイツ」がヴィッテンベルゲ工場、「ロシア」がポドリスク工場、「スコットランド」がクライドバンク工場。

3：設置年「1914*」は藤本家文書「ミシン購求に付契約書」による。この契約書には「44種13型第2344476号」を「大正3年2月28日」に購入したことが記されている。

4：製造工場の「アメリカ*」は「H」の後に6桁の数字が並んでいる。シンガー・ハッピー社のホームページによると「H」開始のシリアルナンバーは7桁のものしか存在しない。藤本の誤記かと思われるが、「H」から始まるシリアル番号は1906年か07年製と判断できる。製造工場も表の通りと判断した。

エンパイア社製95種が九台、富士社製95K-40型が一台である。ミシン以外では、「動力台テーブル」がミシン二八台分で一四セクション、モーターが「一馬力三相」「半馬力単相」「四分ノ一」各々一台、シンガー社製裁断機が一台、アイロンが「一〇ポンド」一台、「六ポンド」三台、「四ポンド」二台である。表2に示した設置ミシンは一九四〇年現在のシンガー社製四〇台であった。その後四八年にシンガー社製は二七台にまで減少し、エンパイア社製と富士社製の合計一〇台の国産ミシンが増えた。

日本では一九三〇年頃から日系ミシン製造会社の大量生産が進行し[14]、四〇年頃にかけて外国製ミシンから国産ミシンへ代替が進んだ。一九三九年に日本ミシン製造株式会社（以下は日本ミシン製造社、現ブラザー）が陸軍被服廠管理工場に指定されたのを嚆矢に、日本のミシン会社は工業用ミシンの製造販売に特化する。翌四〇年に三菱の辞退を受け、日本ミシン製造社が陸軍被服廠の命令によりシンガー社製99-100型の模造品（鳩目の穴膝ミシン、モーター式）を製作・納品した。

翌四一年二月末には、陸軍被服本廠がシンガー社から99-130型、24-33型、71-101型、11-16型を合計で三五台分輸入したのを最後に外国製ミシンの輸入が途絶した。四二年に企業整備の関係から日本ミシン製造工業組合が設立され、四三年には、四一年施行の「鉄製品製造制限規則」に「普通本縫ミシン」が追加され、家用ミシンの製造販売はほぼ不可能となった[15]。

(2)　ミシンの種類からみた生産工程[16]

前項では委託生産の拡大を確認した。本項では自家工場と委託先に設置されたミシンの種類を分析することで、自家工場と委託先をつうじた生産工程を明らかにする。

表3は表2に記載された内容について、場所区別と機種区別を行ない設置年順に並べ直したものである。既述

表3　場所別・機種別のミシン設置年(1940年)

	自家工場					委託先			不明	合計
	44-13	103	71-1	31	小計	44-13	103	小計	44-13	
1914年	1	—	—	—	1	—	—	—	—	1
1921年	2	—	—	—	2	4	1	5	—	7
1930年	—	1	1	—	2	1	1	2	—	4
1932年	—	—	—	—	—	5	—	5	—	5
1934年	—	—	—	—	—	4	1	5	—	5
1935年	—	—	—	—	—	2	—	2	—	2
1936年	3	—	—	1	4	2	—	2	—	6
1937年	—	—	—	—	—	3	1	4	—	4
不明	—	—	—	—	—	1	—	1	5	6
合計	6	1	1	1	9	22	4	26	5	40

出典：藤本家文書「裁縫機調査登録書」。

のとおり、自家工場に増設されたミシン九台に対し、委託先に設置されたミシンは二六台である（不明分五台を除く）。委託先には一九二一年に五台が設置され、一九三〇年代になるとほぼ毎年二～五台が設置された。ミシンの設置された委託先は二一軒を数える。このうち五軒には二台、残る一六軒には一台ずつのミシンが設置された。二〇年代・三〇年代藤本仕立店が委託生産を拡大させたことがはっきりわかる。一四年の「棚卸」には「諸器械」費用として一五〇円が記載されており、同店が新品一台と中古三台のミシンを「シンガーミシン会社」から購入したことが記されている。

機種別にみると三三台が44-13型であり、自家工場にも他家にも設置されている。そして、103種は一九二一年に委託先へ一台が、三〇年には自家工場・委託先ともに一台が、三四年・三七年に委託先へ一台が設置された。表には記さなかった動力は、自家工場のみに設置された71-1型と31種が電動式で、自家工場および委託先の両方に設置された機種はいずれも足踏・手廻兼用であった。

まず、自家工場と委託先の両方へ設置された機種の役割をみる。史料1「シンガー社との契約書（一九一四年）」に記されていた44-13型（図2）は広く普通ミシンと呼ばれたもので「一般織地裁縫用」(17)、すなわち衣料品全般の縫製に向いていた(18)。

足踏式・手廻式兼用103種は「夏服類及各種薄物製造に最適」(19)で、主にシャツやズボン下に利用されたと考えられる。藤本家文書「仕事数控帳」には一九〇〇年頃に藤本仕立店から受託生産を行なっており103種ミシンを貸与されていた西尾清治の製造品目、金銭、月日が記されており、これによると西尾は、シャツ、パッチ、又、脚絆を製造していた。これらの品目が同店でも製造されていた点はいうまでもない。

同店のみに設置されたミシン、電動式31種（図3）と電動式71-1型（図4）を確認しよう。31種は、種別によって厚物縫、靴皮縫、二本針ひだ取機など多様であるが、先述した「棚卸」では31K-20型が確認される。図

図2　シンガー社製ミシン44-13型

出典：蓮田重義編『工業用ミシン総合カタログ』工業ミシン新報社、1958年、25頁。

図3　シンガー社製ミシン31K-20型

出典：砂田亀男編『特殊ミシンカタログ全集』日本ミシン商工通信社、1936年、41頁。

図4　シンガー社製ミシン71-1型
出典：砂田亀男編『特殊ミシンカタログ全集』日本ミシン商工通信社、1936年、133頁。

3のとおり、これは「一般裁縫用ミシントシテ広ク用ヒラル」「洋服、足袋、天幕等木綿及ビ毛織厚物縫ニ適ス」[20]ミシンである。「44-13ト同種同作用ナレドモ稍大型」で、「縫床広ク大物縫トシテ用ヒラ」[21]れた。

71型も多様であるが、ほとんどすべての機種が穴かがり用で、ボタン穴を作成し縁縫を行なう特殊な種類である。[22]藤本仕立店に設置された71-1型は「シャツ釦穴カガリ機」[23]で、「両端に長き閂を有す、穴の大きさは1／4"より1"の長さに自由に調節をなし得、縫了すると同時に自動停止、上よりナイフは下り自動的にボタン穴をあける」[24]。かがり縫が終わると、予定された穴に生地が送られナイフが降りてボタン穴を開ける仕組みである。

以上の確認から、自家工場・委託先ともに設置されたミシンは、厚さが普通か薄い生地用、そして自家のみに設置されたミシンは厚地用であった。また、ボタン穴作成ミシンも自家工場のみに設置されていた。表2から71-1型が遅くとも一九三〇年に設置されたのだから、それ以降はボタン付きの衣料品を藤本仕立店はミシンで製造できた。裁断工程は同店が行ない、裁断後に受託工へ切れ布が渡され、受託家内で縫製作業が行なわれ、半製品となって同店に戻り、ボタン穴作成とボタン付けが行なわれたと考えられる。

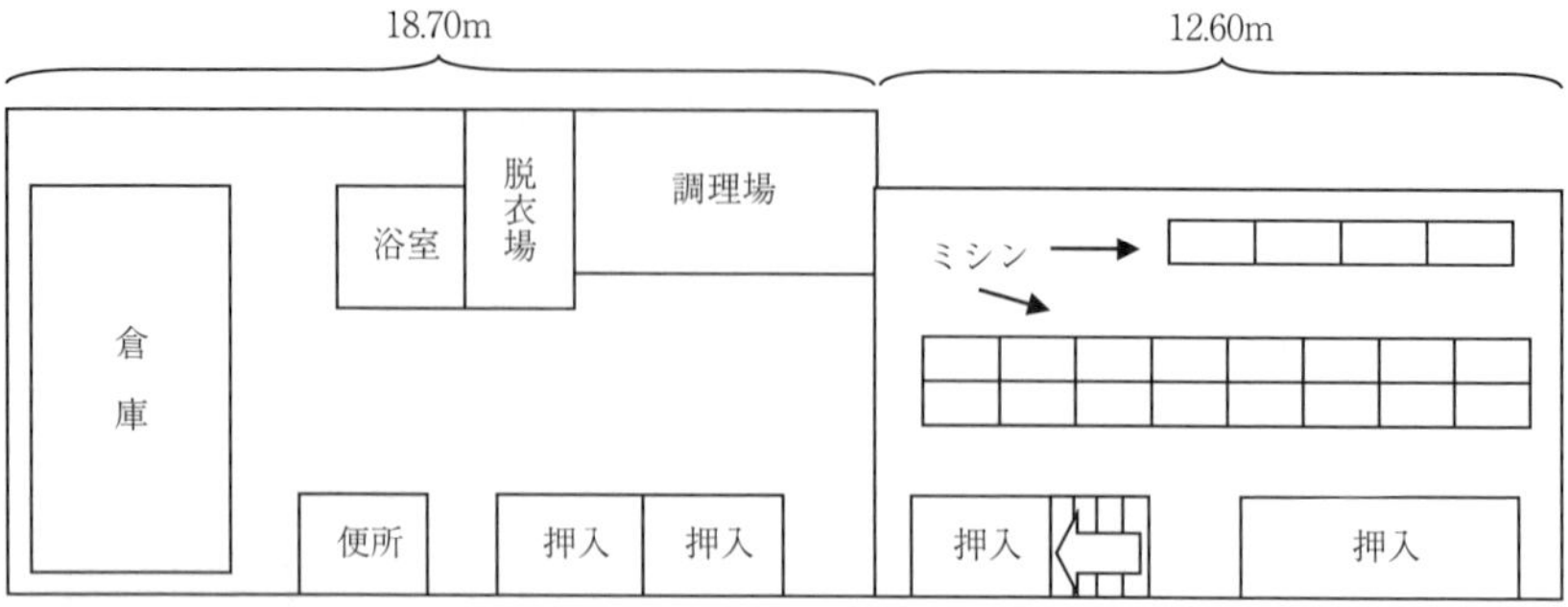

図5　藤本仕立店1階の構造（1949年時）

出典：藤本家文書「臨時建築制限規則による許可申請書」より筆者作成。
注：２階は省略。

（3）工場の構造

同店の構造をみよう。図5は、従来から倉庫として利用していた中二階の収容能力が不足したことから、本二階として改築するために提出された申請書「臨時建築制限規則による許可申請書」から作成したものである。これは一九四九年に姫路市消防長に宛てられた。第七章にみるように同店の廃業は四七年頃と思われるので、本図は廃業後のものである。「みしん裁縫工場作業所倉庫」と記された一階は作業所、調理場、浴室、便所、倉庫などから構成されている。二階は押入と倉庫のみである。裁断機やアイロンの設置場所、あるいは梱包場所が不詳であるが、終戦までは一階に裁断機とミシン、二階にミシンが設置されていた[25]。藤本家の住居はこれに隣接していることから、調理場・脱衣場・浴室は職工に供せられたと考えられる。

ここで、一九世紀末にワイシャツ工場として創業した蝶矢シャツを比較例にあげる[26]。同社大阪工場（一九一六年設立、大阪市港区市岡町）は「シャツ・カラー工場としては、当時第一級のもので、その設備からみて、同業者中最高の内容を誇って」[27]おり、「おもに軍人カラーの製造に従事していた」[28]。

同工場に設置されたミシンはシンガー社製第95種が四台、第15種が六台、穴かがりが四台であった[29]。第95種は複数種が生産されていたが、概ねカラーやカフス、およびポケット、ヨーク等の縫製に適したものが多く、ワイシャツに相応しいものであった。[30] また、第15種はシャツ全般、特にカラー縫製に向いている。[31] 穴かがりミシンはボタン穴作成用である。

生産体制は以下のとおりである。同社裁断部は淡路町に設置され、そこで裁断された生地が市岡工場へ運ばれ、さらにボタンつけは手作業の形で家内職に依存していた。蝶矢シャツの示す例は同社裁断部門と縫製部門の別工場への分離、およびその縫製工場から近隣家へのボタンつけ委託という複合的な分散型生産組織であった。

次いで工場の構造をみると（図6）、一階、二階ともにアイロン場所とミシン場所が確保されている。先述のように同社の裁断部は淡路町にあったが、市岡工場でも二階に裁断場所は小規模ながら設けられていた。二階に半製品置場、一階に車庫兼荷造、および検品所が設けられていることから、作業工程として二階で材料生地を裁断し、ミシンとアイロンで半製品に仕上げ、その後に一階で釦穴作成・検品・梱包・出荷という順序があったと考えられる。

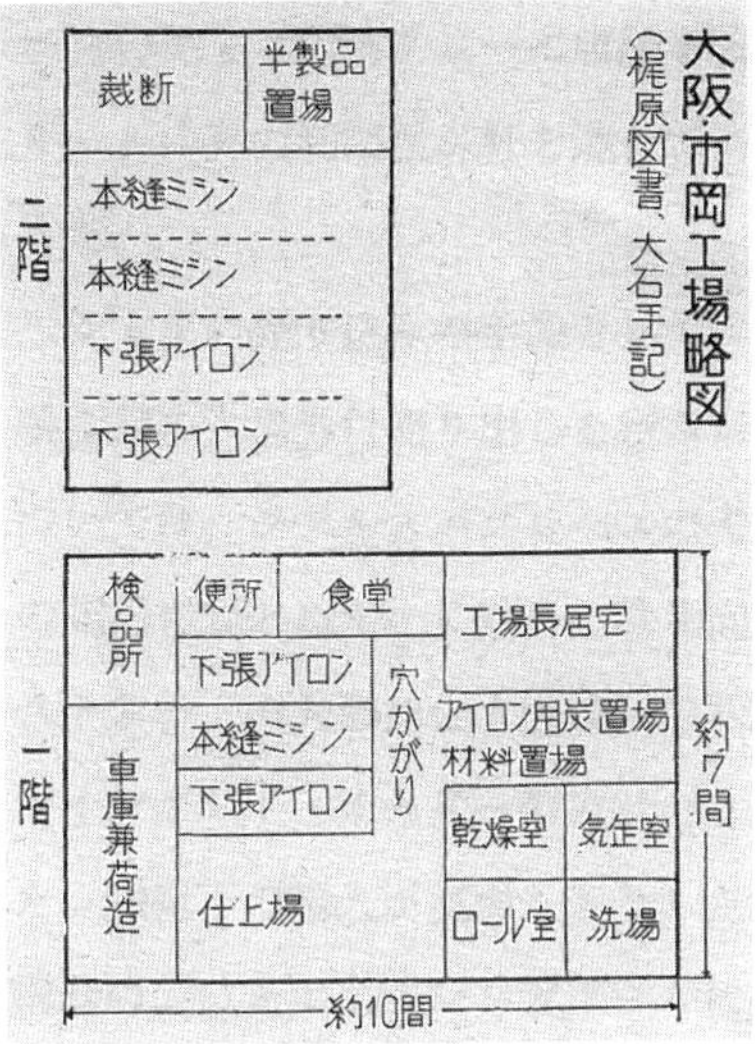

図6　蝶矢シャツ市岡工場の構造（1916年頃）

出典：蝶矢シャツ八十八年史刊行委員会編『蝶矢シャツ八十八年史』1974年，42頁。

一階をみると、食堂や便所があるのは藤本仕立店と同様である。工場長居宅は藤本の場合、隣接する藤本家に該当する。図6で特徴的なのは、乾燥室、気缶室、ロール室、洗場が設置されている点である。これらが設置されたのは「当時紡縮加工がなかったので、シャツを裁断するに当たり、あらかじめ縮代を計算して大きく裁断し、縫製後洗濯して所定の寸法に仕上げた」[32] からである。二階に半製品置場を設けていたのは、その半製品類をまとめて洗濯するためであったと考えられよう。洗濯後は、気缶室から蒸気を乾燥室へ送り、乾燥した。ロール室は材料生地や裁断済生地を張る場所である。これら洗場、気缶室、乾燥室、ロール室の四室は約四五平方メートル（三・五間×四間）である。

一九二〇年七月に完成した蝶矢シャツ枚方工場は敷地面積一〇〇〇坪を誇り[33]、市岡工場よりも広大であった。枚方工場のミシンの内訳は本縫ミシンが五四台、穴かがりミシンが五台、ボタン付ミシンが二台、閂止ミシンが二台であり、アイロンの内訳は下張用ガスアイロンが五〇台、下張用電気アイロンが五〇台である。

このように比較検討すると、裁縫工場が巨大化する場合、本縫ミシンとアイロンの台数が増加する傾向がわかる。また、藤本仕立店の事例のように、工場規模を維持したまま委託生産によって生産規模を増加させる場合でも、委託先の家内に設置したミシンには本縫ミシンが多かった[34]。

第四節　流通体制

(1) 史料概要

藤本仕立店の生地代金支払と衣料品荷渡を記した史料が「判取帳」である。これは全一一綴からなり、一九三二年の一年分を除き〇二年一月一日から三七年一月三一日までが残されている。この史料から読みとれる記載項目は、金額または包装名、年月日、金銭受領者か包装品受領者の署名または捺印である。

受領項目として金額が記されている場合は主に材料生地などの販売者が主で、たとえば一九〇四年五月三一日付「金二八円一二銭也　龍田謙也」は、龍田織工場主[35]である龍田謙也が藤本仕立店から二八円一二銭を受け取ったことを示す。包装名が記されている場合は運送業者である。たとえば〇四年六月七日付「莚包一個　タジマ佐々木甚左様行　内藤運送店（印）」は、同店から衣料品を購入した但馬の佐々木甚左へ配送する莚包一個を内藤運送店が受け取ったことを示す。包は「莚包」「紙包」「油紙包」などである。いずれの場合も代理人が金銭か包装品を受け取りに来ることもあった。たとえば「金一〇円三五銭也　高井利一郎　代米七」である。

（2）　商品の受渡方法と販売地域

　創業当初から藤本仕立店は姫路市内だけでなく播但鉄道沿いにも商圏を拡大した。商品の受渡は、神崎郡までは運搬用自転車・バイクを利用し運送していた(36)。顧客には播但鉄道沿線よりも遠方に位置する者もいたことから、馬車輸送も利用したと考えられるが、輸送手段の特定は難しい(37)。以下では「大福帳」と「判取帳」をもとに考えられる輸送手段の仮説を立てる。

「大福帳」には一回の出荷製品を一括して「〆」や「送〆」と記される場合がある。「〆」が示すものは不明だがこのうち「送〆」は何らかの輸送による受渡を示す。「〆」は一九〇一年から、「送〆」は〇二年から確認される。また「鉄道送料」「鉄道小包料」「客車賃共」（以下「鉄道送料」と略記(38)）など鉄道輸送に関する記載もあり、これらは〇七年から二四年まで確認される。たとえば、朝来郡森垣村の藤原平吉の項目には、一九〇七年四月一八日付で腹掛一枚七五銭と鉄道小包料七〇銭が記載されている。「〆」「送〆」「鉄道送料」の記載数は「〆」が最多で「送〆」が次ぎ、「鉄道送料」や「客車賃共」などの鉄道に関する情報は稀である。このように「大福帳」は鉄道輸送利用した場合にはそれを明記しているため、「送〆」は馬車輸送を用いた記録となろう。

　この馬車輸送の多くを担ったのが運送業者だったと考えられる。「判取帳」によると一九〇二年に藤本仕立店から荷物を預かった運送業者には内藤運送店をはじめ山西栄蔵や中山藤吉らがいた。同年に内藤運送店は八〇回、山西栄蔵は三三回、中山藤吉は一四回、同店から物品を預かった。

　内藤運送店の場合、月に一度「稲田屋方藤本政吉行」「生の稲田屋方藤本分」などと記される。また「大福

表4　播但鉄道・山陰線の延長と内藤運送店の店舗展開

	私設鉄道播但鉄道・官設鉄道山陰線	内藤運送店の展開
1894年7月26日	姫路・寺前間を開通〔姫路・野里・香呂・福崎・甘地・鶴居・寺前〕	
1895年1月15日	寺前・長谷間を開通	
1895年4月17日	長谷・生野間、姫路・飾磨間を開通	
1900年までに		野里店・生野店を開店
1901年8月29日	生野・新井間を開通	
1902年4月5日までに		新井店を開店
1903年5月30日	播但鉄道解散・翌日に山陽鉄道播但線へ	
1906年4月	新井・和田山間を開通（播但線）	
1906年12月1日	山陽鉄道の国有化	
1908年	和田山・八鹿間を開通（山陰線）	
1909年	八鹿・城崎間を開通（山陰線）	
1911年までに		城崎郡と養父郡に各3店舗、朝来郡・神崎郡・飾磨郡に各1店舗が営業中

出典：藤本家文書「大福帳」；森正『全国運送取扱人名簿』全国鉄道運輸業連合会事務所、1900年、84頁；森正『全国運送取扱人名簿』再版、全国運輸連合会、1903年、198頁；柴田建義『全国運送取扱人名簿』第7版、全国運輸聯合会、1919年、65～68頁；鉄道省編『日本鉄道史』中編、1921年、481・482頁；鉄道省編『日本鉄道史』下編、1921年、91頁、849頁、856・857頁；日本国有鉄道編『日本国有鉄道百年史』第4巻、1972年、512・513頁。

注：駅名は南から順に記した。鉄道延長を念頭に作成したため、京口、仁豊野など途中駅の増駅は無視した。

帳」によると稲田屋は朝来郡森垣村に営業していた旅館で、〇四年から一五年までの毎月下旬に「宿料ニテ差引相スミ」「ヒル二ツトマリ一ツ」「食事二度」などと記されている。これらのことから考えられるのは稲田旅館を拠点として店主政吉や従業員が営業活動を行なっていたことである。つまり、政吉や従業員が休憩または宿泊している稲田屋旅館に内藤運送店が藤本仕立店の製品を姫路から届け、旅館で政吉や従業員が同運送店の荷物を受け取り、掛売未受領代金の回収で稲田や周辺地域を回る際についでに稲田屋旅館の周辺顧客へ製品を届けていた。藤本仕立店と稲田屋旅館との直接取引は毎月数点を出荷する小規模なもので、同旅館はシャツ、ズボン下、パッチ等の製品を買い、食事代・休憩費・宿泊費との差額を同店へ支払っていた。

表4をもとに私設鉄道播但鉄道・官設鉄道山陰線の延長と内藤運送店の店舗拡大との関

連を追おう。同運送店は内藤久三郎を店主としてすでに一九〇〇年には野里店と生野店で営業していた(39)。「判取帳」には「ノザト内ト運送店」や「野里駅前内藤運送店」などと記されている。播但鉄道は一八九四年七月二六日に姫路—寺前間が開通し、九五年一月一五日に寺前—長谷間、同年四月一七日に長谷—生野間および姫路—飾磨間を開通した。これで飾磨—生野間が全通した。その後、一九〇一年八月二九日に生野—新井間が開通し、〇三年に山陽鉄道の営業下に入った(40)。

内藤運送店が藤本仕立店と荷物運送の取引を開始したのは遅くとも〇二年初頭のことで、当時は姫路駅から新井駅までの鉄道輸送が可能であった。「大福帳」には〇二年四月五日に神崎郡新井駅前の内藤運送店へ甲斐絹裏前掛一点を発送したと記されているから、この日までに同運送店は新井に店舗を設けていた(41)。その後、山陽鉄道播但線が〇六年四月に新井—和田山間を開通した。同運送店は遅くとも一一年までに城崎郡と養父郡に各三店舗、朝来郡・神崎郡・飾磨郡に各一店舗、これに野里・生野・新井の店舗を合わせ合計九店舗に展開した(42)。このように同運送店の店舗は播但鉄道の敷設延長とともに拡大した。

また、内藤運送店は一九〇二年時点で鉄道未開通地域の養父郡八鹿・網場・広谷方面や朝来郡和田山・高田方面にまで藤本仕立店の製品を運送していた。これまでみてきたように播但鉄道（のちに山陽鉄道播但線、以下では時期を問わず播但線と略す）が延長するにつれ、内藤運送店もまた北進して店舗を展開していったが、同運送店の業務は必ずしも鉄道のみに依存したものではなく馬力や人力も利用していたのである。

「判取帳」によると、一九一〇年代・一九二〇年代に藤本仕立店の利用する運送店は地域別に固定されていき、内藤運送店が播但線沿線（一九二二年に藤本仕立店から六四回受領）、亀井運送店が揖保郡・赤穂郡・加古郡（同三〇回）、鳥居運送店が神戸市・大阪市（同三四回）を担当した(43)。鳥居運送店は兵庫県明石郡明石町で営業し、東海道線桜島駅に出張所を設けていた(44)。

（3）材料生地の仕入先

「判取帳」から藤本仕立店の材料生地の仕入先は姫路市・神崎郡と大阪市東区に大別される。一九〇二年時点で姫路市・神崎郡の高井利一郎（一四回）、伊藤長平（九回）、龍田謙也（八回）、大阪市東区の野村與三郎（五回）、林源吉（五回）、山田秀蔵（三回）、杉本榮助（一回）らとの取引が確認される。

姫路市が一九一二年に刊行した一般向けの調査資料『姫路紀要』によると近世以来の綿織物生産の中心は「和木綿」であったが、一八九〇年頃に唐糸と和糸との混合綿織物（半唐）の生産が始まり、九二・九三年頃には唐糸のみを用いるようになり「播丸」と呼ばれた。「播丸」綿織物を代表する業者に高井利一郎と伊藤長平があげられている。綿ネル製造業者の龍田謙也も確認できる。[45]しかし、『姫路紀要』は「木綿専業の問屋は現今ほとんど之を見ず[46]」と記し、二〇世紀初頭の姫路は綿織物業の盛んな地域とはいえない状況にあった。

これを反映して、一九一〇年代に入ると藤本仕立店の生地仕入先は近隣地域から大阪市東区へと推移しはじめた。一九一二年の「判取帳」にみられる取引回数は高井（一〇回）、龍田（七回）、伊藤（四回）と、姫路市・神崎郡の業者がいずれも減少しているのに対し、大阪市東区では、杉本栄助（一四回）、山田秀蔵（一二回）、新たに取引を始めた業者に、西尾宗七（五回）、佐竹源助（三回）らが確認できる。

大阪市東区の仕入先も姫路市同様に綿織物業者である。一九一二年頃の「判取帳」をみると、仕入先の押印から具体的な生地名がわかる。たとえば山田秀蔵は「大阪市東区本町四丁目　山田秀蔵商店　木綿厚司卸商（帆前掛及雲斎脚絆）」、佐竹源助は「大阪市東区心斎橋通淡路町四丁目　綿ネル・綿縮・縞小倉・絨裁縫品（◇白綾、福之神綿ネル、発売元）」である。佐竹は他に二種の押印が確認され、「綿ネル・綿縮・縞小倉・絨裁縫品・洋反物（福之神無地綿ネル・専売特許ミカドモス発売元）」、「綿子ル・綿縮・縞小倉・羅紗裁縫品、◇白綾発売元」となっている。[47]

大阪商業会議所編『大阪商工名録』（一九一一年）によると、山田秀蔵（東区東本町四丁目）の業種名は「白、染地、木綿及手拭地」で、「取引地方」は仕入先が「大阪・河内」、販売先が「大阪・中国・朝鮮」である(48)。佐竹源助（東区淡路町四丁目）の業種名は綿縮・綿ネル・木綿類で、仕入先が「大阪・和歌山」、販売先が「大阪以西各地方」である(49)。これら仕入先の大阪市東区の生地販売業者には卸売専業者が多い。

山田や佐竹らの販売する綿ネル、綿縮、縞小倉などの綿織物種類は藤本仕立店で加工されたのちに衣料品の多品種化と相まって同店販売商品の多様性へと広がっていく。この多様性は第三章で別の角度から再度取りあげる。

小　括

本章で明らかにしたように、藤本仕立店は自家工場に厚地用やボタン穴作成用専用ミシンと本縫ミシンを設置して自家生産を行ない、委託先には本縫ミシンを設置して委託生産を行なっていた。これらの区別から、裁断工程と完成工程を同店が行ない中間工程は同店と委託先が行なう分業が確認された。材料生地は主に姫路市内と大阪市内の織物業者から購入していた。

同店が委託生産を導入した利点には製品の量的補完と類的補完があげられる。分散型生産組織の製品補完には委託側と同一品目・同一品種を製造する量的補完と別の品目・品種を製造する類的補完がある。同店の委託先には量的補完のみを行なう受託工と類的補完も行なう受託工がいた。

類的補完を行なった受託工の一人、井野林吉は比較的早期に洋裁を習得していた。井野はワイシャツ、スーツ（背広）、軍服類の製造経験者、すなわち退役兵であったと考えられる。衣服産業に関わる当時の内職は女性だけでなく男性も担っていた。陸軍被服廠の任務を終えた男性の存在は、一九世紀末から二〇世紀初頭にいたる二〇世紀転換期の衣服産業を民間で牽引していた点において重視されるべきである。なぜならこのような退役兵の内職からは、本章で比較したように、一八九七年に刊行された『婦人職業案内』のような内職向けの案内書に記された仕事内容とは異なる面が確認できるからである。かつてアンドルー・ゴードンは、戦前に独立創業した女性に焦点をあててミシン利用の活況を述べた[50]。そのような女性の存在の捉え方は一面的で、内職者・下請者としての女性にも注目すべきである点を拙著『ミシンと衣服の経済史』では指摘した[51]。本章では陸軍被服廠の存在を意識することで、同様に、内職者・下請者としての男性の存在を明らかにした。

また、衣料品市場が未熟だった二〇世紀前半に衣料品販売店は確立しにくく、衣料品は雑貨店で販売された。雑貨店は鉄道沿線だけに展開していた訳ではない。藤本仕立店が契約していた運送業者では鉄道だけでなく馬力や人力も駆使して製品を運送していた。

(1)　佐々木淳『アジアの工業化と日本――機械織りの生産組織と労働――』晃洋書房、二〇〇六年。
(2)　劉克祥『簡明中国経済史』北京、経済科学出版社、二〇〇一年。
(3)　井上雅人『洋裁文化と日本のファッション』青弓社、二〇一七年。
(4)　東條由紀彦『近代・労働・市民社会――近代日本の歴史認識〈一〉――』ミネルヴァ書房、二〇〇五年、二六一頁。
(5)　谷本雅之は都市小工業の多くが、分散型生産組織を土台として「専業男性を基幹とする小規模経営」が主要工程を担っていたとし、小規模経営の工場的側面をみない。また都市部に大工場が成立しにくい点も看過している（谷本雅之「分散型生産組織の論理」阿部武司・中村尚史編『産業革命と企業経営――1882〜1914――』講座・日本経営史2、ミネルヴァ書房、二〇一〇年、一一三・一一四頁）。
(6)　また、短期間ながら西陣での政吉の修行が活かされた可能性もある。
(7)　一九〇一年六月二七日付で「キズ引」の記載があり、仕事代から三銭が差し引かれている。
(8)　林恕哉『婦人職業案内』文学同志会、一八九七年、一四頁。
(9)　「判取帳」には九月七日付で「シンガーミシン代三円五〇銭」と受領者の署名「若尾為八」とが記されている。

(10) 米国シンガー社は一九〇〇年に日本へ進出したさい、横浜中央店と神戸支店を開店した（岩本真一『ミシンと衣服の経済史——地球規模経済と家内生産——』思文閣出版、二〇一四年、五九頁）。また、一九一三年までに姫路分店を東二階町で営業していた（商工社編『日本全国商工人名録』第五版、一九一四年）。
(11) 富澤修身「戦前期大阪の繊維関連問屋卸商について」『経営研究』第六五巻三号、二〇一四年一一月、三三頁。
(12) 富澤「戦前期大阪の繊維関連問屋卸商について」二八頁。
(13) この全体像は岩本『ミシンと衣服の経済史』二三五頁を参照のこと。
(14) 日本のミシン製造業はパリ条約によって制限されていた。外国製造企業の特許権に日本内のミシン製造会社が制約を受けた法的根拠は、当時の先進国主導で一八八四年に発効されたパリ条約（工業所有権の保護に関するパリ条約）へ日本が九九年に加盟したことにある。その結果、家屋用本縫ミシンに装着される千鳥縫（縁縫・膝縫）機能をシンガー社の特許権が切れた一九二九年まで製造販売できず、環縫（鎖縫）は同社特許権切れの三二年まで製造販売ができなかった。岩本真一「ミシン国産化の遅延要因——特許出願の方向性に関連して——」『大阪経大論集』第六七巻二号、二〇一六年七月、二一六頁・二二五頁・二三〇頁。
(15) 岩本「ミシン国産化の遅延要因」『大阪経大論集』一二三頁。
(16) ここで述べる四機種は岩本『ミシンと衣服の経済史』二三六・二三七頁で簡単に触れた。
(17) 蓮田重義編『工業用ミシン総合カタログ』工業ミシン新報社、一九五八年、二五頁。
(18) シンガー製造会社編『諸製造所用裁縫機械目録表』南中社、一九〇一年。
(19) 蓮田『工業用ミシン総合カタログ』一三五頁。
(20) 以上、砂田亀男編『特殊ミシンカタログ全集』日本ミシン商工通信社、一九三六年、四一頁。
(21) 以上、砂田編『特殊ミシンカタログ全集』四一頁。31K-20型は31-20型と同一の機種である（蓮田『工業用ミシン総合カタログ』一一七頁）。機種に見られる「K」の有無について、「K」が付記された機種はスコットランドのクライドバンクにあったシンガー社キルヴォービー（Kilbowie）工場製、付記されない機種はニュージャージー州エリザベースポート（Elizabethport）工場製と考えられる（岩本『ミシンと衣服の経済史』三四頁）。
(22) 蓮田『工業用ミシン総合カタログ』四八・四九頁。

(23) 砂田編『特殊ミシンカタログ全集』一三三頁、蓮田『工業用ミシン総合カタログ』一一八頁。
(24) 蓮田『工業用ミシン総合カタログ』一二八頁。
(25) 岩本『ミシンと衣服の経済史』二三三頁。
(26) 詳細な要約は岩本『ミシンと衣服の経済史』二五二頁を参照のこと。同書の当該個所は蝶矢シャツ八十八年史刊行委員会編『蝶矢シャツ八十八年史』(一九七四年)に依拠している。
(27) 『蝶矢シャツ八十八年史』四一頁。
(28) 『蝶矢シャツ八十八年史』四二頁。
(29) 『蝶矢シャツ八十八年史』四一頁。
(30) 蓮田『工業用ミシン総合カタログ』一三二頁。
(31) 蓮田『工業用ミシン総合カタログ』一一一頁。
(32) 『蝶矢シャツ八十八年史』四二頁。「気缶室」はママ。
(33) 『蝶矢シャツ八十八年史』六四頁。
(34) 本文では取りあげなかったが、足袋製造工場や製靴工場はさらに複雑な工程となり、一貫生産を行なおうとすると工場規模は大きくなる。一例をあげると、大塚製靴では靴底革・靴甲革・製靴附属材料の三種を原料として、打抜機、溝入、縁剝、切裁、革折込、縫製、縁切などの工程に対し各相応の機械が配置された(大塚製靴百年史編纂委員会編『大塚製靴百年史資料』一九七六年、一一七~一二四頁)。
(35) 『工場通覧』一九一一年刊行版、三三六頁。
(36) 藤本祥二氏からの聞き取りによる。
(37) 大島真理夫「糸吉藤本政吉商店の商圏」『姫路市史(第5巻上・本編近現代1)』姫路市役所、二〇〇〇年、七三八頁。
(38) 鉄道送料のうち「客車賃共」のみが一九一一年と二四年の二回ずつ確認され、前二者(「鉄道送料」「鉄道小包料」)は〇七年から一四年までであった。
(39) 森正『全国運送取扱人名簿』全国鉄道運輸業連合会事務所、一九〇〇年、八四頁。
(40) 以上、鉄道省編『日本鉄道史』中篇、一九二一年、四八一・四八二頁。多くの区間の勾配は一〇〇分の一、最急勾配は寺前・生野間六六分の一、生野・新井間で四〇分の一である。

(41) 森正『全国運送取扱人名簿』再版、全国運輸連合会、一九〇三年、一九八頁。

(42) 柴田建義『全国運送取扱人名簿』第七版、全国運輸聯合会、一九一九年、六五～六八頁。

(43) 「判取帳」には亀井運送店の商号［∧∧二］のみ記され、運送業者名は記載されていない。この商号が『全国運送取扱人名簿』（第七版）登載の業者と一致するものは、山陽鉄道沿線と播但線沿線の業者のうち「亀井運送店」のみである。それを受けて本文では亀井運送店と理解したが、同店は本店・支店ともに朝来郡に所在し、赤穂郡・揖保郡・加古郡の発送を行なった［∧∧二］と同一業者だとは考えにくい面もある。

(44) 交運日日新聞社編『鉄道運送業全国運送店名簿』一九二八年、五三頁。

(45) 以上、姫路紀要編纂会編『姫路紀要』一九一二年、一〇六頁。

(46) 姫路紀要編纂会編『姫路紀要』一〇六頁。

(47) 以上、藤本家文書「判取帳」。

(48) 大阪商業会議所編『大阪商工名録』福井文徳堂、一九一一年、一八五頁。

(49) 大阪商業会議所編『大阪商工名録』一九一頁。

(50) アンドルー・ゴードン『ミシンと日本の近代――消費者の創出――』大島かおり訳、みすず書房、二〇一三年。

(51) 岩本『ミシンと衣服の経済史』。

第二章　取扱商品の主な形態——和服の商品化——

第Ⅰ部冒頭で触れた井上雅人〔二〇一七〕[1]はシンガー裁縫女学院の院長（秦利舞子）の記した教科書（『みしん裁縫ひとりまなび』一九〇九年、九六頁・一〇三頁）の「大人普通シャツ裁方図其一」（図1）を取りあげ、秦利舞子が「和服のように直線で構成される洋服を生みだしたが、それによってより多くの女性が抵抗なく和服制作から洋服制作へと移行できると考えた[2]」と推測する。

この推測は妥当ではない。なぜなら、袖付けに和服要素を残したとしても、他の工程に存在する洋服要素に当時の日本人が抵抗をもたずに製作したことを説明していないからである。井上が依拠する「大人普通シャツ裁方図其一」からは前身頃の胸部を閉じるボタン穴を四点確認できる。また、ポケットも一点ある。これらを抵抗なく作れた点を井上は明記していない。着用の点からみても、前身頃の下半分は開いていないので、この服は被って着なければならず、その後、ボタンを留めなければならない。これらの洋服要素に抵抗がなかったことを説明しない限り、秦利舞子の大人普通シャツが制作者や着用者の抵抗軽減に役立ったとは考えられない。

この「大人普通シャツ」の袖付けは和服要素だと井上は述べる。その図の袖は本章後掲の図8や図9（九六頁）のシャツの袖と同じく、肩と袖が水平に一直線であり（平肩・平袖）、身頃と袖は裁たれずに一枚の布で連

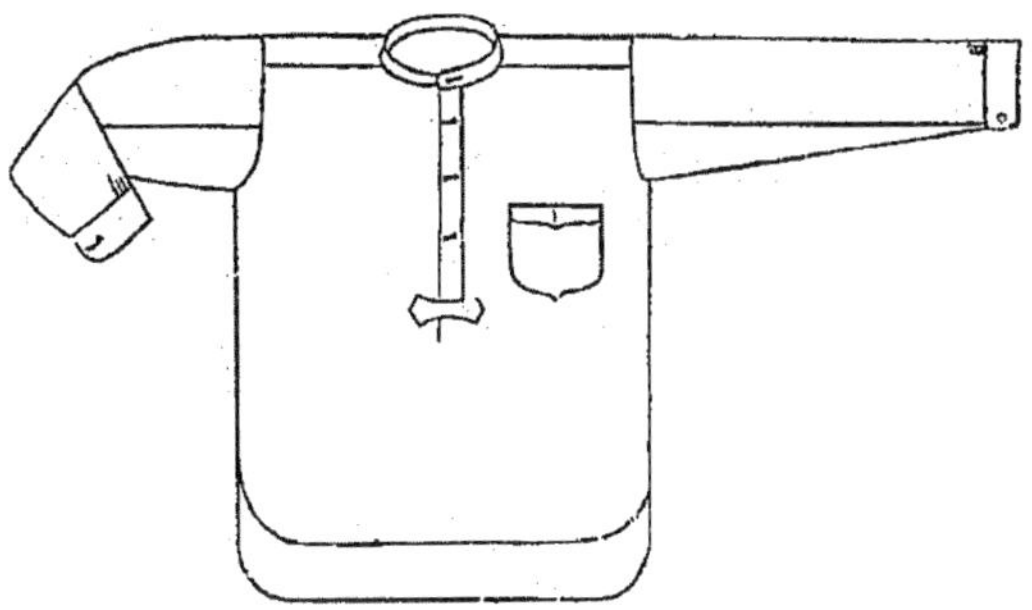

図1　大人普通シャツ裁方図其一

出典：秦利舞子［1909］103頁。

なっている（連袖）(3)。この形態には適切な日本語が存在しないので、筆者は中国語を援用し「平肩連袖」とよぶ(4)。また便宜上、平肩連袖形態をもつ衣服を本書では和服と呼ぶが(5)、このような袖付けは少なくとも当時の東アジアを事例に探すことはたやすく、日本に限られた形態ではない。その点で、井上が秦利舞子の考案として評価する和洋折衷案は秦自身の創作とは考えられない。また、「総動員体制の時期を迎えると、（中略）直線裁ちの洋服作りも消滅してしまう」と述べるが、秦の大人普通シャツは、本書で示すように戦時期に陸軍被服廠が指定生産させたシャツと同じ袖付けをしていることから、この点も間違っている(6)。

藤本仕立店が製造販売した衣料品のうち印袢纏や柔道着も平肩連袖である。この形態の衣服は井上がとりあげたシャツだけではなく、民俗学研究にもきわめて多数を確認できるように、近代日本に広く普及していた。二〇世紀前半の袖付けの一典型が平肩連袖であったからこそ、これが衣服制作の基本形となったとみるべきであろう。

本章は平肩連袖の商品化が早くから進み、また戦時期にまで根強く生産されていた状況を述べる。序章に述べたように、衣服文化史研究は「販売目的の和服」に注意を向けてこなかった。たとえば、神奈川大学日本常民文化研究所編〔一九八七〕(7)や福井貞子〔二〇〇〇〕(8)は豊富な絵図資料と聞き取りを踏まえ、仕事着や野良着を数多く紹介したが、衣服の調達方法への関心は薄い。すなわち前近代から連綿と続く自家消費用（非商品）衣服であるという前提に立っている。本章の一点目の課題は仕事着や野良着が商品生産された事実を確認することにある。

本章の二点目の課題は商品化された仕事着や野良着の形態を明らかにすることである。仕事着や野良着、さらに着物や浴衣が商品化された事例は次の文献から確認することができる。永松茂州編〔一八九七〕[9]、鷹司綸子〔一九六八〕[10]、神立春樹〔一九九九〕[11]は消費者の側から着物の商品化に触れ、山崎広明・阿部武司〔二〇一二〕[12]は生産者の側から着物と浴衣の商品化を取りあげた。ただし、これらの研究は購入品や製品の形態を述べていないため、購入されたり販売されたりした衣服は名称以外が不明である。

以上の問題や課題を解決するために、本章では、藤本仕立店や同店受託工がどのような形態の衣服を製造したかを明らかにする。事例にあげるのは姫路市役所（姫路消防組）の発注した印袢纏（印半天）、同店特製の柔道着、陸軍被服廠の発注した夏襦袢の三点である。本章は衣服形態に注目するため、いずれも民俗学研究の事例として福井貞子〔一九八七〕の研究と突き合わせて論を進める。

第一節　印袢纏

（1）印袢纏

図2は藤本仕立店が一八九七年に姫路市役所から受注した消防組員被服のうち、組頭用「印袢纏」を示した注文図である。この時の受注は組頭用一着をはじめ、小頭用に四着、組員用に七〇着、合計で七五着であった。副次的な関心となる衣服の柄から述べる。組頭用、小頭用、組員用のそれぞれ「正面」と「裏面」に柄・デザインが指定されている。「正面」には衿に「組頭」「姫路消防組」の文字が書きこまれ、「ヒナタ」と指示されている。「ヒナタ」は日向文字のことで、生地と異なる色を用いて一色で文字を刺繍する。ちなみに対語の日陰文字とは、生地と異なる色を用いて文字の輪郭だけを縫い、生地と同じ色の文字色を出す手法である。「裏面」には色の注意がいくつか確認される。特に背中の横線には「三寸朱」「一寸朱」と色幅と色名が指定され、それぞれ境界に

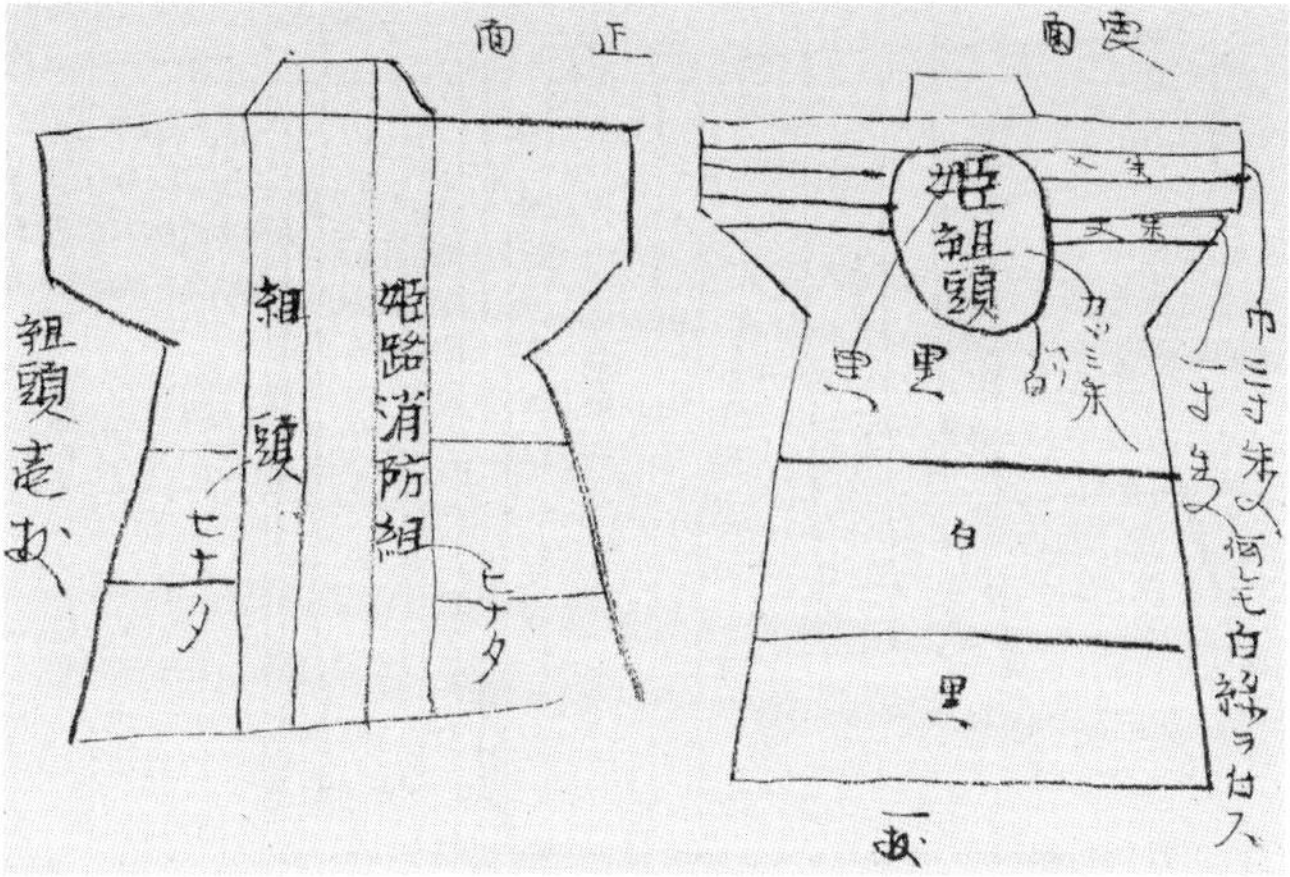

図2　消防組員被服（組頭用印袢纏、1897年）

出典：藤本家文書「注文帳」。

は白線が付される仕様である。腰部には白地と黒地が指定され、かなり対照性の強い配色である。

次に形態をみる。印袢纏は法被ともよばれ、衽《おくみ》[13]と襠《まち》[14]がないとされるが、[15]図2のように衽のあるものも半纏と呼んだ。図4のような裁断図をもとに胴体と袖を一続きのまま製作したもので、[16]図2のように広げた形にすると、衣服の首から袖口にかけて直線になる平肩連袖の形態を確認できる。また、衽で作られた衿は垂直に下ろされている。

印袢纏のような平肩連袖で衿が垂直に下ろされた形態は比較的簡素な構造である。

(2)　比較対象としての海着

図2の組頭用印袢纏は平肩連袖であった。図3は漁村用・船上用の防寒用外衣（海着・灘着）の完成図である。民俗学で取りあげられる仕事着や野良着も平肩かつ連袖の形態を採っていることが図3から明らかである。[17]図4は、図3を生地から製作する仮想にもとづいて描かれた裁断図である。図3（や図2）を制作する際は、図4のとおり織物を直線で裁断して縫製する。なお、直線に裁断することを裁縫用語では直線裁断と呼んで和服の特徴としてきた。

以上でみたように、藤本仕立店が製造販売した袢纏も、民俗学が非商品として取りあげる海着も、平肩連袖と

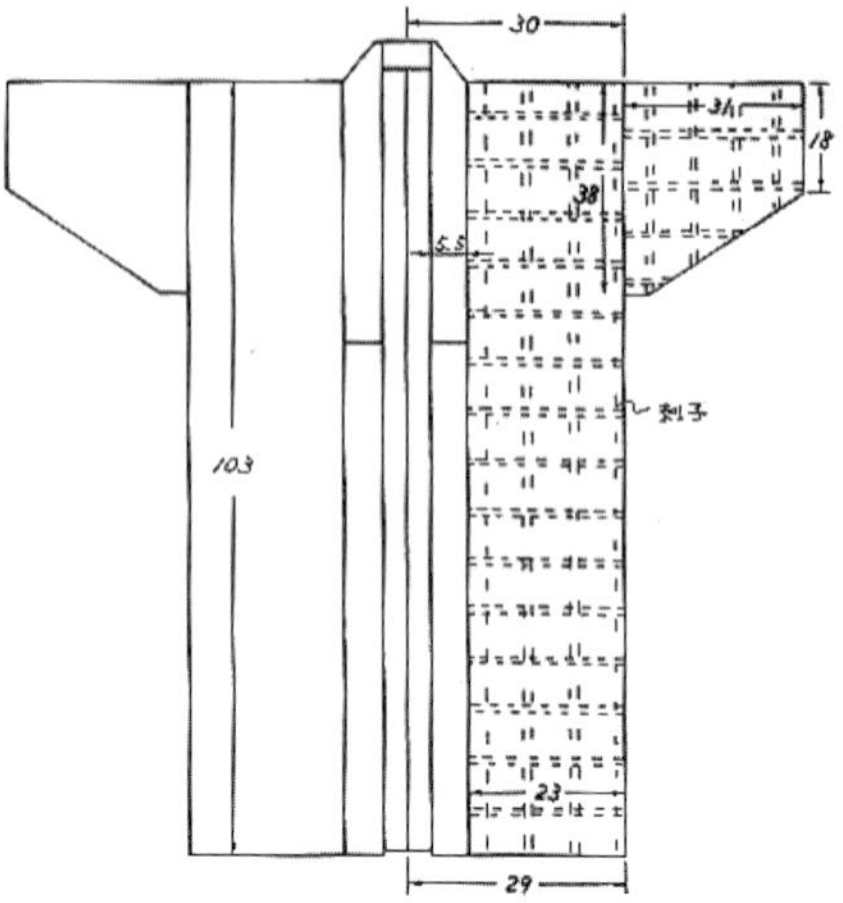

図３　海着の完成図

出典：福井貞子「鳥取県の仕事着」神奈川大学日本常民文化研究所編『仕事着――西日本編――』神奈川大学日本常民文化研究所調査報告第12集、平凡社、1987年、116頁。

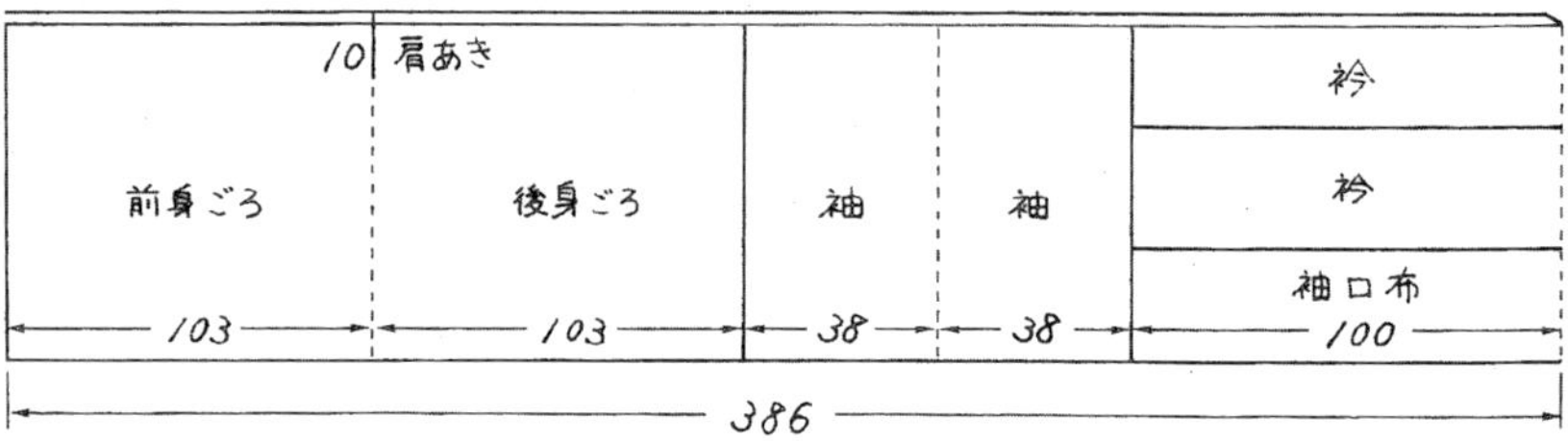

図４　海着の裁断図

出典：福井[1987]116頁。

いう同じ形態をもっていた。前近代的な衣服が二〇世紀転換期には商品化されはじめていたことがわかる。これらの和服は、衿付きの打合いを帯で締める点で、次にみる柔道着と関連する。

第二節　柔道着

前節の消防用印袢纏（図2）と本節図5の柔道着が異なるのは、左身頃が前に来て右身頃と重なる点である。他方で、上体衣として製作され、衿付けや平肩連袖が採用されている点は図2と同じである。柄は身頃の上半分が横線、下半分が斜文になっている。柔道稽古着の構成は、上体衣が「襦袢」と「撃剣襦袢」、下体衣が「長サル又」、帯が「器械刺帯」である。[18] 刺とは刺子縫のことで、厚地の綿織物二枚を合わせ、一面に細かく縫い刺し、生地の硬化を目的とした縫製である。また、極太の強撚糸を用いた製織によって頑丈な生地を実現し、これを三枚重ねてミシン縫製を施している（袷縫）。この工夫によって洗濯にも耐えやすいとされている。

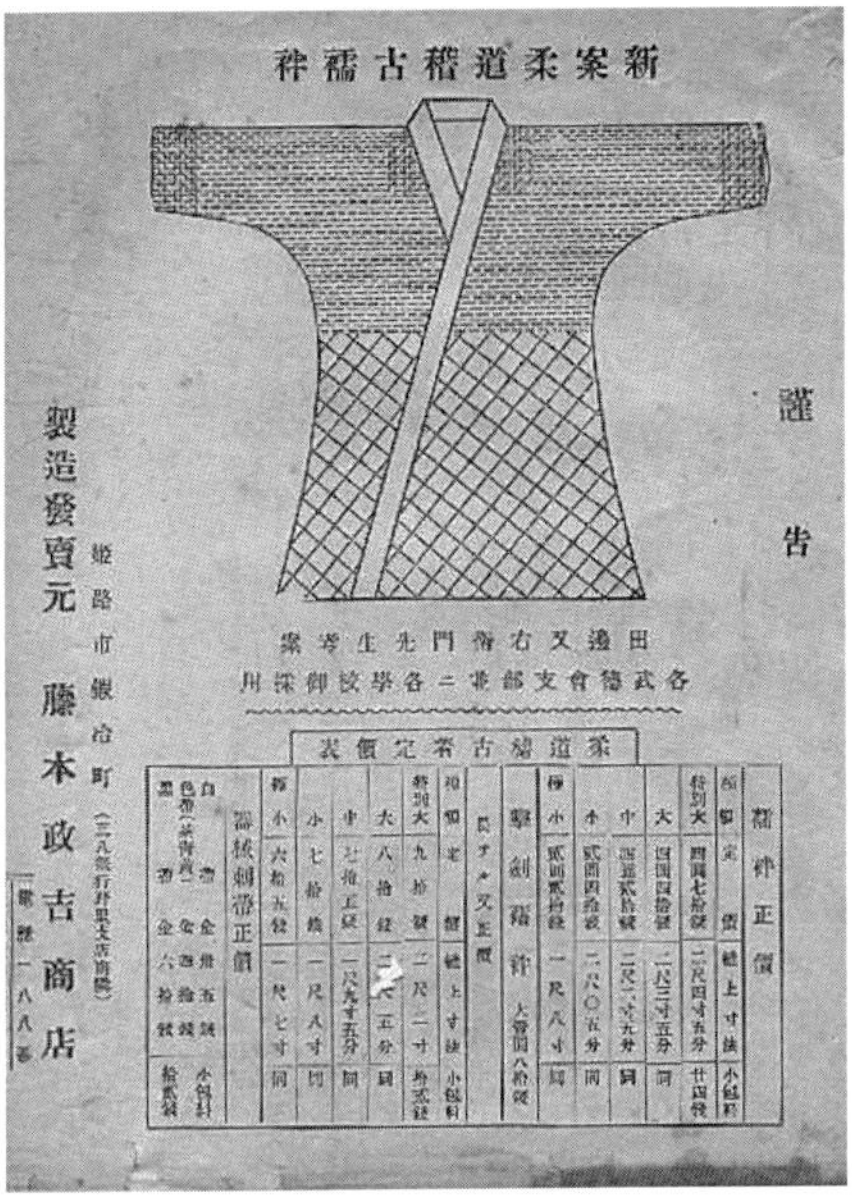

図5　藤本仕立店の新案柔道稽古襦袢
出典：藤本家文書「新案柔道稽古古襦袢」。

史料1は新案柔道着の謹告文である。

史料1　新案柔道稽古襦袢の謹告文

本品は大日本武徳会教士田辺又右衛門先生が数年苦心考案の結果発明せられし完全無欠の最良品に有之候、本品発売以来各地斯道大家の称賛を博し、従つて各学校並に各道場に於ても続々御採用の栄を蒙り、業務日増繁栄に相趣き候段、偏に大方諸君子の御引立と感謝能在候。就ては今般一層業務を拡張し、精選に精選に加へ以て御高需に応ぜん事を期し申候、御参考の為め左に在来坊間にて販売する斯品と弊店販売品との優劣良否を比較御高覧に供し申候間、幸に本品の特長御認めの上続々御注文の栄を賜わり度奉希上候。

一、在来品ハ何レモ手縫ナレバ可成運針ノ便利ヲ図リ、素地ノ荒ク糸通リヨキ薄キモノヲ撰ブハ自然ノ理ナリ。然ルニ弊店発売ノ本品ハ何レモ特殊器械ヲ以テ刺縫セルモノナレバ、素地ノ厚キ強キ質ヲ特選シテ原料トセリ、コレ特長ノ第一ナリ。

二、近来他店製造品ニ刺子織（手ニテ刺シタル如ク見ユル織物）製アリ。製品上可成嵩ヲ高クシ体裁ノ優美ヲ衒ワンガ為メ製織ニ用ユル糸ハ経緯平均セザル特別ニ太キ横糸ヲ用ヒアル故、使用ニ際忽チ横サケスルヲ免レズ、然ルニ本品ハ前述ノ如ク何レモ器械縫ノ事ナレバ極太撚強キ糸ヲ以テ入念ニ仕立アレバ両者ノ強弱優劣ハ喋々ヲ須ヒズ、コレ特長ノ第二ナリ。

三、本品ハ在来ノ品ト異リ、刺縫ノ際素地ノ厚薄ハ少シモ関係セザルヲ以テ（器械力ナレバ）三枚重子トセリ、故ニ在来品ト比較シテ確カニ三倍以上ノ強ミアルハ勿論ナリ、コレ特長ノ第三ナリ。

四、在来品ハ其実軟厚ナルヲ以テ洗濯ノ際乾燥悪シク、少ナクモ一回ノ洗濯ニ二日々光ニ曝ラスヲ要ス、殊ニ汗其他ノ汚物ハ荒キ目ヲ透シテ深ク滲入シ居ルヲ以テ容易ニ脱落セズ、然ルニ本品ハ乾燥ニ於テ優ニ一日ノ益アルノミナラズ、汚物ハ悉ク表面ニ止マリ滲入シ居ルノ恐レナシ、故ニ毎々洗濯スルノ利アル上労力ニ於テ非常ニ利益アリ、コル《（ママ）》本品ノ衛生的ナル所以ナリ、コレ特長ノ四ナリ。

五、其他嵩低キヲ以テ運送上ノ利益アリ、カク枚挙セバ殆ド各方面ニ於テ在来品ヲ凌駕ス。

注文規程

◎御注文は凡て前金又は代金引替にて願上候、但し各学校又は団体は此限りに非ず
◎御送金は銀行為替又は【振替大阪四二八〇一番】又は郵便為替（姫路野里郵便局）に願上候
◎御注文の節、運送方法御指定下被度候

（出典：藤本家文書「新案柔道稽古古繻袢」。注：カタカナ、ひらがなは原文通り。）

以下は、史料1の記載事項を現代的な表現で要約したものである。

柔道稽古着は大日本武徳会教士の田辺又右衛門が考案した製品である。（第四章で述べるような）各地の武道家から称賛を得て学校や道場で採用され、最近は業務が繁栄してきた。在来品と同店販売品との優劣良否を比較すると本品は次のような特徴を持っている。一に、在来品は手縫いで製作するため運針を工程の中心におく。したがって糸通りを良くするために材料生地は薄地が選ばれる。対して藤本仕立店の製品は特殊ミシンを用いて刺縫するため生地は厚いものを選んでいる。二に、他店製造品には手刺に似せた刺子織が使われ、嵩を高くするために製織用の糸は経糸・緯糸ともに不揃いで、緯糸には特に太い糸を用いたものである。このように粗悪な刺子織の柔道着を使うと横裂けしやすい。これに対し、本品はかなり太い撚糸を用いてミシン縫製を行なっているため、耐用性は高い。三に、本品はミシン縫製のため在来品と違って刺縫時に生地の厚薄は不問となり生地を三枚重ねして製作している。そのため本品は頑強である。四に、在来品は生地が堅く分厚いため洗濯の時に乾燥状態が悪くなり、一回の洗濯に二回の乾燥を行なわなければならない。また、汗などの汚物が粗い肌理に入り込むので簡単には汚物を取り除けない。これに対し本品は一回の乾燥で済む。また、汚物が表面に留まりやすく肌理に入り込む心配がない。五に、本品は嵩が低いため運送上も便利である。

以上から明らかなように、藤本仕立店の柔道着はミシンを用いて刺子縫も重ね縫も行なっていた。生地の肌理

が細かいため洗濯に向いており、嵩が低いために持ち運びも容易であった。柔道着は前方開放型で前身頃を帯結びによって固定する衣服である。次は同じく前方開放型だが、前身頃をボタンで留めて固定する夏襦袢を検討する。

第三節　夏　襦　袢

(1)　陸軍被服廠の夏襦袢

図6は藤本仕立店が戦時期に同廠から受託した夏襦袢の仕様書である。後述する史料2に記された「大、中、小共通ノ寸法」のみが図6に記されている。夏襦袢は、後掲の図8・図9（九六頁）に示す仕事着シャツに酷似した形態であり、平肩接袖と前後肩ヨークを採り入れ、袖の形態は鉄砲袖となっている。平肩の袖が上肢の運動性を高めることは岩本〔二〇一六〕ですでに述べた[19]。接袖を導入する利点は裁断箇所を増やすことで生地の節約ができる点にある。

この形態の衣服は野良着として遅くとも一九五〇年代には定着したことが知られているが[20]、軍装の一部や第一章にみたボタン付シャツのように、戦前から広く着用されていた。これまで検討してきた印袢纏や柔道着と異なる点は図8・図9にあるとおり、ボタンとポケットの有無、肩ヨークの有無、衿・襟の形状である。図6の袖口に入れられた短い線はタックである。

図7はこの夏襦袢の裁断図である。三六センチ幅は小幅や反物幅と呼ばれるものである。小幅の織物が必ずしも和服に利用されるということはない。

次いで史料2から夏襦袢仕様書の本文を概観する。

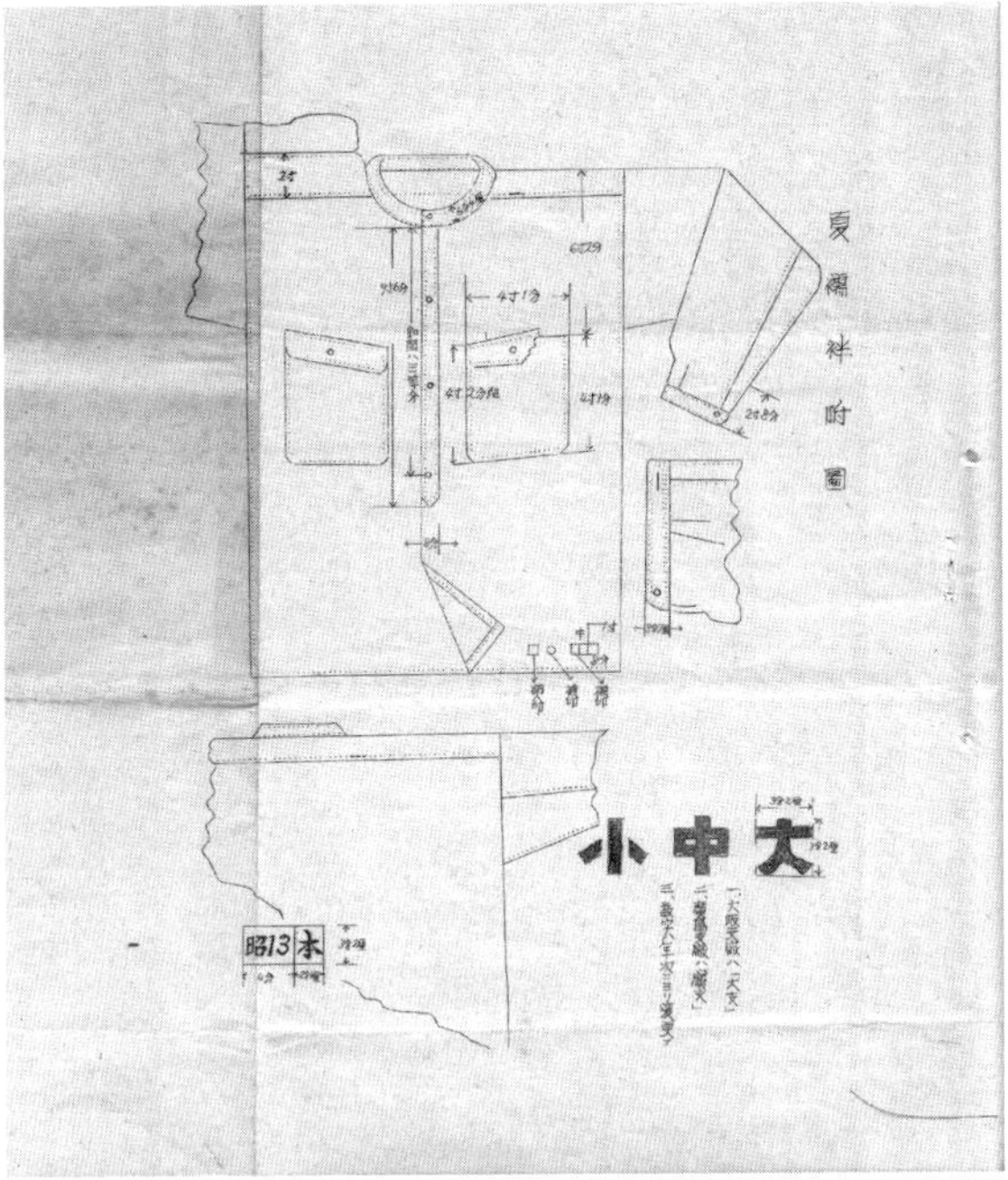

図６　陸軍被服廠の夏襦袢完成図（1938年頃）

出典：藤本家文書「夏襦袢仕様書」。

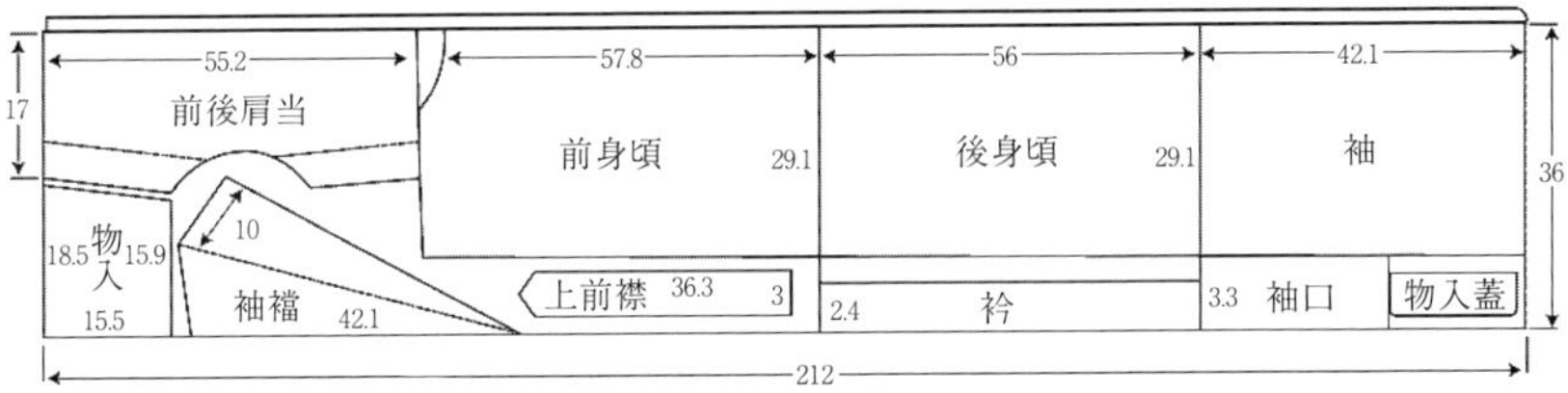

図７　陸軍被服廠の夏襦袢裁断予想図

出典：福井[1987]115頁をもとに、藤本家文書「夏襦袢仕様書」の寸法を反映させて、蔡蕾作成。

史料2　夏襦袢仕様書

一、材料

区分	名称	用途
地質	茶褐薄綾木綿	全体
属品	茶褐瀬戸釦	前明、袖口、物入
製作材料	八番茶褐カタン糸（乙）	穴絓縫、閂留縫、釦付
	四〇番茶褐カタン糸（乙）	密針縫（穴絓、閂留機械縫ノ場合）

二、針足数（表面ニ現ハレタル糸数ニ拠ル）

密針縫	鯨尺　八分間		一〇針　乃至　一三針
穴絓縫	八分間	手　縫	二五針　乃至　二八針
		機械縫	三〇針　乃至　三五針
閂留縫	二分七厘間	手　縫	五針　乃至　六針
		機械縫	一八針　乃至　二四針

三、穴絓縫、閂留縫、釦付

一　穴絓縫　手縫ノ眞糸ハ一条ヲ用ヒ、絓糸ハ裏面ノ針足ヲ深ク掛ケ絓縫ヲ為ス

二　閂留縫　手縫ハ眞糸三条、機械縫ハ眞糸六条ヲ掛ケ、上糸ハ裏面ニ刺貫クモノトス

三　釦付　二条ノ糸ヲ一ツ穴ヘ二度通シ、其ノ附根ハ三回巻キ、約八厘ノ浮付トナシ、糸端ハ裏面ニ貫キ能ク留メ置クモノトス

四、縫製（附図参照）（図6）

一　身衣及襟

イ　肩当襟　　襟刳ヲ襟長ニ適合スル如ク中央ニ摘ミ縫ヲナシ、肩当切ノ両辺ヲ裏面ニ折リ、肩ノ中央ニ据エ、両辺ニ六厘幅一条ノ飾密針縫ヲ施ス

ロ　上前見返　　隠密針縫ニテ縫着シ裏ニ折返シ、周辺ニ一条ノ飾密針縫ヲナス

ハ　下前見返　　隠密針縫ニテ縫着シ裏ニ折返シ、周辺ニ一条ノ飾密針縫ヲナス

ニ　見返下及裾　　縫代ヲ三ツ折トシ一条ノ飾密針縫ヲナス

ホ　襟ノ縫着　　襟刳ニ隠密針縫ニテ縫着シ、襟先両端ニ約六厘ノ傾斜ヲ附シテ隠密針縫ヲナシ、表ニ返シ其ノ全辺ニ一条ノ飾密針縫ヲ為ス

ヘ　釦穴及釦付　　釦穴ハ上前襟幅ノ中央ニ一個、見返下端ヨリ一寸三分二厘上方ニ一個、其ノ間ヲ三等分セシ位置ニ各前端ヨリ二分四厘入リ、長サ三分七厘ノ穴絎縫ヲ為ス。釦ハ釦穴ノ位置ニ従ヒ下前ニ縫着ス

ト　標記　　前面左裾ノ表ニ下端ヨリ八分上方脇縫目ヨリ一寸入リタル所ニ捺印ス

二　物入（左右）

イ　物入蓋拵　　表裏ヲ隠密針縫ニテ縫合セ表ニ返シ、八厘幅ノ飾密針縫ヲナス

ロ　物入蓋釦穴　　蓋ノ中央ニ於テ下端ヨリ約一分六厘上方ニ三分七厘ノ穴絎縫ヲナス

ハ　物入袋ノ縫着　　口ハ二分四厘幅ノ三ツ折リトシ、中央ニ釦ノ力布ヲ内容シ、一部六厘幅二条ノ飾密針縫ヲ施シタル後、図ノ如ク六厘幅一条ノ飾密針縫ニテ縫着ス

ニ　物入蓋ノ縫着　　口ノ上方約二分四厘ノ所ニ隠密針縫ニテ縫着シ、折返シテ一分六厘幅一条ノ飾密針縫ニテ両端留縫ヲナスモノトス

ホ　釦付ケ　釦ハ釦穴ニ従ヒ縫着ス

三　袖

イ　襠ノ縫合　袖襠ヲ見出シテ隠密針縫シ其縫代ヲ袖ノ方ニ折リ、一分六厘幅ノ飾密針縫ヲ為ス

ロ　袖裂　三ツ折トシ一条ノ飾密針縫ヲナス

ハ　袖口　袖口寸法ニ適合スル如ク袖ノ中央ニ摘縫ヲナシ、袖口切ノ一遍ヲ隠密針縫ニテ縫着シ、中央ヨリ二ツ折リ其ノ両端ニ隠密針縫ヲナシ、隅角ヲ図ノ如ク折リ表ニ返シ、全辺ニ一分六厘幅二条ノ飾密針縫ヲ為ス

ニ　釦穴及釦付ケ　釦穴ハ袖口ノ外方ニテ幅ノ中央ニ縁端ヨリ三分二厘入リ、長サ三分七厘ノ穴絓縫ヲ為ス。釦ハ釦穴ニ従ヒ、縫着スルモノトス

ホ　袖ノ縫着　袖付ケノ中央ヲ肩当幅ノ中央ニ定メ、隠密針縫ヲ為シ、其縫代ヲ袖ノ方ニ折リ、一分六厘間一条ノ飾密針縫ヲ為ス

ヘ　前後面及袖下縫合　前後面及袖下ヲ隠密針縫ニテ縫合セ、其縫代ヲ折リ、一分六厘幅一条ノ飾密針縫ヲ施ス。袖裂ニハ長サ一分四厘ノ閂留縫ヲ為ス

五、標記

附図参照（図7）

六、寸法（大、中、小共通ノ寸法ハ附図ニ示ス）

区分	総長	胴回	襟長	袖長	袖口長	袖付
大	鯨尺一八〇	三〇〇	一二三	一二四	六四	一二八
中	一七三	二九二	一二〇	一二〇	六二	一二三

小	一六五	二八四	一一七	一一六	五九	一一五

本表ノ外、要部ノ寸法左ノ如シ
イ　見返幅　上前八分、下前六分二厘、長第四釦穴下一寸三分二厘
ロ　袖裂（袖口共）　二寸八分
ハ　肩当幅　二寸

七、注意
イ　単位ハ鯨長トス
ロ　糊ハ少量タリトモ使用スベカラズ
ハ　総テ縫糸ハ其ノ両端ヲ隠シ、且ツ破綻セサル様、能ク留置クヘシ
ニ　材料ハ本廠規定ノモノヲ使用スヘシ
ホ　縫代ハ総テ三ツ折リトス
ヘ　本書ニ記載ナキ事項ハ総テ標本ニ拠ル

（出典：藤本家文書「夏襦袢仕様書」）

仕様書は①材料、②針足数、③穴絎縫、閂留縫、釦付、④縫製、⑤標記、⑥寸法、⑦注意の七項目から記されている。このうち本章の関心は③④である。③は縫糸数やボタン設置方法、④は各部の縫製仕様である。③は穴絎縫《あなかがりぬい》、閂留縫《かんぬきどめぬい》、ボタン付について述べたものである。穴絎縫とは「ボタン穴やひも通し穴を、糸でかがり始末すること」(21)で、図6の打合に四か所と左右ポケット蓋に一か所ずつ用いられている。史料2では「四、縫製」の「二　物入（左右）」の「ロ　物入蓋釦穴」が対応する。閂留縫とは「あきどまり、またはズボンのポケット口の上下などをじょうぶにするために用いる」(22)もので、これも手縫とミシン縫の両方が想定されている。

門留は「四、縫製」の「三　袖」の「へ　前後面及袖下縫合」に用いられた。

④の縫製では、身衣及襟（身頃と襟）、物入（ポケット）、袖の三点が指示されている。この箇所には隠密針縫と飾密針縫という言葉が頻出する。

隠密針縫とは現在でいう纏縫《まつりぬい》のことで、「すそなどの布はしがほつれないように始末する縫い方」[23]で、「地布の織糸一本をすくうように、表に糸をほとんどださないで縫う」[24]。纏縫は一般的な家庭用ミシン・職業用ミシンに機能がなく、現在でも裁縫系専門学校で手縫としてよく指導されるが、纏縫機能のある特殊な工業用ミシンを備えた縫製工場や衣服修理工房などではミシンを用いる。このことから、史料2の夏襦袢仕様書は特殊ミシン設置工場を念頭に作成されたものだとわかる。

他方、飾密針縫とは現在「飾りミシン」または「飾りステッチ」と呼ばれるもので、「装飾を目的として、布の表からかけるミシンの縫目のこと。また布を縫いあわせたり、おさえたりする目的をかねる場合もある」[25]。仕様書の「身衣及襟」にある「肩当襟」とは前後肩ヨークのことである。普通、ヨークは布を二枚用いて荷物や背負袋による摩耗を軽減する。

（2）　比較対象としてのシャツ

図8、図9、図10は、それぞれ、既述のように一九五〇年代に野良着として定着した一般的なシャツの完成図正面、完成図背面、裁断図である。従来から襦袢と呼ばれてきた下着の言葉を援用して、近代日本ではシャツを襦袢と記すことが多かった。とはいえ、シャツと襦袢は別の品目を指す場合や同一かどうかを正確に把握できない場合があるので、衣服呼称と衣服形態との関係には慎重であらねばならない。藤本仕立店の場合、さまざまな商品の出荷情報を示す「大福帳」には、同一顧客に対し同一年月日に出荷された「縮肉襦袢」と「縮シャツ」が

併載されている。しかし他方、同店が戦時期に陸軍被服廠から受注した襦袢の完成図（図6）と図8のシャツを見比べると、酷似していることがわかる。したがって、同店の場合シャツと襦袢には明確な使い分けがなく、シャツを洋服、襦袢を和服と見做すのは間違っている。

図8・図9のシャツは「平肩接袖」である。平肩接袖とは袖なしまたは平肩連袖へ水平状に縫製（接袖）を施した袖または技術のことである。幅の狭い生地で製作する場合に使われた。平肩接袖は前近代から二〇世紀前半までに着用された仕事着の一般的形態であった。これを洋裁技術か和裁技術か判断することは難しいし、区別する意義もない。そもそも、洋服とは身体の形を衣服に適用し、胴部は胴部、袖は袖と区分し、その境界を明らかにする点が特徴である[26]。その意味でこのシャツを洋服と呼ぶこともできるが、運動性の高い平肩を維持した点では世界的に普及していた形態の衣服とも見做せる[27]。

図8・図9のシャツが洋服の特徴を明らかに有している部分、すなわち洋裁技術の導入をはっきりと確認できるのは、むしろ、ポケット、ボタン、丸衿、タックと、前後肩ヨーク[28]である。

小括

本章では、藤本仕立店や同店受託工が製造した衣服について、形態面から明らかにした。そして、自家消費用に制作されたと思われがちな仕事着や野良着が商品生産されていたこと、および商品化された仕事着や野良着の形態は多くが平肩連袖であったことが分かった。

また、一部にはボタンやポケットの付いた衣服も製造販売されていた。前章にみたように、同店はシンガー社製31種のような厚地用ミシンやシンガー社製71-1型のようなボタン穴作成用ミシンを導入していた。前者は柔道着の製造に、後者は夏襦袢のボタン装着に用いられたのであろう。

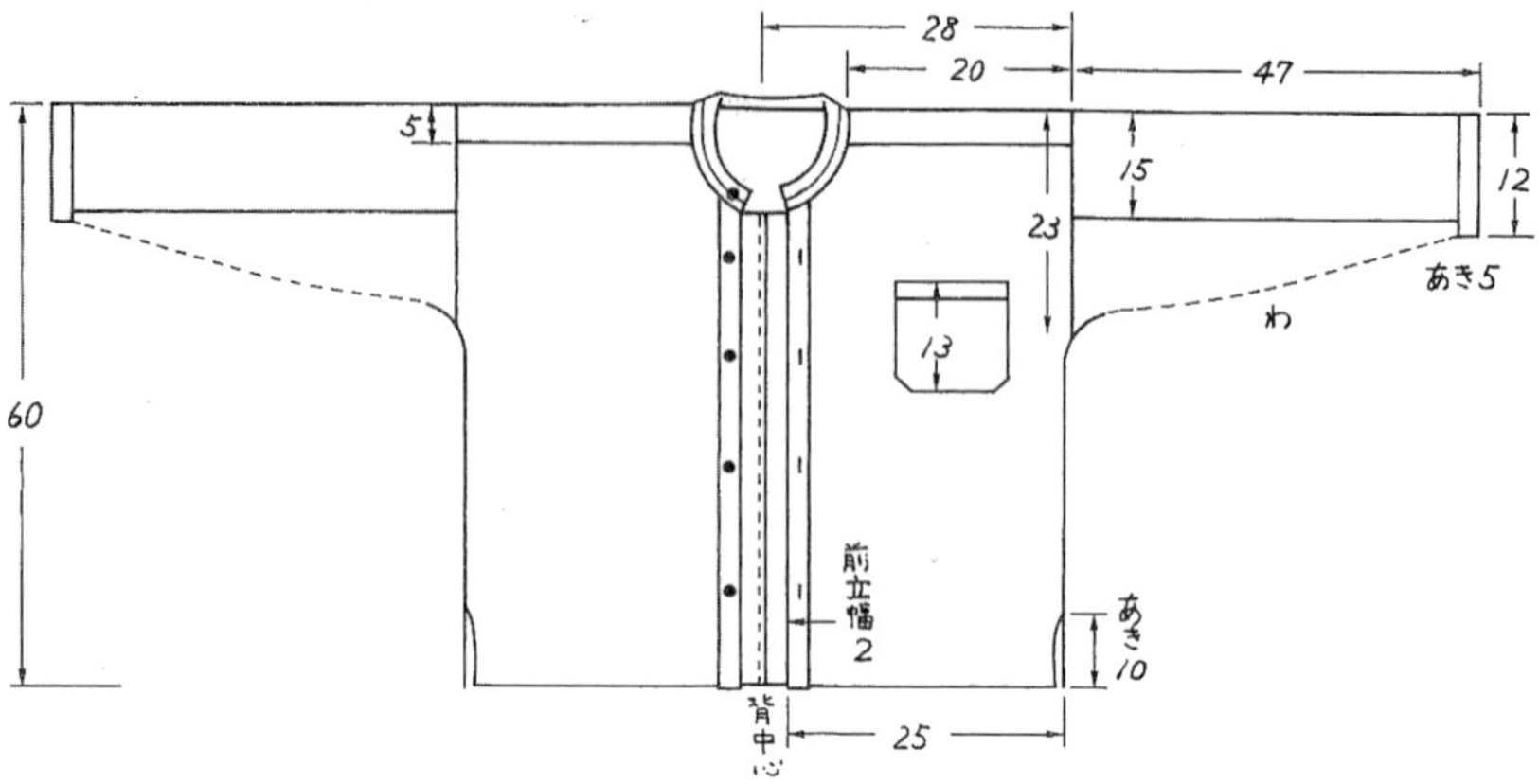

図8　シャツの完成図(正面)

出典：福井[1987]115頁。

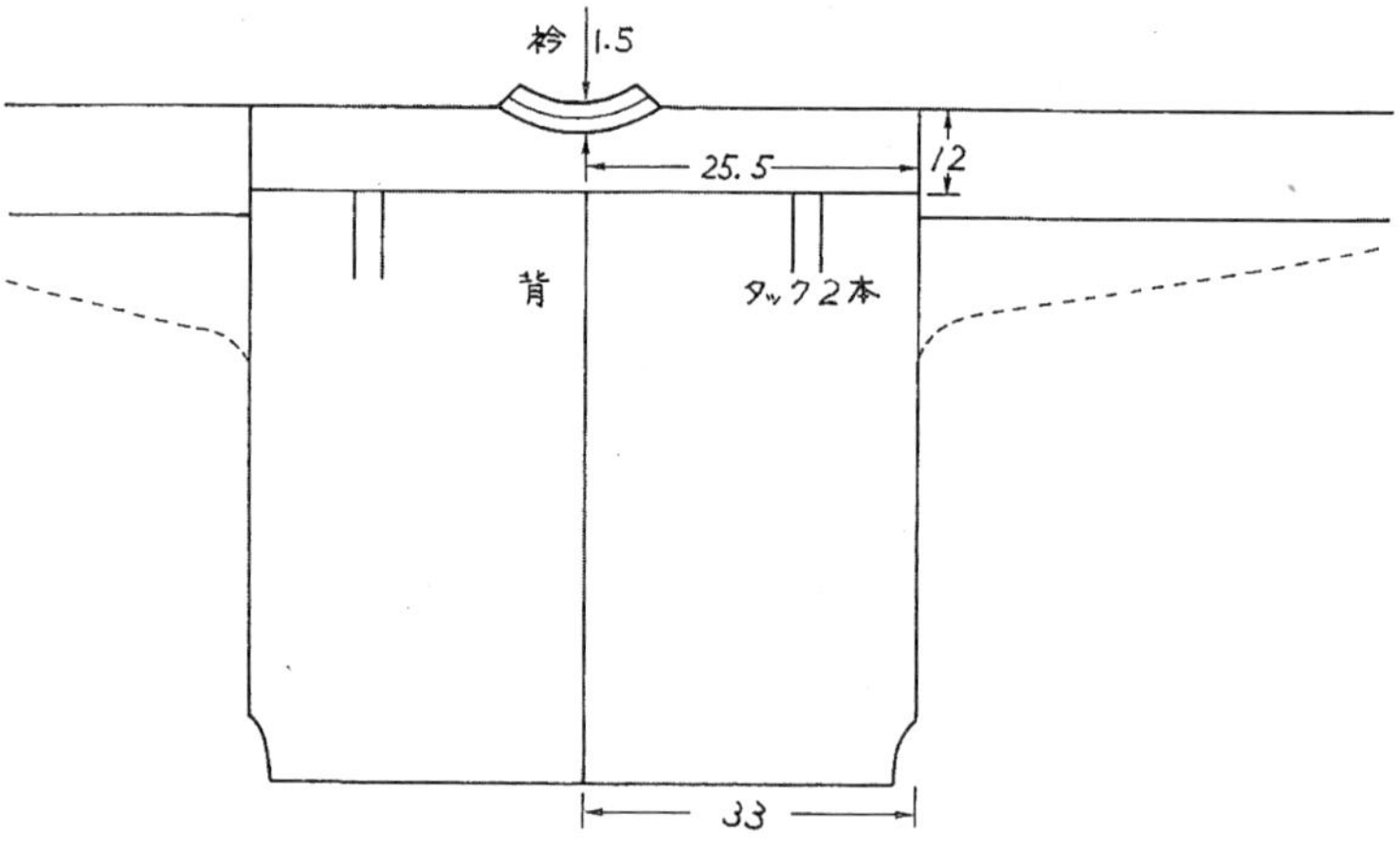

図9　シャツの完成図(背面)

出典：福井[1987]115頁。

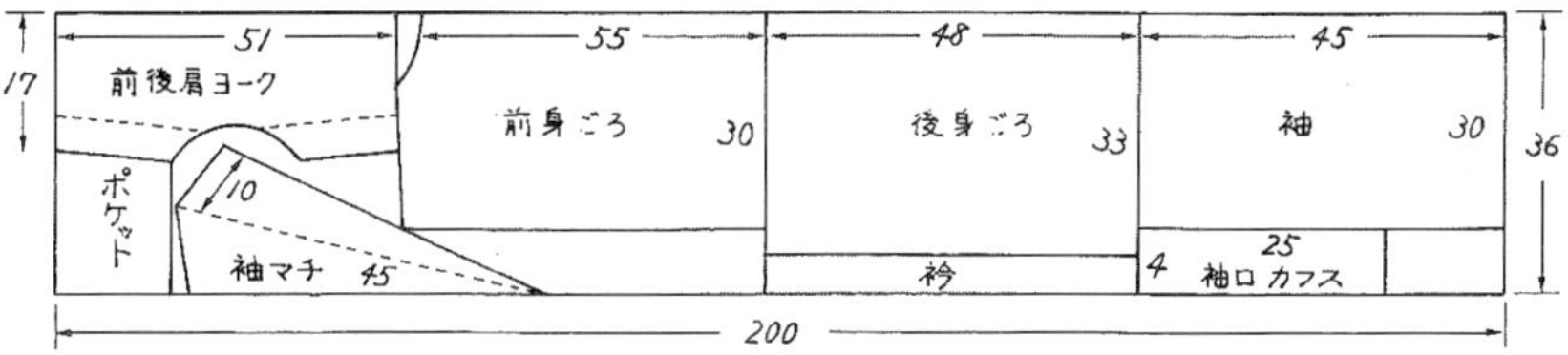

図10　シャツの裁断図

出典：福井［1987］115頁。

補　論

最後に「袖付け」について補足を加えて本章を閉じる。本章冒頭に触れた秦利舞子の用いた図「大人普通シャツ裁方図其一」や本章の図8・図9のシャツはいずれも肩の付け根あたりで布が縫い合わされ接続している。つまり一連ではない。しかし、この形態も平肩である。

阿部武司が明らかにしたように、一九〇〇年頃を境として一部の産地綿織物業では製品を広幅化させ輸出に向けた。他方で小幅の織物は内需用が中心であった。阿部は小幅の長さを明示していないが、内需用小幅は前近代から続いた三六センチであろう（中国の場合は四八センチ）(29)。

すなわち、小幅織物で洋服を作る場合、前半身と後半身の各左右に一枚ずつ、合計で布四枚を配置することになる。したがって袖部分の布分量が足らない。そこで肩の付け根あたりに袖を形成するための布を縫い合わせる必要がある。図8や図9に肩の付け根から腋窩にかけて縦に縫合線があるのはそのためである(30)。

他方、洋裁技術の一つ「セットイン・スリーブ」（set-in sleeve／中国語で接袖）とよばれる袖付けの方法は現代最も標準的な袖付けである。肩の付け根から腋窩にいたるおにぎり状の円（アーム・ホール）を作って腕を通すため、わざわざ布を裁断して、筒状の袖を肩部分から斜め下に向けて縫合する。袖が水平な図8や図9とは違い、セットイン・スリーブは下方に向く。本章で取りあげた平肩連袖を平肩接袖と呼ぼうとも、セットイン・スリーブの接袖とは意味が異なる点に留意したい。

（1）井上雅人『洋裁文化と日本のファッション』青弓社、二〇一七年。同書で井上は洋裁文化が一九〇〇年頃から民衆の間に芽生え、その後約四半世紀にわたる受容期を経て一九七〇年代に終焉したと捉えた。

（2）以上、井上『洋裁文化と日本のファッション』一〇六頁。

（3）本章図4の裁断図では身頃と袖を分けて裁断するように見受けられるが、身体の身頃と袖に対応しない。この裁断図をもとに制作した衣服は、裁断図でいう身頃が身体の二の腕辺りまで到達し、そこから手首にかけて袖が縫いつけられる。身頃から続く部分を連袖と本章でいう。

（4）肩の付け根から腋窩にかけての部分に切込と縫込が図8・図9にも井上の取りあげたシャツにも確認されるが、これらもあえて平肩連袖と呼ぶのは、二〇世紀前半までの東アジアの布幅に関係する。この点は本章末で再度議論する。

（5）もっとも、平肩連袖という形態は前近代の東アジアに広く見られた衣服の一種であり、これを和服形態とみなすのは一面的であるが、本章では問題の焦点を絞るために和服と称す。

（6）井上に限らず、ヨーロッパ衣服史や日本衣服史に言及する研究者には、西洋の曲線裁断と日本の直線裁断（日本に限らず中国その他でも多用されてきたが）という二項対立に依拠する傾向が強い。前近代の日本には直線裁断しかなく曲線裁断が存在しなかったことは確かだが、二〇世紀西洋に直線裁断がなかったわけではない。この点をすべての論者が見落としている。まず、洋服にも直線裁断する部分が必ずある。次いで、平肩連袖の裁断は一三世紀以前のヨーロッパの標準的な袖のあり方であり、一四世紀頃のヨーロッパにおいて袖と身頃を別々に裁断されはじめた時代以後も「下着や農夫の服装としては大分後まで続くことになる」（能沢慧子『モードの社会史――西洋近代服の誕生と展開――』有斐閣、一九九一年、一一頁）。最後に、二〇世紀になっても曲線裁断を拒もうとする衣服設計がヨーロッパで広くみられた。とくに三点目については能沢の文献を参照されたい。一九世紀から二〇世紀初頭にかけてヨーロッパで普及していたコルセットが、女性の身体に抑圧的な効果をもつとして一九一〇年代頃から敬遠されていった。曲線の要素が多く身体に密着するコルセットの追放は直線裁断への傾倒としてヨーロッパで見直されたのである。以上、能沢慧子『二十世紀モード――肉体の解放と表出――』講談社、一九九四年、六五～七四頁。また井上は秦の「大人普通シャツ」を和洋折衷的な段階として捉えた後で「この時期に洋服が生産から着用までのシステムとして完全な形で輸入されたのではない」と断言し、洋服や洋裁がシステムをもっているかのように考えている。しかし、能沢の示すように、洋服や洋裁の特徴をなす曲線裁断、ネック・ライン（衿ぐり）、パネル・ライン、ダーツなどの要素は、過去四〇〇年間に断続的に開発されてきたものであり、洋服や洋裁にそもそも完全なシステムはなかった（能沢、同上書、同頁）。

(7) 神奈川大学日本常民文化研究所編『仕事着――西日本編――』神奈川大学日本常民文化研究所調査報告第一二集、平凡社、一九八七年。

(8) 福井貞子『野良着』法政大学出版局、二〇〇〇年。

(9) 永松茂州編〔一八九七〕は町村是に着目し「福岡県生葉郡江南村是」の消費額「雑之部」に記載されている「衣服」を取りあげた。年間消費額は一人当り二円、消費人員は二九七一人、消費総額は五九四二円となっている（永松茂州編『福岡県生葉郡江南村是』吉井町丁夾舎、一八九七年、二〇丁）。この「衣服」には織物などの材料生地が含まれている可能性があるので過大評価はできないが、次の愛知県額田藤川村の村是では、衣服が購入されていたことと、衣服の製作や修理を外部に依頼していたことがはっきりと示されている。「現在戸数」二七〇軒、出入寄留を差し引いた人口一二六六人の「愛知県額田藤川村是調査」（一九〇二年）で「被服費」に衣料品としてあげられているのは「足袋」「股引脚絆類」の二点で、年間消費高、総額、一戸当り平均、一人当り平均は、それぞれ「足袋」が一六二〇足、一九四円四〇銭、七二銭、一五銭四厘で、「股引脚絆類」が一七六足、六一円六〇銭、二二銭八厘、四銭九厘であった（「愛知県額田藤川村是調査」一九〇二年、八七頁）。もう一つ注目すべきは「裁縫費」が計上されていることである。総額は一〇三円、一戸当り平均は三円八一銭、一人当り平均は八一銭であった（「愛知県額田藤川村是調査」八八頁）。藤本仕立店の「現金帳」からは、たとえば一九〇四年の一年間で「仕立」（例外的に四月三〇日付で「麦袋三千仕立代」として六円が入金されたが、他は衣料品である）、「縫」、「直し代」の合計が三一円四四銭にのぼることが確認される。

(10) 鷹司綸子は東北地方の仕事着の変遷を衣服の調達経緯から解き明かした。青森県弘前市では、それまで非商品だった肌着を日露戦後には既製品として買うようになった、一九一〇年頃までに同県北津軽郡ではシャツやズボン下を着用するようになり既製品が増えた、同じ頃までに秋田県北秋田郡や山形県鶴岡市・同県飽海郡では繁華街へ出て洋服や肌着を注文して作らせるようになった（鷹司綸子「近世以降に於ける農民服飾の研究――東北地方に見られる維新後の衣生活の進展――」『和洋女子大学大学紀要』第一三号、一九六八年一二月、二八頁）。

(11) 神立春樹は「村是調査書」（「神奈川県都筑郡中川村、調査書」『神奈川県農会報』第一五号、一九〇三年）をもとに中川村の村民の生活状況を衣食住から紹介し、衣生活を仕事着は「手織八分、買物二分、外出着は手織四分、買物六分、晴着はほとんど買物」（神立春樹『明治期の庶民生活の諸相』御茶の水書房、一九九九年、一八三頁）と要約し、「衣類などはこのように購入するものが多くなり、現金支出を増大させている」（神立『明治期の庶民生活の諸相』二九一頁）と結論した。「手織」の意味が曖昧であるが、次のように類推できる。まず、「村是調査書」段階での手縫の誤記である可能性、あるいは、裁縫作業の少ない衣料品は織物作業が大部分を占めていることから、当時の習慣として手織の衣服と表記された可能性の二点である。

(12) 山崎広明・阿部武司は一九四〇年頃の和服の商品化を紹介している。これによると広島県内の裁縫工場は着物を製造し、その外注先は着物と浴衣を製造していた（山崎広明・阿部武司『織物からアパレルへ――備後織物業と佐々木商店――』大阪大学出版会、二〇一二年、二八一～二八五頁）。

(13) 前身頃（衽先から裾まで）に縫いつける約半幅（約一八センチ）の細長い布、または縫いつけた部分のこと（田中『服飾辞典』同文書院、一九六九年、一一九頁）。

(14) 運動性の確保や生地の損傷防止のために、布幅の足らない部分に補い添える布、またはその縫いつけた部分のこと（田中『服飾辞典』八一五頁）。

(15) 田中『服飾辞典』六五六頁。

(16) 胴体と袖とが一続きになる裁断は一部で「一枚裁ち」といわれるが、いわゆる着物は肩から脇下に切れ目かつ縫い目が一般的に確認される。そのため「一枚裁ち」は衣服用語としてほとんど定着しておらず、的確に示す用語としては中国語の「平連袖」があげられる。身頃と袖との間に切れ目かつ縫い目がないこの方法（一枚裁ち、平連袖）で長袖を作成する場合、衣服や着用者の身体によっては布が足りなくなる。その場合は肘あたりで布を継ぎ足す。

(17) 腋窩から裾にいたる身頃のシルエットが図1ではAラインになっているのに対し、図2の身頃はHラインになっている点が異なるが、次図3の「前身ごろ」「後身ごろ」を斜線にすることで図1のAラインを形成する。裁断図の実線は裁断線で、点線は折線をさす。布は右側で折られ、二重になっている。少し補足すると、袖は平行な筒状になるはずだが、図には示されていない折線があり、三八センチの袖幅から図2の一八センチ幅の袖口に向けて折る。そして、肩回りよりも袖口が半分程度に細くなる袖形態（鉄砲袖）をめざして縫製する。袖口布には補強の役割がある。

(18) 井上孝編『現代繊維辞典』増補改訂版、センイ・ジヤァナル、一九六五年、三〇五頁。田中『服飾辞典』三二九頁。刺子縫は装飾目的に利用されることもあった（福井貞子『木綿口伝』第二版、法政大学出版局、二〇〇〇年、一六九頁）。

(19) 岩本真一「近現代旗袍の変貌――設計理念と機能性にみる民族衣装の方向――」『大阪経大論集』第六六巻三号、二〇一五年九月。

(20) 福井『野良着』二〇四～二〇八頁。

(21) 田中『服飾事典』一六頁。

(22) 田中『服飾事典』一九四頁。

(23) 田中『服飾事典』四五六頁。

(24) 田中『服飾事典』八一五頁。

(25) 田中『服飾事典』一五二頁。

(26) 大丸弘「西欧人のキモノ認識」『国立民族学博物館研究報告』第八巻四号、一九八三年一二月、七一九頁。社会経済史学において洋服はしばしば立体という言葉で誤解される。たとえば、石井晋は戦後の既製服化の進展の事例にレディス・アパレルを取りあげ、その特徴を「主に織物を原材料とし、立体的に裁断・縫製される洋服を念頭に」置くとする（石井晋「アパレル産業と消費社会――一九五〇～一九七〇年代の歴史――」『社会経済史学』第七〇巻三号、二〇〇四年九月、二五頁）。立体的に裁断する方法として、人体やトルソーに布を被せて裁断するドレーピングがあげられるが大量裁断はできない。また、立体的に縫製する方法として、ダーツやタックなどがあげられるが、これらは顧客単位に導入されることが多い。つまり、いずれも既製服には向いていない。多くの洋服は型紙が示すように平面に裁断され、ミシン台に乗せて平面に縫製される。ドレーピングやダーツなどを用いて立体的に制作する立体裁縫と、布を平面に裁断・縫製して出来あがった服の形状が立体構成であることとは別の次元である。このような誤解は、洋服に多い斜肩接袖に形成されるアーム・ホール（Arm Hole）が立体的であることから由来するのであろう。アーム・ホールは本章小括を参照のこと。

(27) これまで述べてきた平肩連袖や平肩接袖で構成されるシャツは世界的に使われていたと思われる。一例にユネスコのワールド・デジタル・ライブラリーから、シャツを着たアメリカの詩人ウォルト・ホイットマンの肖像画をあげる。「Walt Whitman, 1819-1892 – World Digital Library」(https://www.wdl.org/en/item/9686/)。このシャツは平肩で作られ、二の腕には袖を足した縫目が確認できる。斜肩に見えるのは腕を下しているうえ衿を広げているため。また、濱田雅子はピルグリム・ファーザーズの指導者ブラッドフォードが幼児の時に着たという被り式の平肩接袖のシャツを紹介している。このシャツはラグラン・スリーブに近い袖付けが行なわれていて、衿横から腋窩にかけて縫われている。以上は濱田雅子『アメリカ植民地時代の服飾』せせらぎ書房、一九九六年、一四一頁。

(28) 荷物を背負うことで負担のくる肩に布を二重に当てて縫う技術。

(29) 角山幸洋によると地機の限界は五〇センチである(角山幸洋「古代の染織」『講座・日本技術の社会史』第三巻、日本評論社、一九八三年、二八頁)。

(30) 中国では肩を覆う辺りに布を継ぎ足す必要があったと考えられるが、中国市場が先進国や新興工業国の衣料品輸出市場として機能していた二〇世紀前半に、シャツの袖付けの位置が国によって異なっていたとは考えにくい。したがって、いつの段階かに肩の付け根あたりに移動したとも考えられる。

第三章　取扱商品の構成——多種性の要因と意義——

前章にとりあげた袢纏、柔道着、夏襦袢はすべて上体衣である。本章に述べるように、藤本仕立店の取扱商品は約四〇品目で、用途別には仕事着、肌着、柔道着、運動着、学生服などに大別される。これらの大半は上体衣と下体衣（臀部から下を覆う衣服）で、上体衣はシャツや袢纏、下体衣はズボン下や股引などである。また、腹掛や前掛などの胴体衣、手甲や半手覆などの手衣、地下足袋や脚絆などの脚衣も扱っていた。

経済史研究でいう多種性は織物業の特徴とみなされ、紡績業の少品種大量生産[1]と対比的に「消費者の嗜好や流行、季節性に左右される多品種少量生産[2]」といわれる。この観点を佐々木淳は、綿織物業を対象として生産体制と製品構成との関係に立ち入って分析した。

佐々木の分析によると、一九一〇年代の播州綿織物工場は竪縞（経縞）の夏物一一種・冬物一〇種を自家生産、同じく竪縞の夏物一一種・冬物七種を委託生産し、いずれも力織機を用いていた[3]。竪縞は自家生産と委託生産で重複するものがあるので（第一章に述べた量的補完）、その分を差し引くと夏物も冬物も年間の製造品種数は最大で一一種となる。これに対し格子縞は力織機で製造できず、足踏織機や手織機によって製織された。格子柄は自家生産と委託生産を合わせて夏物四種、冬物一種を製造されていた[4]（第一章に述べた類的補完）。このように、多種性を一つの特徴とする織物業でも年間の製造品種数は二七種に留まっていた。

本章は「大福帳」の出荷情報にもとづき、一九〇二年時点を例に藤本仕立店が製造販売した商品群の多種性を考察する。同店は毎年、「袢纏」「シャツ」「パッチ」「ズボン下」など、最小限の商品区分で表記された「品目区分」で約三〇～四〇種、「月影中立シャツ」「染紺袷脚絆」など、サイズをのぞいたすべての商品情報を表記した「製品区分」で約二二〇種を出荷していた(5)。

ボタン装着、ポケット装着、刺繡機能など、ミシンの細分化が製品の多様化を促進させたことは間違いないが、本章で明らかにするように他の要因も大きい。藤本仕立店にみられる取扱製品の種類の多さは、織物業の多品種性を支えた、力織機、足踏織機、手織機のような生産財の違いやその設置場所のみに求めることができない。第一章に述べたように、藤本仕立店が委託先に設置していたミシンはすべて、同じ機種が同店にも設置されていた。71–1型ミシン（ボタン穴作成用ミシン）のように同店内のみに設置されたミシンもあったが、「織機とミシンにおける機種間格差は、前者が製品種差別化にあるのに対し、後者は工程差別化にある」(6)ため、他の機種を委託先に設置すること自体を製品種の多様化の要因にすることはできないのである。本章の課題は、第一に同店に多種性をもたらしたミシン以外の要因を明らかにすることである。

本章は、紡績業や織物業の品種数とは桁違いに大きな数値を扱うため、クリス・アンダーソン（Chris Anderson）が二〇〇四年に提唱したロング・テール理論を参照する。この理論は主にインターネット（大規模相互情報網）販売を念頭におき、売上額単位で上位二〇％を占める商品群に総売上額の八〇％が集中するというパレート法則をふまえ、売上額単位で下位八〇％を占める商品群が総売上額の二〇％を占める傾向も重視し、ニッチ商品の販売促進によって売上を伸ばすことが可能であるとする経済理論である(7)。とくに、インターネットを介した無店舗販売では、他社の保有する商品の注文が発生してから、販売者はその商品を消費者へ配送する手続きを行なうため、在庫管理の負担が軽減する。本章第二の課題は、在庫負担のかかる実店舗販売でもロング・テール理論は活かされるか、また、この理論が近年だけの傾向なのかどうかを検討することにある。

第一節　商品の多種性とその要素

(1)「大福帳」の取引例と出荷品目の傾向

「大福帳」は掛売取引(on account)の内容を詳細に伝える。「大福帳」の書式は、顧客名(居住地)別・年月日順にまとめられ、表1に示したように出荷内容(金額、品目、点数)、入金(金額)、加えて表1では割愛したが、その他(返品等)となっている。四年ごとに一分冊が割り当てられているが、一九一〇年代以降は五年分ほどの取引が二冊に分けて記帳されるようになる。これは、顧客数の増加や、一度に出荷する製品の種類や点数の増加などが原因である。大量出荷の場合は「〆」や「送〆」といったように一括して記載されることもある。

長期顧客の一人である山本小政を事例として、本章が依拠する「大福帳」の取引例を示す。藤本仕立店と山本の取引は一回の規模が小さく、一九二〇年代後半まで長期的に継続した。山本は神崎郡福崎新町で営業していた小売商と思われる。〇二年の藤本—山本間の取引を示したものが表1である。

山本は一九〇一年の掛売未払い金として、〇二年一月から三月の間に合計一〇円二七銭五厘を藤本仕立店に対して支払った。その間、相棒シャツ、月影中立シャツ、月影中立ズボン下の三種類をそれぞれ六点ずつ(合計四円四〇銭)注文をし、同店は一月二五日に山本宛に出荷している。以後、同様の形態で取引は続けられているが、同店が山本から受け取った代金、すなわち表1の「入金」は、必ずしも直前までの製品代金の合計と同等になっていない。言いかえれば、顧客である山本は同店に対し、掛売の未払い金をほぼ恒常的に抱えたまま取引を行なっている。このように、掛売金を未払いにしたまま取引を続けるという延払が当事者間の信用を生み出し長期

表1　藤本仕立店と山本小政との取引例(1902年)

月日	入金	代金	製品名	点数
1. 7	5.000			
2.12	5.000			
3.12	0.275			
1.25		1.700	相棒シャツ	6
〃		1.350	月影中立シャツ	6
〃		1.350	月影中立ズボン下	6
3.12	3.000			
〃		1.050	地目倉袷脚絆	5
〃		0.900	染紺袷脚絆	5
3.14		1.400	洋形脚絆	5
7. 4	5.000			
7. 7		1.350	縮半袖シャツ	6
〃		0.260	尺三ハンカチ	12
7.17		2.280	別上縮股下ズボン下	6
〃		0.650	並生地又	5
8. 9		1.250	縮半袖シャツ	6
8.20	5.000			
9.29		3.350	相棒ネル、白縞ネルシャツ	12
10. 6		1.600	白縞大寸ズボン下	6
12.23	5.490			
12.14		2.400	プリント極大シャツ	6

出典：藤本家文書「大福帳」。
注：入金・代金の単位は円。

取引に貢献した[8]。

この表から藤本仕立店が山本に出荷した製品を列挙すると、相棒シャツ、月影中立シャツ、月影中立ズボン下、地目倉袷脚絆、染紺袷脚絆、洋形脚絆、縮半袖シャツ、尺三ハンカチ、別上縮股下ズボン下、並生地又、縮半袖シャツ、相棒ネル（シャツ）、白縞ネルシャツ、白縞大寸ズボン下、プリント極大シャツ、となる。本章冒頭で述べた衣服の区分をこれらに適用すると図1のように整理され、上体衣はシャツのみ、下体衣はズボン下、又、脚絆、このうち脚衣は脚絆のみ、その他はハンカチと簡略化される。

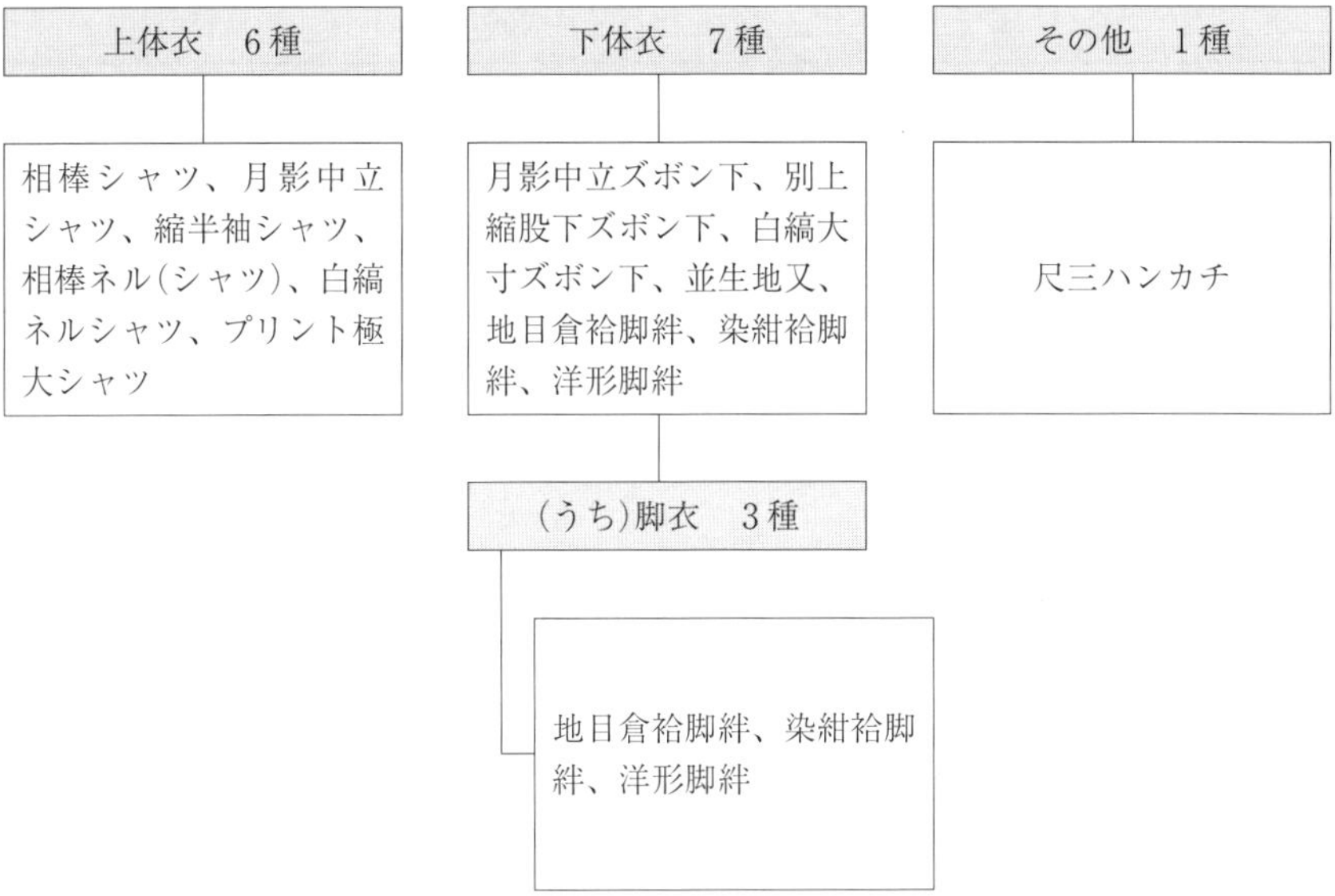

図1　藤本仕立店の対山本小政の出荷製品種（1902年）

出典：藤本家文書「大福帳」。

表1のような取引を積み重ねて藤本仕立店は一体どれほどの種類を出荷を行なったか。「大福帳」対象年の一九〇一年から二七年までの全出荷品目をまとめると表2のとおりである。概して出荷製品名のうち最後尾の用語を品目名と特定しているが、これによって別品目までも同一品目とする可能性の高い品目も併載した。たとえばシャツでは、帆前掛シャツから肩掛シャツまでである。これらを除外しシャツの水準で数えたものが品目種類の数値である。

同店は一九一〇年から二七年までに上体衣で三四種、下体衣で一五種、その他を二六種、合計で七五種の品目を出荷した。その他（3）は、靴のような衣服関連品、ボタン、糸、ゴムのような製品に付随される部分品、足袋裁用ノミ、針（ミシン針、掛糸針）、箱、靫、紐などの道具に区別されるが、これら九品目と、上体衣のうち古柔道着を差し引いた六五種のほとんどすべてを同店は自家生産と委託生産から調達していたことになる。

表2　藤本仕立店の全出荷品目(1901年～27年)

<table>
<tr><td rowspan="3">上体衣　34種</td><td colspan="2">オーバ、コート、トンビ、ハッピ、マント、外套、外被、厚司、半天(半纏、長半天)、シャツ(帆前掛シャツ、婦人用シャツ、運動シャツ、子供シャツ、豆シャツ、肩掛シャツ)、襦袢(肉襦袢)、軍人用肌着、チョッキ、トクリ(トックリ)、稽古着(柔道着、撃剣着、剣道着、剣着)、洋服、子供服、女服、浅黄服、古柔道着</td></tr>
<tr><td>胴体衣　9種</td><td>前掛、帆前掛、エプロン*(アフロン)、涎掛*(スタイ)、腹掛、腹巻、腰巻、半マント、帯(色帯、青帯、黒帯、茶帯、白帯、兵子帯、兵児帯、ヘコ、襦袢帯、朱子帯、レース帯、夏帯)</td></tr>
<tr><td>手腕衣　5種</td><td>軍手、手巻、手甲、手覆(長手覆、半手覆)、腕貫(腕抜き)</td></tr>
<tr><td rowspan="2">下体衣　15種</td><td colspan="2">ズボン(長ズボン、半ズボン、ハンズボン、はんずぼ、運動ズボン)、ステテコ(ステテコズボン)、ズボン下、パッチ(婦人用パッチ)、パンツ、タンコ、股(又、柔道又、申又)、股引</td></tr>
<tr><td>脚衣　7種</td><td>足袋(花足袋、長足袋、短足袋、鞋足袋、小足袋、地下足袋)、脚絆、西洋脚絆(洋形脚絆、巻脚絆、ゲートル)、甲掛、甲馳、靴下(長靴下、短靴下)、草鞋</td></tr>
<tr><td>その他　26種</td><td colspan="2">(1)衣料品
肩掛、手拭、西洋手拭(ハンカチ、ハンカチーフ)、帽子、頭巾(猫頭巾)、筆入、キンチャク、風呂敷、タオル(タヲル)、タスキ、首巻(ラクダ首巻、ラクダ)、旗(国旗、御神前ノボリ)、カバー
(2)裁断済生地または生地
袖(シャツ袖)、襟(半天襟、別襟、法衣襟、法被エリ、法被襟、ハッピ襟、厚司襟、生地折り襟、モス襟)、帽子ヲイ(帽子ヲヒ)、生地*(タン切、シン切、シン、クレープ、木綿)
(3)関連品・部分品・道具
靴(運動靴)、ボタン*(釦、石ボタン、貝ボタン、貝釦、角釦、襟釦)、糸*(ウケ糸、カタン糸、絹糸、六号糸、シデ綛)、ゴム*(シャツゴム、パッチゴム、タイヤ底、タイヤ)、足袋裁用ノミ、針(ミシン針、掛糸針)、箱、靫、紐</td></tr>
<tr><td>不明</td><td colspan="2">ウレン、カラカフ、カラパイ巻、チン巻、長巻、カアード巻(ガアト)、スオード、フラフ、馬丁</td></tr>
</table>

出典：藤本家文書「大福帳」。
注1：同一品目と判断した品目名を(　)内に記した。
　2：＊を付したエプロン、涎掛、生地、ボタン、糸、ゴムは筆者の補足。

第二章でみた袢纏のような平肩連袖・平肩接袖の類型には、トンビ、ハッピ、厚司、襦袢、稽古着、そして一部のシャツなどが含まれると考えられるので、複数の品目をまたがって活用できる技術が藤本仕立店でも委託先でも基本的には使われていたことになる。両者に明らかな技術差が生じるとすれば、シャツのボタン装着、半天やハッピの紐装着など、その品目の附属品装着においてである。

また、第一章で明らかにしたように、藤本仕立店のみに設置され受託工家屋に設置されなかったミシンはボタン穴作成用ミシンであった。このミシンの設置年は一九三〇年のことであり「大福帳」対象年を外れているが、それまでにも同店が別のボタン穴作成用ミシンを使っていた可能性は残っている。裁断、縫製、ボタン装着の工程のうち、裁断とボタン装着が自家工場で担われ、縫製作業は自家工場でも委託先でも行なわれていたと推定できる。

次項では、これら諸品目に付随して記される衣服属性（材料生地）に注目し、シャツを事例にその多種化を検討する。

（2）シャツの多種性とその要素

「大福帳」が対象とする一九〇一年から二七年まで、毎年の出荷点数と出荷額で一位を占めたのがシャツである。一九〇二年に藤本仕立店から出荷されたシャツのみを取り上げ、その材料生地をまとめたのが表3である。シャツのサイズは極大、中立（一部に並大）、小立の三種が一般的に記載されているが、中にはサイズが記されていない場合もある。そのため、サイズの情報は省いた。

製品や製品名に用いられる材料生地は多種多様で三七種を数える。これらは、生地加工（ネルや縮など）[9]、織物組織（天竺、玲柄綾、白綾など）、先染柄（月影織・日出織・青赤織など）、縞色や縞密度（青縞・相棒縞など）、染色加

表3　材料生地にみるシャツの多種化（1902年）

イタリア	阿波ネル	相棒	白縞ネル
イタリアネル	月影織	相棒ネル	白無地
インドネル	桜織	相棒白縞	本イタリア
スタンプ	晒中児	大一	無地
プリント	晒天竺	大一ネル	玲柄
メリケン	縞	天竺	玲柄ネル
メリケンネル	縞縮	天満ネル	玲柄綾ネル
メリヤス	縮	日出織	
ヨロイ織瓦斯	青赤織	白綾ネル	
阿波	折エリ	白縞	

出典：藤本家文書「大福帳」。

工や印刷加工（スタンプ・プリント）、商標的な地名（イタリア・インド・メリケン・阿波など）、襟構造（折エリ）などの基準から構成されている。他年では「弐本白」のように経縞の色本数が記されたり、「上白ネル」や「並相棒」のように生地品質面で数層に区分されたり、衣服形態に着目した長袖、中袖、半袖のように袖の長さが記されたりすることもある。

（3）衣料品の多種化要素

シャツの多種性は材料生地と衣服形態で区分されていることがわかった。これを（1）に取りあげた山本小政への年間出荷内容に当てはめると表4になる。

製品区分の多くは衣服形態の性質よりも材料生地の性質によるものであることがわかる。藤本仕立店の中心的な製品である上体衣は、第二章に述べたように平肩接袖で構成されていたから、製品間での技術的違いは少なかった。さらに、上体衣に比して下体衣や関連品は形態がより固定的だったと考えられる。「注文帳」「商人注文帳」には下体衣の受注内容を示す図が記されていないからである。

（4）同業者間の製品補完

本章注（5）に述べたように、藤本仕立店がメリヤス屋や厚司屋などの同業者から衣料品を仕入れた場合があっ

表4　山本小政に出荷した衣料品の多種化要素（1902年）

製品	品目	衣服区分	生地	寸法・袖
相棒シャツ	シャツ	上体衣	相棒	—
月影中立シャツ			月影	中立
縮半袖シャツ			縮	半袖
相棒ネル（シャツ）			相棒ネル	—
白縞ネルシャツ			白縞ネル	—
プリント極大シャツ			プリント	極大
月影中立ズボン下	ズボン下	下体衣	月影	中立
別上縮股下ズボン下			別上縮股下	—
白縞大寸ズボン下			白縞	大寸
並生地又	又		並生地	—
地目倉袷脚絆	脚絆	脚衣	地目倉袷	—
染紺袷脚絆			染紺袷	—
洋形脚絆（ゲートル）			洋形	—
尺三ハンカチ	ハンカチ	その他	尺三	—

出典：藤本家文書「大福帳」。
注：（　）は筆者の補足。

た。つまり、同店がメリヤス屋や厚司屋の顧客になることがあった。ここでは逆に藤本仕立店が同業者に卸売販売をした事例をあげ、同業者間の製品補完について商業的な慣習として言及しておきたい。

「大福帳」には藤本仕立店の顧客になった同業者の存在を確認できる。たとえば、龍野町河原町の松本量三は、一九〇四年から〇八年まで、また、一六年から二二年まで同店と取引し、シャツ、ズボン下、脚絆、又、タンコ（短袴）、半手覆、手甲などを購入していた。松本は播磨生産品品評会編（一九一二）に「木綿厚司製造販売」「太物雑貨商」商号「姫路屋」[10]と広告している。「大福帳」によると〇四年のみ生地も購入していることから、その頃に創業したと考えられる。

松本量三と同様に、揖保郡龍野の山村清助（山村屋商店）も藤本仕立店の顧客であった。一九一六年から二〇年代後半まで取引を継続し、購入製品のほとんどが柔道着・柔道又・帯・白帯である。

山村は図2のとおり播磨生産品品評会編（一九一二）に広告し、「柔道稽古着製造所」である「藤本政吉商店」

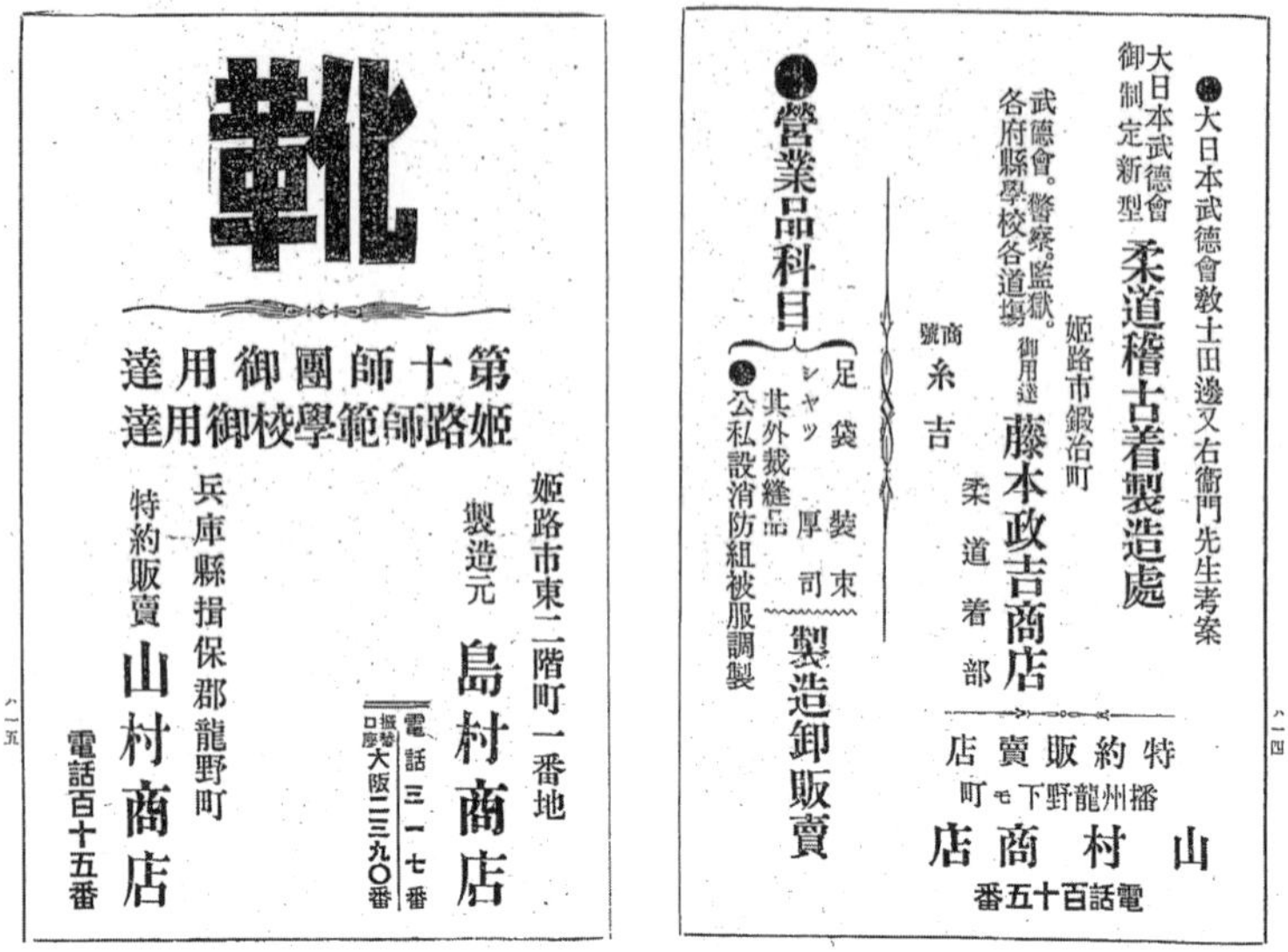

図２　山村商店の広告（1911年）

出典：播磨生産品評会編『揖保郡指要』伏見屋書店、1911年、ハ14・ハ15頁。

の「特約販売店」を営業していた。また、「足袋 装束シャツ厚司 其外裁縫品」の「製造卸販売」店、「公私設消防組被服調整」店、靴製造所「島村商店」の「特約販売」店(11)、さらに「姫路市一丁町」の「剣術銃槍道具 柔術稽古着 竹刀附属品」製造所「上月庄吉」の「特約販売店」(12)を兼任していた。

山村が特約代理店となった姫路市内の製造卸売商店はすべて御用達の立場にあり、藤本政吉商店（藤本仕立店）柔道着部が「武徳会・警察・監獄・各府県学校各道場」(13)、島村商店が「第十師団・姫路師範学校」(14)、上月庄吉が「陸軍、警察、武徳会諸学校」(15)と記されている。上月の所有する上月工場は一八八四年三月に創業し、武術道具を製品種類とし、男工三人・女工五人の規模であった(16)。

播磨生産品評会編（一九一一）には、山村商店のように衣料品・関連品の小売商店が姫路市内の製造卸売業者の特約販売を明記している場合が他にもある。たとえば「ハリマ龍野」の「綿糸商」「林宗兵衛」が「姫路福中町」の「六角屋足袋　特約店」

と「津山足袋」の「高原治助製　特約店」を兼任していたことが確認され[17]、姫路市内の業者が陸軍師団や学校の御用達となり、揖保郡の業者が姫路市内の業者の特約店となる地域序列があった。他に、加西郡北条町の岡本仕立店が一九一七年に腹掛、同じ加西郡北条町の小林仕立店が一九一七年・一八年に生地・足袋、また揖保郡龍野船元の大西仕立店が一九二〇年から二六年まで厚司・腹掛などを藤本仕立店から購入した。

最後に、同業者とは言い難いが隣接部門である呉服店への出荷もあった。城崎郡では井垣呉服店・岡本呉服店、揖保郡では三木庄呉服店、神崎郡では小塚呉服店・松岡呉服店、朝来郡では松本呉服店・藤原呉服店、赤穂郡では津村呉服店である。出荷品目は厚司、パッチ、半ズボン、柔道着・柔道又・帯などで、一回の出荷数と金額は小さい傾向にある。織物を販売する呉服商・呉服太物商は藤本仕立店から衣料品を購入することで取扱製品の種類を増やすことができたわけである。

藤本仕立店は自家生産と委託生産に加え同業者からの仕入によっても商品調達を行なっていたが、以上の叙述より、藤本仕立店から商品調達を行なう業者は同店の仕入先に比較してより長期にわたって取引していたことがわかった。これまで見てきた取扱製品は、必ずしも全品が多数製造され多数販売されたわけではない。「大福帳」をもとに一九〇二年の総出荷商品についてシャツやズボン下などの品目区分とそれに生地・衣服形態を加えた区分である製品区分の二点から詳しくみよう。

第二節　商品の多種性とその要因

（1）品目区分でみる多種性の要因

一九〇二年の総出荷商品を品目区分で出荷額降順に作成したのが表5である。品目数は二七種で、上体衣であるシャツ・厚司をはじめ、その下位項目である胴体衣の腹掛、下体衣であるズボン下・パッチ・又・股引、その下位項目である脚衣の脚絆・足袋など、上体衣から脚衣まで広く取り扱われていた。なお、表5では生地・ミシン針・ボタンの三品目は無視したが、生地の年間出荷額は約一一七円と大きい。

パレート法則からみると表5の二七品目のうち六位の足袋までが上位二〇%の商品であるが、それらの合計出荷額で商品全体の出荷額の八〇%を占めることになる。累積比率を数えていくと、シャツから脚絆までが七四・八%、シャツから足袋までが八一・〇%となり、概ねパレート法則が成立している。逆に二七品目の七七・八%を占める下位二一品目の出荷額は一九・〇%となり、ロング・テール理論が反映されている。表5の品目間に代替的な関係があるとは考えにくいから、パレート法則やロング・テール現象の成立は、藤本仕立店がシャツやズボン下などの品目を大量かつ多種にわたり出荷したことを示す。また、顧客からの注文に柔軟に対応できた商品

表5　出荷額降順に並べた27品目の内訳(1902年)

単位：出荷額は円、比率は%

品目	出荷額	比率	出荷点数
シャツ	647.6	32.5	2,366
ズボン下	273.5	13.7	971
パッチ	218.9	11.0	600
腹掛	176.6	8.9	380
脚絆	173.3	8.7	823
足袋	123.4	6.2	1,073
厚司	101.1	5.1	85
前掛	77.9	3.9	262
又	50.7	2.5	392
股引	27.6	1.4	117
腹巻	26.4	1.3	156
半ズボン	21.5	1.1	50
チョッキ	15.5	0.8	54
手甲	13.8	0.7	135
肉襦袢	7.3	0.4	34
コート	7.1	0.4	2
ハンカチーフ	7.0	0.4	69
兵子帯	6.6	0.3	36
シャツ袖	4.2	0.2	36
キャル又	3.7	0.2	38
手覆	2.3	0.1	21
半手覆	2.0	0.1	15
襟	1.4	0.1	17
タオル	0.9	0.0	10
長手覆	0.8	0.0	2
風呂敷	0.7	0.0	5
靴下	0.3	0.0	8
合計	1,991.8	100.0	—

出典：藤本家文書「大福帳」。
注1：〆・送〆・売〆などと一括記載した出荷(年間計661円)、2品目以上の点数と金額を混ぜて記載した出荷、および生地・ミシン針・ボタンの出荷は無視。
2：厚司襟、半天襟、法衣襟などの襟はすべて「襟」に統一。申又＝キャル又、兵子帯＝ヘコ、ハンカチーフ＝ハンカチとみなした。

製造能力と商品調達能力をも示す。

「大福帳」ではしばしば二品目以上の点数と金額を混ぜて記載する場合がある。シャツの場合、ズボン下、パッチ、半ズボンなどの下体衣と併記されることが多い。

これらの傾向や今まで明らかにした事例を購入者の側から捉え直すと、上体衣のシャツと下体衣を購入の起点として、追加的に、肌着・下着である肉襦袢、汗や汚れを拭くタオルやハンカチーフ、上着に羽織るコート、厚司、チョッキ等を注文する傾向があったと推察される。こうした傾向を踏まえると、藤本仕立店にとっての販売方針は、必ずシャツなどの上体衣を販売すること、そして、脚体衣を含む下体衣は品目数や製品種を増やすこと、以上の二点が重視されたと考えられる。

(2) 製品区分でみる多種性の要因

次に、一九〇二年の総出荷商品を製品区分で出荷額降順に作成したのが図3である。品目別に整理した表5と異なるのは、厚司襟、半天襟、法衣襟などの襟を[18]「大福帳」表記どおりにしたこと、ミシン針とボタンを加えたことの二点である。出荷額の一位は紺パッチで一一〇円九〇銭、二二一位はボタンで四銭五厘、二二一製品の総出荷額は一九五八円五〇銭である。

品目の場合と同様にパレート法則を確認する。上位四四位の薄底足袋か四五位の紺股引までで出荷額の八〇%を占めるはずである。実際の累積比率はそれぞれ七七・八%、七八・二%となり、八〇%を超えるのは五〇位のイタリアネル腹巻である。したがって製品種でもパレート法則が概ね成立していると考えられる。

上位一〇製品を出荷額と出荷数量とともに示すと、紺パッチ（一一〇円九一銭五厘、三三〇点）、目倉脚絆（一〇四円九八銭五厘、五二二点）、相棒シャツ（一〇〇円五〇銭、三六〇点）、相棒ズボン下（九六円三五銭五厘、三六四点）、

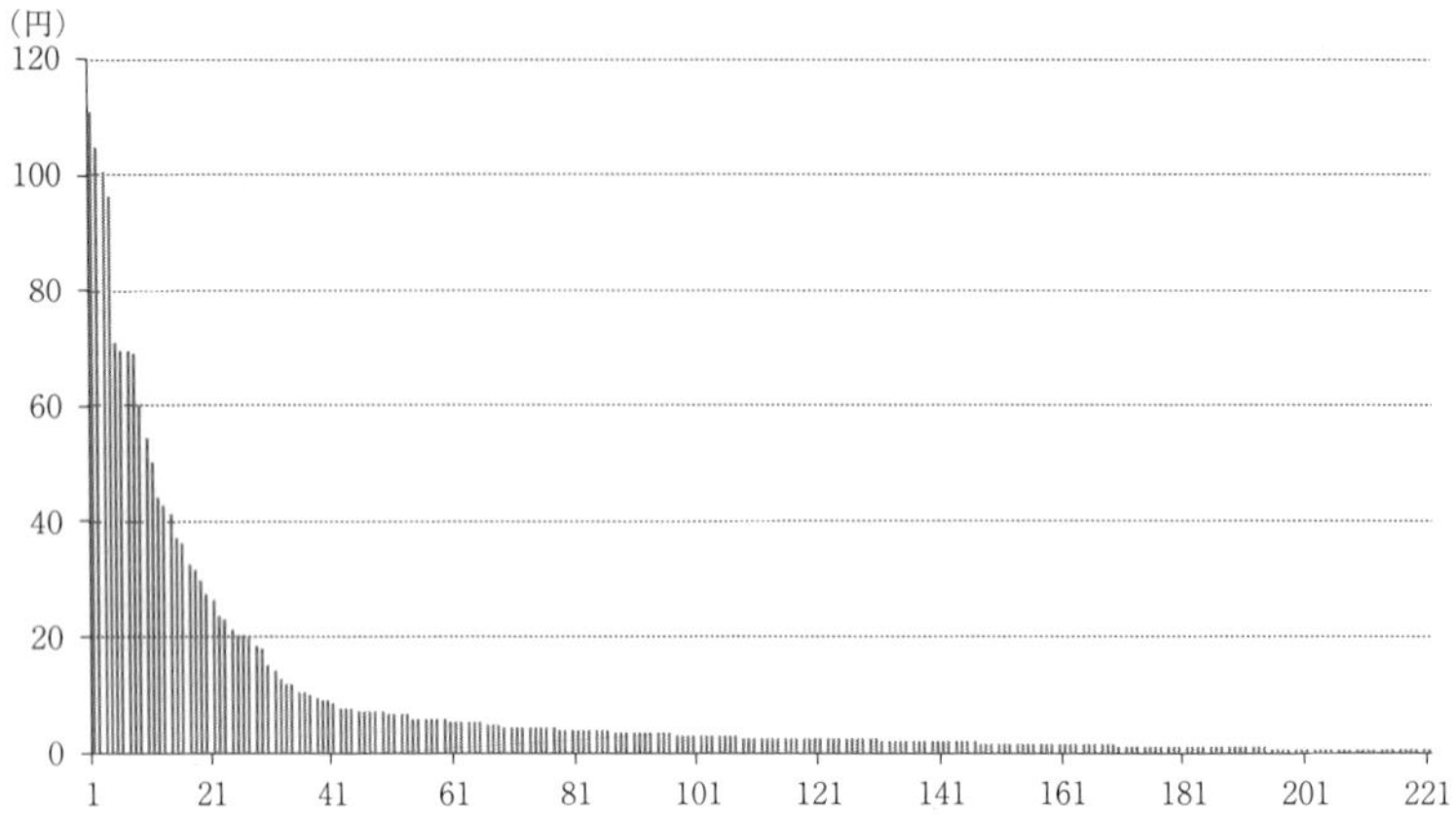

図3　出荷額降順に並べた221製品の内訳（1902年、円単位）

出典：藤本家文書「大福帳」。
注：〆・送〆・売〆などと一括記載した出荷（年間計661円）、2品目以上の点数と金額を混ぜて記載した出荷、生地の出荷、製品の大きさ、以上の4項目は無視。

縮シャツ（七〇円九五銭五厘、二八二点）、スタンプシャツ（六九円四七銭、二三八点）、月影織ズボン下（六九円三九銭、一七四点）、紺腹掛（六九円八銭、一五八点）、白縞シャツ（五九円九八銭九厘、二五五点）、プリントシャツ（五四円三七銭五厘、一四七点）であった。これらの多くがシャツやズボン下であるのは、先にみた品目別の出荷点数が高いことを反映している。

他方、一一位以下に注目していくと、シャツでは二一一位の晒中児シャツ（四二銭五厘、六点）まで四七種が、ズボン下では一八七位の日出織ズボン下（八八銭、四点）まで二一種が出荷されており、製品種の多さが目立つ。そして、四七種のシャツ製品の出荷内容を見ると、下位八〇％に多種多様のニッチ製品が造られており図4に示した新たなロング・テールを確認できる。

顧客の注文や購入の傾向にパレート法則やロング・テール現象が存在することは品目区分でみた場合と同じである。これを出荷側の藤本仕立店からみれば、品目間と異なり製品種間には代替的な関係がある。生地と衣服形態を含む製品区分でみると、一品目を大量製造する能力があればそれ

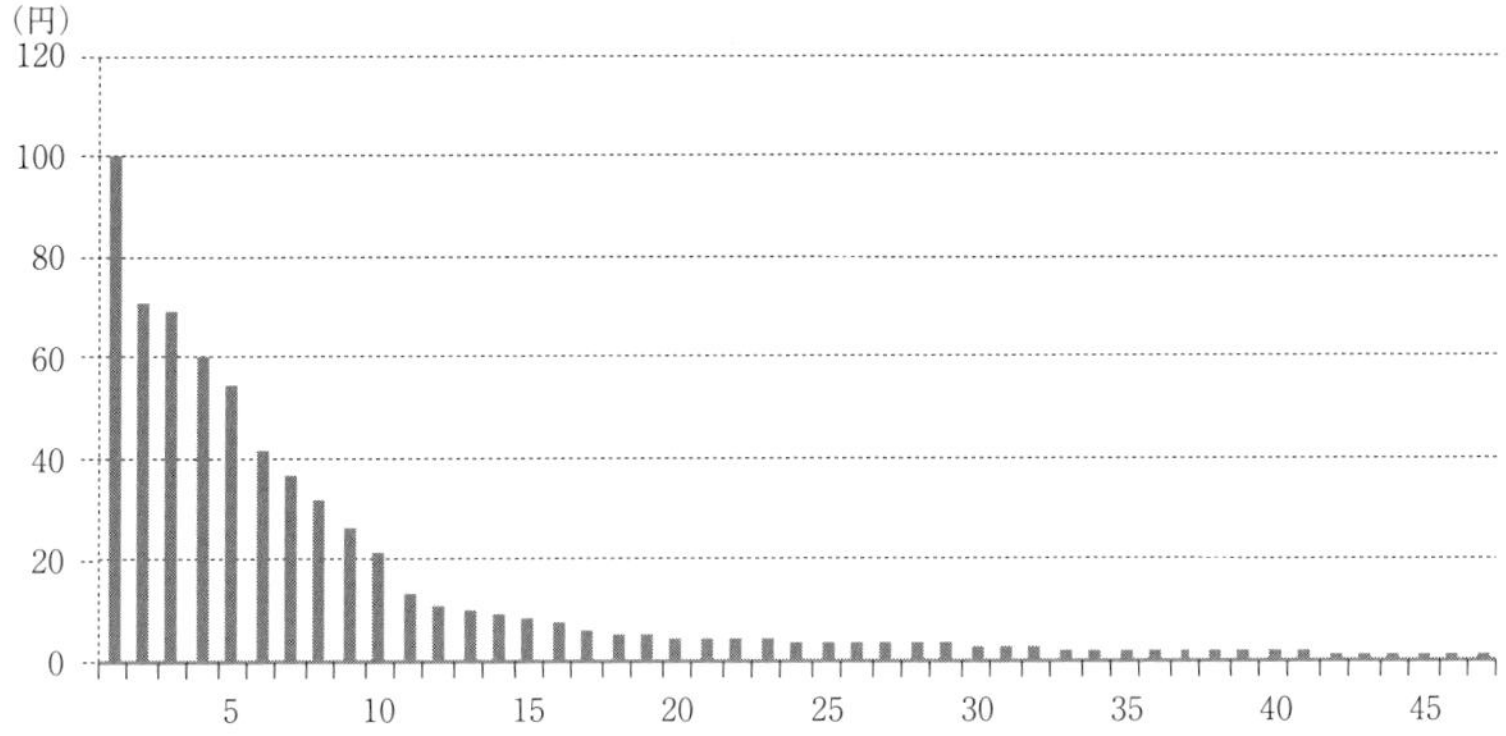

図４　出荷額降順に並べたシャツ製品の内訳（1902年、単位円）

出典：藤本家文書「大福帳」。
注：〆・送〆・売〆などと一括記載した出荷（年間計661円）、２品目以上の点数と金額を混ぜて記載した出荷、および大きさの情報は無視。

を応用し別の生地に替えたり、類似の衣服形態を制作したりして、多種化できる。

以上、一九〇二年に二七品目の衣料品を製造していた藤本仕立店は主に生地を多種化することで多様な商品の製造を可能にしていた。

なお、受注から出荷にいたる大きな問題は受注時期で異なる繁閑の開きである。繁閑の対策として同店は自家生産を基本に委託生産も駆使し、一部には同業者からの仕入も含めた多層的な調達体制を有していた。この体制が品目区分での多様性を可能にしたことは第一章や本章から明らかである。その上で衣料生地の異なる製品種が増加しても、既存の製造技術を応用することで十分に対応可能であった。

販売体制には、製造販売だけでなく、欠品補充や欠品代替のための同業者間の仕入販売や、学生服・運動服など、主に春期に数百点にのぼる一括大量の仕入販売などがあった。このうち学生服を中心とした仕入販売の導入は一九三〇年代であり、本章で述べてきた一九〇二年の出荷動向における仕入販売は先述の欠品補充程度の意味をもったにすぎない。

第三節　一九三〇年頃の取扱品目

「大福帳」は一九二七年に記載が終わり、戦時期までの取扱製品を伝える帳簿は「製造帳」になる。これは一九二九年から三二年まで記載された見積帳簿である。年月日順に、生地名・生地量、製品名・点数、そして店員のみがわかる値段（店内暗号）が記されているが、顧客名は記されていない。「製造帳」からは、これまで取扱ってきた品目のうち、シャツ、厚司、柔道衣・柔道又、ズボン下、タンコ、股引、パッチ、足袋などを確認できる。「製造帳」は見積単位・受注単位が「大福帳」の出荷単位よりも大きく、三ダースや一〇〇点などの規模となっている。

これによると、一九二〇年代末に製品が急速に増加した。急増の要因を大別すると、従来の取扱商品の呼称が変わってスポーツウェアが細分化されて記載されるようになったこと、学生服のように新しく製品を取り扱いはじめたこと、そして最新染料を用いた生地で作られた製品を取り扱いはじめたことの三点があげられる。

「製造帳」から読みとれる取扱製品の特徴を以下で確認する。

まずは、生地である。当時開発されたスレン染料を用いた生地が多用されている点がめだつ。従来の天竺、三綾、各経縞などの生地も継続して用いられているが、スレン生地の頻出度が高い。藤本仕立店がスレン生地の衣料品を初めて出荷したのは「大福帳」に記載されている一九二七年の生野鉱山用務係に向けてのスレンタンコ（短袴）である。「製造帳」からは一九二九年に多品目を横断してスレン生地が利用されていることがわかる。スレンまたはインダンスレン（Indanthrene Blue）は一九〇一年にドイツのレネ・ボーン（René Bohn）が開発した合成染料で[19]、日本では三井鉱山焦媒工場（のちの三井化学）が一九二〇年頃に製造を開始した[20]。

次いで、品目を追ってみよう。「製造帳」には着用者か利用目的を示す製品名が急増している。シャツでは、夏学生服、冬学生服、中学校用シャツ、中学校用丸袖シャツ、商業中寸丸袖、庭球シャツ、野球シャツ、運動シャツ、女運動シャツ、女子半袖シャツ、女子シャツを受注した。Yシャツ（師範シャツ、師範用カカシYシャツ）も登場する。他の品目で目立った受注をしているのが、ぱんつ（パンツ）である。パンツは、中学校用庭球（ぱんつ）、庭球ぱんつ（庭球パンツ）、登山ぱんつ、洋服下型セーラぱんつ、女生ぱんつ、他の品目では、中学袋、中学校用脚絆、中学校用ズボン、女学ズロース、絹ポプリン製女子チャンバー、子供ジャンパー、市役所パッチ、姫路消防パッチ、消防袷長タンコ（短袴）、（レース付）割烹着、割烹前掛、ヘチマ襟事ム服両ポケツ付、などが挙げられる。

ヘチマコート、ヲーバコート、絹ポプリン製女子チャンバー、子供ジャンパーなどは外套である。ジャンパーをはじめ、上述の品目類に多くの女子向けと一点の子供向けの衣料品がある。これらは一九二〇年代に女性服と子供服が商品化されていったことを端的に示している[21]。他方で、同じ頃に都市部や農村部の一部の家ではミシンを用いて婦人服・子供服を製作する家事労働が増加し、それを後押ししたのが裁縫学校であった[22]。

最後に、「製造帳」の品目類からいくつかの項目を拾い出して傾向を明らかにすると、建造物や場所を示す言葉には学校・女学・市役所・姫路消防（署）、作業を示す言葉には庭球・野球・運動・登山・消防・事ム（務）がある。同じ建造物や場所に所属する統一衣料品、または同じ作業をする統一衣料品、すなわち制服が「製造帳」に列挙されているのだから、既述のとおり見積は大規模になる。学校・役所・会社などの組織を顧客にすると、当然ながら一回の受注は大きくなる。「大福帳」によると、組織を顧客として藤本仕立店が出荷した最初の品目は一九〇九年の柔道着である。次いで仕事着があげられ、生野消防組へ一九一〇年・一一年の二年間でシャツ、頭巾、帽子、帯が出荷され、生野鉱山用務係へ一九二三年から二七年までシャツ、腹掛、タンコ、パッチ、靴下など種々の仕事着が出荷された。この頃、学生服関連も少し製造していた。一九二六年の女学校エリシャツ（一六枚）と女学パンツ（九六足）である。

小括

本章では一九〇二年の出荷情報を中心に藤本仕立店が取り扱った衣料品目と製品種を分析した。産業段階からみれば、織物業の多種性に衣服形態やサイズの差異が重なることによって、さらなる多種性が衣料品部門でみられるわけで、製造工程からみれば必ずしも二二一種類の形態があったのではなく、品目区分で四〇種類が製造されたに過ぎない。織物業にみられた多品種生産は織機の差別化にもとづいて展開した。他方で、衣服産業における多品種生産はミシンの差別化にもとづかず、材料生地、衣服形態、製品寸法の三要素から構成されていた。

このような四〇品目・二二〇製品を扱う利点は、返品や売れ残り品や小売用製品が近所の顧客に歓迎される商品となりえた点にある。藤本仕立店はしばしば同業者間で製品の補完を相互に行ない、これにより品目数・品目種や製品数・製品種を増やしていた。

本章注(1)に触れた福岡県のしまや足袋は足袋専業者へ転換することで大規模工場化を果たし、地下足袋（長足袋）で全国的な足袋製造販売者となった。藤本家文書「日本護謨株式会社　専売特許護謨底跣足袋割引代価表」からは、藤本仕立店がしまや足袋の後身「日本護謨株式会社」[23]の足袋製作を行なっていたことがわかる。この「割引代価表」は「ゴム底」と「同仕立分」の二種類の価格が五〇足以上購入を想定して書式を定めている。価格決定権が同店にあったと思われる書式である。一九三七年以降に藤本仕立店は「日本護謨株式会社」と販売契約を結んだ。量産品を取り扱う利点は、しまや足袋にとっては製造販売において、藤本仕立店にとっては仕入販売において存在した。

最後に、第一章にとりあげた藤本仕立店と委託先に設置したミシンの工程関係を本章で再考した。裁断、縫製、ボタン装着の工程のうち、裁断とボタンが自家で行なわれ、縫製作業は自家でも委託先でも行なわれた点を述べた。両者に技術差が生じるとすれば、さまざま衣料品の附属品装着においてあった。

(1) 二〇世紀前半の足袋製造業では少品種大量生産が注目された。たとえば福岡県のしまや仕立店は一八九二年に創業したが、一九〇〇年代に足袋専業となり(しまや足袋、のちの日本護謨株式会社)、大規模工場化に向かった。仕立業を足袋専業へ転換させた石橋正二郎は多品種生産を「時代遅れの仕事」(石橋正二郎『私の歩み』一九六二年、二四頁)であると考え、専業化による大量生産・大量販売という体制を敷いた(しまや足袋の創業から工場大規模化にいたる過程は岩本真一『ミシンと衣服の経済史――地球規模経済と家内生産――』思文閣出版、二〇一四年、第三章「中規模工場の経営動向」を参照のこと)。

(2) 大島真理夫「希少生産要素による経済史の発展区分」徳永光俊・本多三郎編『経済史再考――日本経済史研究所開所七〇周年記念論文集――』思文閣出版、二〇〇三年、四四頁。織物業史研究で指摘されないことだが、一工場からみれば力織機導入は少品種大量生産化となる。

(3) 佐々木淳『アジアの工業化と日本――機械織りの生産組織と労働――』晃洋書房、二〇〇六年、五八・六〇頁。

(4) 佐々木『アジアの工業化と日本』六九~七〇頁。

(5) 第一章に述べたように、同店の商品調達のほとんどは自家生産と委託生産によって担われていた。「金銭出入帳」によると、本章の主対象とする一九〇二年に藤本仕立店が同業者から衣料品を仕入れた金額は、一月に藤本洋服店から一五円四〇銭、九月に堀井亀太郎(メリヤス屋)から二円八銭、山田秀八(厚司屋)から三八円五七銭、岡田与八(厚司屋)から五二円三〇銭であり、合計は一〇八円三五銭であった。これに対し同年の全製品の出荷額は二九九三円であることと、仕入時期が偏っていることから、同店の商品調達において仕入調達の比重は自家生産と委託生産ほど大きくないと判断できる。

(6) 岩本真一『ミシンと衣服の経済史』二七八頁。

(7) Chris Anderson, *The Long Tail: Why the Future of Business Is Selling Less of More*. New York: Hyperion, 2006, pp.

6-10.
（8）藤本仕立店では、取引決済はほぼ現金で行なわれ、手形決済は昭和期に若干確認される程度であった。本論で示したような延払の慣行は少なくとも織物業においても確認される。山口和雄編『日本産業金融史研究――織物金融篇――』東京大学出版会、一九七四年、一四～一五頁。
（9）ネル（フランネル）は、平織か綾織の織物の片面または両面に起毛を施した生地で、表面が少しけばだっている。
（10）播磨生産品評会編『揖保郡指要』伏見屋書店、一九一一年、前編八二頁の三頁後の広告。
（11）播磨生産品評会編『揖保郡指要』ハ一四・ハ一五頁。
（12）播磨生産品評会編『揖保郡指要』ツ一五頁。
（13）播磨生産品評会編『揖保郡指要』ハ一四頁。
（14）播磨生産品評会編『揖保郡指要』ハ一五頁。
（15）播磨生産品評会編『揖保郡指要』ツ一五頁。
（16）農商務省商工局工務課編『工場通覧』日本工業協会、一九一一年、一六九〇頁、情報は一九〇九年一二月現在。
（17）播磨生産品評会編『揖保郡指要』ニ九頁。
（18）しばしば襟が別売りされているのは、取り外して洗ったり交換したりする習慣のためである。このことは特にワイシャツ(Yシャツ)の場合にカフスとともにいえる（大丸弘・高橋晴子『日本人のすがたと暮らし――明治・大正・昭和前期の身装――』三元社、二〇一六年、二五三頁）。「製造帳」では折エリ服とステンカラー（シテンカラー）の購入において、服のみ、カラーのみ、両方の三通りの受注が確認される。小袖の半襟や旗袍の立領も同じ習慣に基づいている。民国期旗袍の立領には、汚れた場合の洗濯・交換目的や避暑目的として取り外せるものもあった。
（19）Franco Brunello, *The Art of Dyeing in the History of Mankind*, Bernard Hickey (tl.), Neri Pozza, 1973, p. 302.
（20）細田豊「C.スレン染料」『有機合成化学協会誌』第一四巻四号、一九五六年、二三四頁。
（21）一九二〇年代に女子体育は従来の健康目的から競技目的へ移行し、それとともにブルマー型・ショートパンツ型が定着した（高橋一郎「女性の身体イメージの近代化――大正期のブルマー普及――」高橋一郎・谷口雅子他『ブルマーの社会史――女子体育へのまなざし――』青弓社、二〇〇五年、一二三～一二四頁）。

（22）　岩本真一『ミシンと衣服の経済史』一五三頁・一五五頁。

（23）　しまや足袋、アサヒ足袋と社名を頻繁に変更してきた同社は一八一八年に「日本足袋株式会社」となった社名を一九三七年に「日本ゴム株式会社」と改めた（「アサヒヒストリー　会社概要　アサヒシューズ」https://www.asahi-shoes.co.jp/company/history.html）。

補論2　近現代日本で商品化された衣服

本章はどれほどの種類の衣服が二〇世紀前半に商品化されたかを統計項目名をもとに概観する。具体的には、一九世紀末から二〇世紀中期までを対象に『工業統計表』にみられる衣服用語を取りあげ、実際にどのような用語が利用され、どのような品目が包含されたのかを検討・推測する。また、可能な限り戦中・戦後の統計と照らし合わせて用語の変遷を追う。このような作業を通じて、広く文化史や産業史を含む近代日本衣服史に一定の見通しを与えていく契機としたい。

同一の衣料品でも呼称はさまざまである。序章をはじめ、これまでしばしば述べてきたように、二〇世紀最初の四半世紀の間に日本では販売用衣服の多様化が急速に進展し、衣服用語は収拾不能な状態に陥った。乏しい統計項目の中へさまざまな衣料品が包含され、業界用語や流行語が併存し、カタカナが大きな比重を占めていった。これらの混在に一定の見通しが与えられたのは一九三〇年代末に始まった戦時経済統制であり、この時点で区分名が多少なりとも明確になり、二〇世紀後半の細分化に繋がっていく。

第一節　戦前『工業統計表』の出荷品目

(1)　一覧

戦前『工業統計表』のうち「紡織工業」と「其他ノ工業」という二種類の大分類に区分されている品目を抽出したのが表1である。「莫大小《めりやす》」（染色工業に区分）・「皮革製品」・「裁縫製品」（以上、雑工業に区分）の三項目（以下では便宜上「中分類」とする）を重視した。中分類の三種類は生地によって区分され、「莫大小」がメリヤス、「皮革製品」が皮革、「裁縫製品」が織物である。

(2)　特徴

①一九一〇年代の細分化

『工業統計表』の場合は項目の異同が少ない。一九〇九年版では大雑把な品目区分に留まり、素材区分が最下位区分となっている。『工業統計表』で区分が細分化されるのは次の調査の一九一四年版であり、最下位に位置付けられていたメリヤス・裁縫品・帽子が中分類に上がり、小分類の品目が最下位に現れた。

②中分類別用語の変遷

一九一九年版以降、まず、メリヤス製の品目は「素地」（メリヤス生地）と衣料品に大別される。衣料品は「シャツ」、「ズボン下」、「靴下」、「手袋」、「サル股」、「その他」の六種類で一貫している。

次に皮革製品も異同がほとんどなく「靴」、「鞄」、「馬具」、「調帯」、「袋物」が確認される。模造革をも含んだ「帽子用裏革」が一九三九年版に確認されるが、これは同年版の帽子の細分化に対応している。また同年版で「調帯」は「ベルト」と表記されるようになった。

表1　戦前『工業統計表』登載の衣料品目名の推移(1909年〜1942年)

〔1924年〕

莫大小	素地
	シャツ及ヅボン下
	靴下
	手袋
	サル股
	その他
革製品	靴
	鞄
	馬具
	調帯
	袋物
	その他
裁縫品	和服
	洋服及外套類
	襯衣及股引
	足袋
	ハンカチーフ
	その他
帽子	フエルト製
	羅紗及セルヂ製
	模造パナマ製
	麦稈製
	その他

〔1919年〕

莫大小	素地
	シャツ
	ヅボン下
	靴下
	手袋
	サル股
	その他
革製品	靴
	鞄
	調帯
	袋物
	その他
裁縫製品	和服
	洋服及コート類
	襯衣及股引
	足袋
	その他
帽子	フエルト製
	羅紗及セルヂ製
	模造パナマ製
	麦稈製
	その他

〔1909年〕

組物編物	莫大小
	レース
	その他
革製品	靴
	調帯
	その他
裁縫品	
帽子	

〔1914年〕

莫大小	シャツ
	ヅボン下
	靴下
	手袋
	サル股
	その他
革製品	靴
	鞄
	袋物
	その他
裁縫製品	和服
	洋服及コート類
	襯衣及股下
	足袋
	その他
帽子	羅紗及セルヂ製
	模造パナマ製
	麦稈製
	その他

	その他
帽子	フエルト製
	羅紗、サージ他布帛製
	模造パナマ製
	麦稈製
	麻製
	その他

〔1934年〕　変化なし

〔1939年〕

メリヤス	素地	綿	
		ス・フ	
		その他	
	製品	シャツ及ヅボン下	綿
			毛
			スフ
			その他
		靴下	綿
			絹
			毛
			人絹
			スフ
			その他
		手袋	綿
			絹
			毛
			スフ
			その他
		猿股	綿
			毛
			スフ
			その他

〔1929年〕

莫大小	素地	綿	
		その他	
	製品	シャツ及ヅボン下	綿
			毛及毛綿
			その他
		靴下	綿
			絹
			毛及毛綿
			その他
		手袋	綿
			絹
			毛及毛綿
			その他
		猿股	綿
			毛及毛綿
			その他
		その他	綿
			毛及毛綿
			その他
皮革製品	靴		
	鞄		
	馬具		
	調帯		
	袋物		
	その他		
裁縫品	和服		
	洋服及外套類		
	襯衣及股引		
	足袋	地下足袋	
		その他	
	ハンカチーフ		

		その他	綿
			毛
			スフ
			その他
皮革製品	革製靴		
	その他の皮革製品	鞄	
		馬具	
		ベルト	
		帽子用裏革（模造革含）	
		袋物	
		その他	
裁縫品	和服		
	洋服及外套類		
	シャツ及股引		
	地下足袋		
	その他の足袋		
	ハンカチーフ		
	その他		
帽子	フェルト製帽子	ウール製	
		ファー製	
	その他の帽子	羅紗、サージ他布帛製	
		紙製模造パナマ製	
		その他の模造パナマ製	
		麦稈製	
		麻製（セロフアン含）	
		その他の麻製	
		その他	

〔1942年〕

メリヤス	素地	
	製品	シャツ及ヅボン下
		靴下
		手袋
		猿股
		その他
皮革製品	皮製靴	
	その他	
裁縫品	和服	
	洋服及外套類	
	その他	
帽子		

出典：農商務大臣官房統計課編『工業統計表』各年版より作成。

注１：煩雑を避けるため、「其他」・「其ノ他」は「その他」とし、「其ノ他ノ」は「その他の」とした。

２：1939年版では「裁縫製品」が「紡織工業」に区分され「莫大小」と同列に位置付けられた。

裁縫製品では「和服」、「洋服及コート類」、「襦衣《はだぎ》及股引」、「足袋」の四種類を基調に、一九二四年版に「ハンカチーフ」が加わった。「洋服及コート類」は同年版で「洋服及外套類」、「襦衣」は三九年版で「シャツ」と変更された。一四年版の「股下」は一九年版で「股引」となり、以後継続された。また、二九年版で足袋が「地下足袋」と「その他」の二種類に分けられた。「地下足袋」は「長足袋」と称した作業用の足袋である。外側に靴を履かずそれ自体が靴として機能した。「その他」は織物素材の靴下、つまり室内用の足袋（短足袋や足袋）が大半である。(1)

最後に帽子をみよう。一九一四年版では「羅紗及セルヂ製」、「模造パナマ製」、「麦稈製」の三種類が確認される。一九年版に「フエルト製」、二九年版に「麻製」がそれぞれ追加された。メリヤス製品・皮革製品・裁縫製品と同様に帽子品目の異動も少ない。しかし、素材区分が他の場合に比べて目立つ。特に三九年版になると、フェルト帽で「ウール製」と「ファー製」、模造パナマ帽で「紙製」と「その他」、麻製帽子で「セロファン」と「その他」と細分化された。その理由として裁縫製品のように織物素材の一定量を国内生産でまかなえる事情とは異なり、同じ帽子とはいえ、フェルト帽のように原毛（羊毛や兎毛）、フェルト地、帽体という帽子諸材料（素材）の多くが輸入に依存している品種もあり、帽子の場合は素材別区分が極めて重要な指標であったことがあげられる。(2)

③生産区分に基づいた戦時経済統制

一九二九年版では、メリヤス品目には綿、絹、毛、毛綿混合などの原料繊維による区分がなされている。三九年版ではこれら天然繊維に加え、いわゆる化学繊維、すなわち、人造絹糸（以下、人絹と略す）とステープル・ファイバー（以下、スフと略す）も記載された。これに対し、裁縫品、すなわち織物素材の品目においては繊維別の把握は三九年版にいたってもなされていない。

日本の人絹は当時の先進国にやや遅れ一九一八年に生産が始まり、一九三八年に世界第一位の生産高を誇ったという。(3) 人絹に次いで開発・生産されるようになったスフはパルプを原料とし、一九三〇年代に短繊維型化繊の代表格となった。(4) スフは商工省を中心とした貿易統制と生産統制の過程で重視されていった化学繊維である。(5) 具体的には「ステープル・ファイバー等混用規則」(一九三七年、商令二五・三五)(6) によって、天然繊維に一定割合を混入させるという利用によって普及していった。

一九三九年版では、メリヤス製品の繊維別区分がスフ混用の生産把握を一つの目的としてなされたのは間違いないが、四二年版では繊維別把握は行なわれておらず、品目数も減少し簡素な区分となった。これは、四二年版ではすでにスフ混用が前提となっていたこと、そして「繊維製品配給消費統制規則」として別に細分化されたことの二点が大きな要因であろう。いずれにせよ、戦時経済統制の生産区分とは、まずもって材料区分(素材区分)だったのである。

統計区分の種類が減少したことは、衣料品生産の減退を必ずしも意味しない。『工業統計表』によると、衣料品の大半の品目において、一九三〇年代末から生産道府県数は急増し、主産地への集中性が低下した。結果的には、生産統制は衣料品製造工場を全国規模で展開させることとなったのである。(7)

(3) 指示対象特定の試み

以下では現代の衣服用語からみて特定しにくい品目として①洋服・コートと②ズボン下・股引・猿股を取りあげ、可能な限り具体的な品目(下位区分)を特定したい。

①洋服及コート類

先述したとおり、この区分名に、どのような衣料が包含されているのかを厳密に判断することは難しい。まず、

「洋服及コート類」は「洋服及外套類」と称される場合があることから、コートと外套が厚手の羽織物として類義語で利用されていることは確かであるが、[8]それでも「洋服」が指すものは不明瞭である。

大蔵省主税局編『外国貿易概覧』から検討すると、「一個人ノ裁縫店」（一九一一年版、六五〇頁）の場合、背広やスーツが取り扱われている点は想像に難くない。[9]また、当時の起業指南書とでもいうべき『小資本成功法』[10]によると、「裁庖丁、裁板、ミシン器械」等を所有したうえで、「裂地問屋」との取引を行なうことで、「大礼服又は燕尾服」や「背広」を取り扱うことが可能であるとの示唆がなされている。もっとも、大礼服や燕尾服は背広に比して注文は少数にとどまると指摘されているが、このような品目も洋服の一部に区分されているとみて差し支えなかろう。

しかし、「一個人ノ裁縫店」が五名に達しない場合は『工業統計表』に計上されていないことになる。そのため、洋服に、背広、スーツ、大礼服、燕尾服がどの程度まで集計されているかは不明である。

そこで一つの手がかりとなるのは『外国貿易概覧』一八九五年版の「外套、軍服」[11]という品目である。まず、陸軍被服廠の場合、東京本廠、大阪支廠、広島支廠の三工場が存在した。時期により異なるが、一九〇六年から一一年までの間の職工数の最大は、本廠で一五〇〇名、両支廠は一〇〇〇名という規模であり、衣服産業では極めて大規模である。[12]一九二四年の『工業統計表』は、対一九年比較の生産額が、大阪府は七・四倍、広島県は九・八倍と急増している。[13]これには、前年の二三年、関東大震災で東京本廠が壊滅的な打撃を受けた点が多少なりとも影響を与えたとみられ、大阪支廠と広島支廠に軍服生産が集中したことは想像に難くない。また、一九一〇年代・二〇年代における軍服受託生産の主産地には京都府・長崎県・神奈川県・東京府があげられ、大半の工場が海軍向衣料を製造していた。これらの工場の職工数は一二名以上一六四名以下であり、比較的規模は大きい。[14]以上、東京府、大阪府、広島県、京都府、長崎県、神奈川県の六府県については、「洋服及コート類」の一部に軍服が計上されているとみて間違いはなかろう。

次の手がかりは、当時の各種制服の利用団体・組織である。大阪洋服商同業組合編纂〔一九三〇〕(15)では、日清戦争以後に「洋服」の代表的な服制として制定された勅令などを元に、「海軍高等武官服制表」、「陸軍服制表」、「警察官及消防官服制表」、「鉄道院服制表」の四点が詳細に一覧化されている。軍服以外にも、警察官、消防官、鉄道員向けの制服なども洋服を構成する製品であったと考えられる。なお、同書によると、日露戦後には洋服が贅沢品であるとの認識は後退し、洋裁学校群の設立・普及へとつながった(16)。洋裁ブームを支えたミシンは、世界シェア八割といわれたシンガー社製を主とするが、一部にはホワイト社等の他社製もあったという(17)。

②ズボン形式――ズボン下・股引・猿股

『工業統計表』では「ズボン下」、「股引」、「申又」の三点が最も判別し難い。まず、申又と股引については、以下のような呼称の問題が存在する。申又とは、田中千代『服飾事典』等の辞書類からは、腰から太股までを覆う男性向の短い股引のことで股が割れているとされている(18)。しかし、『統計表』では、「襯衣及股引」が「裁縫製品」に、「申又」が「メリヤス製品」に区分されており、部門そのものが一致しない。

次に、柳田国男編『服装習俗語彙』によると、サルバカマ、サルベ、サルモモヒキ、サルモンペ等、「申」または「猿」と記されるズボンは、「自然の脚の形を見せる」(19)ものであるため、いずれもが膝丈となっている。したがって、申又が短い股引であるという田中の指摘は妥当である。

しかし、地域別の呼称の問題が残る。宮本馨太郎『かぶりもの・きもの・はきもの』によると、股引は、関西圏では縮緬・絹・木綿製いずれも、丈が長いものはパッチと呼び、旅行・作業用の丈の短いものを股引と呼んだ。これに対し、関東圏では縮緬・絹製のものをパッチ、木綿製のものは丈の長短に拘らず股引と呼んだ。初版の刊行された一九六八年を念頭に宮本は、「現在、股引・パッチともにその着用は廃れて、わずかに股引を着用しているのは、都市では鳶職・大工などの職人、地方では農民などで、一般にはメリヤス・化学繊維などを材料とする洋風の股引が広く着用されている」[20]とまとめている。メリヤスと化学繊維を同列に扱う点に若干の不安が残るが、少なくとも関西圏と関東圏で呼称に違いがみられるとの、宮本の指摘は重要である。

いずれにせよ、これらのズボンないしはズボン形式は、腰部から二本の筒状の生地が伸びた下半身を覆う衣料（下体衣）だと簡略化できるが、呼称の複雑さが上記のような問題として存在する。

第二節　戦時「繊維製品配給消費統制規則」の指定品目

（1）「繊維製品配給消費統制規則」の項目と一覧

一九四一年の商工次官通牒の「繊維製品配給機構整備要綱」（以下、「機構整備要綱」と略す）は第一類～第四類の四類に区分されたが、それぞれ下位項目をもっていない。翌年に公布施行された「繊維製品配給消費統制規則」（以下、「配給消費統制規則」と略す）には四種類の項目に下位項目が記され、およそ、第一類が「作業被服類」、第二類が「作業被服類」・「洋服類」、第三類が「和服類」と考えられる。また、第四類には「肌着及身廻用品類」が該当する。なお、「配給消費統制規則」で使用された「朝鮮服類」に該当する区分は「機構整備要綱」では使われていない。

「配給消費統制規則」で切符制の対象とされた繊維製品は、「織物類」、「和服類」、「洋服類」、「朝鮮服類」、「作業被服類」、「肌着及身廻用品類」、「運動用品類」、「家庭用品類」の項目である。これらのうち、「織物類」と「家庭用品類」を除く六項目が衣料品に該当する。この六項目に表記された品目を列挙したのが、表2である。

表2　「繊維製品配給消費統制規則」の衣料品目名

同上衣	1着	20
同ズボン	1着	12
国民服中衣	1着	10
男子外套	1着	50
国民服外套、団服外套	1着	40
学生用外套、学生マント	1着	40
レインコート(アノラックコートを含む)	1着	30
訓練用外被	1着	20
婦人ワンピース	1着	15
婦人ツーピース	1揃	27
同上衣(ボレロを含む)	1着	15
スカート(ジャンパースカート及スカートパンツを含む)	1着	12
ブラウス	1着	8
イヴニングドレス婚礼服	1着	30
スワガーコート(ヒーチコート、ハーフコート、ウェストコート及ケープを含む)	1着	20
婦人外套	1着	40
男子学童服の上下揃	1揃	17
同上衣	1着	12
同ズボン	1着	5
女児学童服の上下揃	1揃	17
同上衣	1着	12
同スカート	1着	5
学童用外套(子供用外套を含む)、学童用マント(子供用マントを含む)	1着	17
学童用レインコート(子供用レインコートを含む)、学童用雨合羽(子供用雨合羽を含む)	1着	12
スクールコート	1着	10
子供服	1着	12

〔和服類〕

	単位	点
袷(下着、袷長襦袢、綿入及丹前を含む)	1枚	48
単衣(単衣長襦袢を含む)	1枚	24
袷羽織、半纏、ネンネコ	1枚	34
単衣羽織	1枚	24
半襦袢(肌襦袢を除く)	1枚	16
裏附コート(被布を含む)	1枚	40
単コート	1枚	24
丸帯、長帯、腹合せ帯、袋帯、結帯	1本	30
名古屋帯、中幅児帯、軽装帯(吉弥帯、後室帯、五尺帯及六尺帯を含む)	1本	15
男帯、兵児帯、伊達巻、伊達締、腰帯、前帯、文化帯	1本	8
袴	1枚	24
二重廻し、インヴァネス、トンビ	1着	50
角袖、モジリ、マント	1着	40
抱蒲団(ベビーオクルミ及産着を含む)	1枚	6
甚平、伝知又は袖無(ジレー型及被布型を含む)	1枚	6

〔洋服類〕

	単位	点
背広、モーニング、タキシード、燕尾服またはフロックコートの三揃	1組	50
同上衣	1着	25
同チョッキ(編チョッキを除く)	1着	10
同ズボン	1着	15
詰襟服、折襟服または運動服(登山服、スキー服、乗馬服等)の上下揃	1揃	40
同上衣	1着	25
同ズボン	1着	15
国民服、団服、学生服または訓練服の上下揃	1揃	32

〔肌着及身廻用品類〕

	単位	点
長袖シャツ(ワイシャツ及開襟シャツを含む)	1枚	12
半袖シャツ、袖無シャツ	1枚	6
長ズボン下、長パッチ	1枚	12
半ズボン下、短パッチ、ステテコ	1枚	6
スウェーター、ジャケツ、ジャンパー(ノーリツコートを含む)編チョッキ、ジャージーコート	1枚	20
猿股(パンツを含む)、褌	1枚	4
コンビネーション、スリップ(ペチコートを含む)、シュミーズ、女生着	1枚	8
ズロース、ブルマー	1枚	4
肌襦袢	1枚	8
メリヤス製腰巻	1枚	12
布帛製腰巻(裾除を含む)	1枚	8
腹巻、胴巻	1枚	6
胴着、羽織下	1枚	16
パジャマ、バスローブ	1組	20
パジャマ、バスローブ以外の部屋着	1枚	40
手袋	1双	5
角巻	1枚	18
肩掛、首巻(ネッカチーフ及スカーフを含む)	1枚	15
半襟	1枚	1
帯揚、拘き帯、シゴキ、帯締、腰紐	1本	1
ネクタイ	1本	1
カラー、国民服襟	1本	1
カフス	1組	1
足袋(靴下足袋及び足袋下を含む)、足袋カヴァ	1足	2
靴下　靴下カヴァ	1足	2
学童用ソクレット	1足	1
ベビードレス、ベビーケープ、レギンス、ベビーロンパス、ベビーオーヴァ、オールベビーハキコミ、ベビーサックコート、ベビージレー、ベビーサマースーツ、ベビーフードケープ	1着	5

〔朝鮮服類〕

	単位	点
男子用上衣(チョコリ)	1枚	12
同下衣(パッチ)	1枚	14
同チョキ	1枚	5
同周衣(ツルマキ)	1枚	32
婦人用上衣(チョコリ)	1枚	8
同袴(チマ)	1枚	14
同周衣(ツルマキ)	1枚	28

〔作業被服類〕

	単位	点
労働作業衣(防空服を含む)の上下揃	1揃	24
同ズボン(胸当ズボン含む)	1着	10
同スカート(モンペ型スカートを含む)	1着	10
同上衣	1着	14
続服	1着	24
印半纏、法被、厚司	1枚	12
股引	1枚	8
腹掛	1枚	5
手甲、脚絆、ゲートル	1双	2
割烹着	1枚	8
前掛、エプロン	1枚	2
事務服、衛生服、料理服、法衣、神官装束又はその他の外衣	1枚	16
モンペ	1枚	10

〔運動用品類〕　単位　点

寝袋(シュラーフザック)	1枚	36
運動用シャツ	1枚	6
運動用パンツ	1枚	6
柔道着上衣、剣道衣	1枚	6
柔道着股、剣道袴	1枚	6
海水着	1枚	12
水泳褌	1本	2
ハンカチーフ	1枚	1
袖	1組	8
袖口	1組	1
涎掛	1枚	1
寝冷しらず腹当	1枚	2

出典：福田敬太郎・本田実『生活必需品消費規正』千倉書房、1943年、154～158頁。
注：衣料品および関連品目のうち切符制適用除外とされたものには、「帽子」、「ガーター」、「ズボン吊」、「乳バンド」、「コルセット」があった。詳細は、同上書、152頁を参照。

（2）特徴

いわゆる切符制・点数制の大まかな傾向は、奢侈品の点数を高くし必需品の点数を低くするというものである。さらに細かくみると、材料生地を多く利用するワンピース形態が高め、ツーピースの各部分は低めと設定されている。また機能性の高い「作業被服類」と「運動用品類」は全品目が低めに設定されている。多くが必要布地量の多いワンピース形態で機能性の低い「和服類」は、「朝鮮服類」や「洋服類」に比して全体的に高点数となっている。

①消費区分に基づいた戦時経済統制

同年代の生産統計である『工業統計表』(表1〔一九四二年〕)の区分が非常に簡潔化されたのに対し、「配給消費統制規則」では極めて細分化された。これは、戦時下の衣料品統制が前者にみられたような生地による区分(素材区分)ではなく消費区分に基づいたこと、そして、和服・洋服・朝鮮服といった衣服文化史的な大区分が採用されたことが要因である。

四二年に施行された「配給消費統制規則」は、繊維統制を土台に行なわれた衣料品生産・衣料品消費に対する統制(最終消費財への統制)であるため、すでに統制済みの衣料品原材料による区分は不要であり、別途の区分、すなわち消費区分が重視されたわけである。

②消費区分導入の意義

①に述べたとおり、消費される衣料品目は、生産される衣料品目よりもはるかに種類の多い用語で捉えられた。二〇世紀初頭には業界を中心に衣料品のカタカナ化が進行していったが、遅くとも一九四〇年代初頭には民衆レベルで表2のようなカタカナが理解されるようになったと考えられ、また、五〇年代以降にも使われる用語が一部に見られる。

戦時経済統制は消費管理を大きな目的としていた。かつて大熊信行は戦時経済政策の根本原理を「用途選択の原理」と判断した。福田敬太郎・本田実〔一九四三〕はこの点を敷衍し、この原理が消費統制政策にも貫徹されていると判断し、食糧品、被服品、家庭燃料、医薬品・衛生材料の分野にわたり戦時下特有の必需品と奢侈品の意味を再検討した(21)。戦時経済統制の消費区分とは、まずもって用途別区分だったのである。とくに衣料品の場合、用途別が意味したのは機能性の高低に他ならない。

③性別・世代別区分の導入

「朝鮮服類」や「洋服類」では、男子向け、婦人向け、子供向け、ベビー用といった用語もみられる。着用者の性別や世代で把握されている点も、この時期に出てきた新しい区分法である。先述したとおり、「繊維製品配給消費統制規則」は一九四二年二月二〇日に公布・即日実施されたが、二週間ほどを経た三月六日には若干変更され、「朝鮮服類」は「朝鮮服類及び支那服類」となり、下位区分で「朝鮮服類」と「支那服類」に大別され、いずれも「男子用」と「婦人用」に区分された(22)。

性別と世代別区分が必要とされた理由は、個々の衣料品の製造に必要とされる生地の基準値によって、衣料品の点数が決められたからである。具体的には、小幅織物一反が二四点、二幅織物一ヤードが四点、三幅織物一ヤードが六点、四幅織物一メートルが一〇点というものであった(23)。したがって、体格の異なる〔利用織物量に違いが出る）世代別と性別という区別が必要とされた。

たとえば、「洋服類」のうち、「子供服」やベビー用衣料には性別の区別は設定されておらず、学童服の場合は「男子」と「女児」という区別は設定されているものの、いずれも「一揃」が一七点、「上衣」が一二点、「男子ズボン」・「女児スカート」がいずれも五点となっており点数の違いはない。しかし、「男子外套」と「婦人外套」では点数が異なり、男性向けが一着五〇点、女性向けが一着四〇点とされた。また、「学生用外套、学生マント」は一着四〇点で「婦人外套」と同じ点数であった。性別による違いは、他にもいくつか確認される。たとえば、「朝鮮服類」では、「男子用上衣（チョコリ）」の一着が一二点であるのに対し、「婦人用上衣（チョコリ）」の一着は八点とされた。また、変更後に記載された「支那服類」では、男子用ワンピースが一着四〇点であるのに対し、婦人用ワンピースでは一着二七点とされた[24]。

④例外規則

「配給消費統制規則」第一七条では若干の例外が設けられている。まず、作業用・業務用衣料は別途の手続き（購入票の提出）が必要とされた。また、申請があれば衣料切符の追加を許可した例外もあった。一般的な条件には災禍による衣料品の損失や、外国居住者による内地旅行等が挙げられているが、女性に限定したものに二点の例外があった。一点目は「婚約ノ整ヒタル女子」、二点目は「妊娠五ヶ月以後の婦人」である[25]。

第三節　戦後『工業統計表』の出荷品目

（1）一覧

以下では戦後『工業統計表』の品目をみる。表3がそれである。戦前の統計項目（表1）と大きな差が出るのは一九四八年調査からであり、表3には四八年・四九年の二か年分を掲げた。

表３　戦後『工業統計表』登載の衣料品目名の推移（1948・49年）

〔1948年〕

中分類	小分類	細分類
紡織工業	メリヤス製造業	フルファッション靴下製造業
		丸編靴下製造業
		メリヤス外衣製造業
		メリヤス下衣製造業
		編手袋製造業
		他に分類されないメリヤス業
	帽子及び帽体製造業	フアーフエルト帽子及び帽体製造業
		ウールフエルト帽子及び帽体製造業
		麦稈帽子製造業
	前掲以外の紡織業	フェルト製品製造業（織フエルト帽子を除く）
		レース製品製造業
衣服及び衣裳用品製造業	洋服製造業	同左
	中衣及び肌着類製造業	同左
	和服製造業	同左
	衣裳付属品製造業	同左
	毛皮製品製造業	同左
	各種繊維製品製造業	同左

〔1949年〕

中分類	小分類	細分類
紡織工業	メリヤス製造業	フルファッション靴下製造業
		丸編靴下製造業
		メリヤス外衣製造業
		メリヤス下衣製造業
		編手袋製造業
		他に分類されないメリヤス製造業
	帽子製造業（布製及び婦人帽を除く）	フアーフエルト帽子及び帽体製造業
		ウールフエルト帽子及び帽体製造業
		麦稈帽子製造業

	その他の繊維製品製造業	フェルト製品製造業
		レース製品製造業
衣服及び身廻品製造業	男子青少年用衣服外衣及び外套製造業	同左
	男子青少年用衣服附属品、作業着及び関連製品製造業	同左
	婦人少女用外衣製造業	同左
	婦人小児用下着製造業	同左
	婦人用帽子製造業	同左
	小児幼児用外衣製造業	同左
	毛皮製品製造業	同左
	その他の衣服及び身廻品製造業	同左
	その他の繊維製品製造業	同左

出典：通商産業大臣官房調査統計部『工業統計表』各年版より作成。
注：1948年・49年とも「フェルト製品製造業」は正確には「フェルト製品製造業(織フエルト帽子を除く)」。

帽子などの一部に素材別区分が崩れる傾向が見られるものの、メリヤス製、皮革製、織物製の三種に大別する区分は戦前の『工業統計表』から継続されている。第一節に述べた分類のうち、メリヤスと帽子は「紡織工業」へ、裁縫は「衣服及び衣裳用品製造業」へ、皮革は「皮革工業」へ再編された。

表の作成にあたっては、「紡織工業」、「衣服及び衣裳用品製造業」から衣料品に関する品目を取りあげた。ただし「紡織工業」のうち、繊維・糸・生地はすべて省き、メリヤス製衣料品と帽子のみを、「衣服及び衣裳用品製造業」は全品目を取りあげた。

「細分類」が導入され細分化が図られているものの、表3の「同左」が示すように当年で詳細になったとは言い難く、一種類のみが細分類に記載される場合も多い。このことは一九四九年版にも当てはまる。

(2) 特徴

①戦前からの素材別区分の維持

先述したとおり、メリヤス製、織物製などの素材の区別によって衣料品の大部分が組み込まれている点は戦前『工業統計表』と同じである。また、メリヤスと帽子が「紡織工業」に組み込まれ、紡績・織物・染色整理等と同列に扱われている。

②戦時経済統制からの性別・世代別区分の導入

前節で述べたとおり、一九四二年に公布された「繊維製品配給消費統制規則」によって性別・世代別区分が導入された。これらの区分が戦後の『工業統計表』にも確認されるようになった。「繊維製品配給消費統制規則」では男子、婦人、学生、学童、ベビーという区分であったのに対し、一九四九年版『工業統計表』では「男子青少年」、「婦人少女」、「婦人小児」、「小児幼児」と区分された。

③細分類の違い

次に、小分類と細分類においては、メリヤス製と織物製ではやや次元が異なっている。表3を一見して分かることだが、メリヤス製品は小分類に「メリヤス製造業」とされ、細分類に各衣料品目が記されているのに対し、織物製品では、すでに小分類の段階で各衣料品目が記されている。

メリヤス製品には原料糸から最終製品まで編み技術のみで生産される編立（戦後の用語では丸編）と、メリヤス生地を編みあげた後に裁縫工程を経て最終製品が生産される裁縫（戦後の用語ではフル・ファッションやカットソーなど）とに大別される製造工程の違う製品がある。しかし戦前から、メリヤス製品は生地生産も、編立・裁縫の両衣料品生産もメリヤスという同一区分内に集計されてきた。この背景から、小分類で一旦メリヤス製品という区分が維持される必要性があったと考えられる。

これに対し、皮革製衣料品と織物製衣料品は、原料糸から直接に生産されることはなく、皮革生地や織物生地という素材から裁断・縫製を経て衣料品となる。この点でメリヤスよりも工程が分かりやすい。したがって、皮革製衣料品と織物製衣料品には紡織工業という括りが不要であり、小分類の時点でメリヤス以上の細分化が可能なのである。

「衣服及び衣裳用品製造業」の場合、細分化の兆しは性別や世代別の区分の採用から始まっている。メリヤス製衣料品と織物製衣料品では「外衣」と「下衣」（ないし「下着」）という区分が明記され始めたことや、帽子では婦人用のみが織物製へ、フェルト帽子・麦稈帽子が「紡織工業」内の「帽子製造業」へ分離区分されたこと等が、一九四〇年代末の特徴である。

一九四八年版・四九年版『工業統計表』で「衣服及び衣裳用品製造業」に「毛皮製品製造業」が包含されている点が少し注意を要する。「革製履物製造業」と「革製手袋製造業」が「皮革工業」に区分され、「毛皮製品製造業」が「皮革工業」内に区分されていない点をどう理解するかが問題となる。辛うじて現段階でいえることは、たとえば毛皮コートのような毛皮付き織物製衣料品が「衣服及び衣裳用品製造業」に区分されているという推測のみである。(26)

工業統計調査は一九五八年以降、「産業分類改訂」を五年前後の間隔で行なうようになっていく。一九五八年版では、メリヤス製品において丸編・たて編・横編といった生産方法による区分が加味された。皮革製品は大きな変化がなく、織物製品は、性別・世代別の区分と「作業服」・「学校服」といった用途別区分が踏襲された。

小　括

本章は二〇世紀前半の統計項目名から衣服用語の多様性を概観した。戦前の『工業統計表』は素材別に生産者の業種を区分したものであったが、戦時期の「繊維製品配給消費統制規則」には消費者側の言葉に沿った形で項目が記され、その数は増加し比較的多かった。戦後の『工業統計表』ではこれを一部踏襲し、分類項目数では遠く及ばないものの従来の素材別という大区分のもとで、性別・世代別・用途別といった消費者側に沿った項目へと細分化した。

二〇世紀前半にさまざまな衣服が商品化され、戦時経済統制期にはあらゆる種類の衣服が商品化された。第Ⅱ部では藤本仕立店の事例から衣服商品化の時間的展開を詳しくみていく。

（1）当時、ニット足袋の生産が可能であったとしても、これはメリヤス製品に区分されているはずであり、「足袋」には包含されていないとみるべきである。

（2）一九三九年版のフェルト帽子で「ウール製」と「ファー製」という素材区分が形成された理由には、一九三七年の日中戦争の開始による羊毛（ウール）の輸入急減、兎毛（ファー）の輸出制限設定（「臨時輸出入許可規則」一九三七年、商令二三）、屠殺制限（「家兎屠殺制限規則」一九三九年、農令三七）、および使用制限（「兎毛皮使用制限」一九三九年、農令六三）等が考えられる。兎毛の詳細は、中外商業新報経済部『全解　商品統制の知識（続）』（千倉書房、一九四〇年）を参照のこと。上記の法令名・公布年・商令は統制法令研究会編『統制法全書』（教育図書、一九四二年）を参照した。

（3）東洋レーヨン株式会社『レーヨンとステープルファイバー並に当社の沿革と現況』一九三九年、七頁。

（4）同上書、六頁。

（5）「貿易管理に伴うわが産業界の動向――輸出入調整法と産業政策」『中外商業新報』一九三七年一一月一日付。参照は神戸大学附属図書館デジタルアーカイブ「新聞記事文庫」。

（6）商令二五が毛製品、商令三五が綿製品。

（7）時期別の品目別生産府県数の増減と特定府県への集中など衣服産業にみられた地域偏差は岩本真一『ミシンと衣服の経済史――地球規模経済と家内生産――』思文閣出版、二〇一四年、第二部二章を参照のこと。

（8）本章第三節に詳述するように、戦後の統計区分には「裁縫品」の一部に毛皮製衣料が記載されるようになるが、あくまでも「裁縫品」の大半は織物製品であったと理解してよい。

（9）なお、同じく『外国貿易概覧』の一九〇七年版では「洋服シヤツ」という呼称が用いられている。背広用ワイシャツは、「洋服及コート類」ないしは「襯衣及股引」に包含されていると考えられる。
(10) 原巷隠（池田憲之助）『各種営業小資本成功法』第三版、博信堂、一九〇八年、一七頁。
(11) 大蔵省主税局編『外国貿易概覧』一八九五年版、八六四頁。
(12) 被服廠職工数の詳細は岩本『ミシンと衣服の経済史』一八二頁を参照のこと。
(13) 全国平均は二・七倍である。「洋服及コート類」動向の詳細は岩本『ミシンと衣服の経済史』二一六・二一七頁を参照のこと。
(14) 岩本『ミシンと衣服の経済史』一八四頁。
(15) 大阪洋服商同業組合編『日本洋服沿革史』一九三〇年。
(16) 日露戦後の洋裁普及や洋裁学校設立をミシンとの関係で述べた叙述は次を参照のこと。岩本『ミシンと衣服の経済史』八九頁、一四二〜一四三頁。
(17) 大阪洋服商同業組合編『日本洋服沿革史』一八七頁。
(18) 田中千代『服飾事典』増補版、同文書院、一九七三年、三五九・八六三頁。
(19) 柳田国男編『服装習俗語彙』国書刊行会、一九七五年、六一頁。初版は一九四〇年。
(20) 宮本馨太郎『民俗民芸双書　かぶりもの・きもの・はきもの』新装版、岩崎美術社、一九九五年。
(21) 福田敬太郎・本田実『生活必需品消費規正』千倉書房、一九四三年。
(22) この変更では素材レベルで「織物類」が「織物類及莫大小生地類」とされた。メリヤスが生地と衣料品に区分されることは以前からあったが、織物生地とメリヤス生地が同一区分に入るのは、本章で検討した『工業統計表』では皆無であった。
(23) 福田・本田『生活必需品消費規正』一五三頁。
(24) 以上、点数は福田・本田『生活必需品消費規正』一五五〜一五六頁、一六二頁。
(25) この例外規則の意図は、本章で参照した統制関連の文献からは一切確認できないので仮説にとどまるが、婚約・結婚・妊娠・出産という流れと戦時期の「産めよ増やせよ」の背景を想定して、妊娠時における女性保護・赤子保護を目的とした臨時配給であったと考えられる。ただし、「妊娠五ヶ月以後」という規定には検討の余地が残る。

（26）このような皮革製品の二項目への分離区分が戦前の『工場統計表』ですでに適用されていたと仮定するならば、筆者が分析した戦前の衣料品の素材別生産動向（『ミシンと衣服の経済史』一七五頁）は、織物製が下方へ、皮革製が上方へ修正され、織物製衣料品、メリヤス製衣料品、皮革製衣料品という戦前の素材別産額順序も見直される必要があるが、数値的に少額にとどまるとみられ、訂正の必要はないと考えている。以下、その根拠を述べる。

中外商業新報経済部『全解　商品統制の知識（続）』（二二八頁）によると「兎毛皮」の一九三六・三七・三八年の輸出額は、それぞれ、三、七五三、三九三円、二、九四八、三六七円、二三二円であった。三八年の激減は「臨時輸出入許可規則」（一九三七年、商令二三）の影響である。当時の「兎毛皮」はほぼ全面的に軍需であり、「兎毛皮」の用途からして内需は少なく、対中輸出、とりわけ寒冷地である旧満洲方面への輸出中心であったと考えられる（同上書二二三頁）。通商産業大臣官房調査統計部『工業統計50年史資料編２』（大蔵省印刷局、一九六二年）によると、大半が織物製であると考えられる「裁縫品」の当該年の生産額は、一九三六年が二九、五〇一、六九八円、三七年が三三、九九三、八四二円、三八年が四一、三〇三、七三八円であった。この比較から、「兎毛皮」が「裁縫品」の一割前後を占めるにすぎないことが確認される。次に、「裁縫品」に区分されている「洋服及外套類」のすべてを毛皮製品であると仮定し、この生産額を「裁縫品」から差し引き「皮革製品」へ算入させた場合でも、一九一九年から四二年までの間に「皮革製品」が「裁縫品」を超えるのは一九三九年のみ、また、「メリヤス製品」を超えるのは、一九三九～四二年のみであった。年数的にみても毛皮製品が当時の衣料生産の主流になったとは考えにくい。また、一九三九～四二年の期間は、繊維・衣料統制の実施時期にあたるが、「洋服及コート類」の急増には、織物製の軍服や軍用コート（毛皮未使用）の増産も十分に考えられるのであり、毛皮製品（特に軍用毛皮コート）のみが「洋服及外套類」の生産額を上昇させたとは考えにくい。

以上の理由から、試算は過小評価されるべきであり、拙著の指摘を大きく修正する必要はないと考える。

第Ⅱ部　戦時体制と衣服産業の再編

第Ⅱ部は藤本仕立店の動向を時系列を追ってみていく。第Ⅰ部でみたように、同店は一九世紀末の創業以来、綿織物を主な生地としてさまざまな和服仕事着を製造販売していった。一九一〇年代になると柔道着の製造販売を始め、三〇年代には学生服を仕入販売するようになった。

仕事着、柔道着、学生服はそれぞれ販売先を異にしていた。第四章では仕事着と柔道着を、学生服は第六章に取りあげる。

仕事着の販売圏は兵庫県内の生野街道・播但鉄道沿線の小売店であり、二〇年代になると鉱山会社を直接の顧客とし一括で販売するようになった。柔道着は藤本仕立店店主の政吉が師事した柔術家(田辺又右衛門)の人脈を通じて兵庫県下と大阪府下の学校や道場を中心に販売圏を確立した。この販売圏の拡大は、柔道が教育・スポーツとして全国規模で普及したことに連動していた。学生服は兵庫県下の学校を中心に販売した。

一九三〇年代後半、とくに戦時期になると、衣服産業は最重要たる兵器産業に次いで重要視された。第六章にみるように、戦時期に大阪府、岡山県、広島県の衣服産業が頭角を現し、経済統制の進展とともに兵庫県の低位が鮮明になった。第六章・第七章では、藤本仕立店が商業組合参加の強化や工業組合の拡大を積極的に行ない、自店舗を合資会社、有限会社へと転換させた点と、材料配給が断続的であり、自家生産比率を大きく下げて経営規模が大幅に縮小した点について詳しく述べる。

また、一九四二年に姫路市内では第二海軍衣糧廠が開庁し、同衣糧廠には下請を担う民間協力工場や学校工場が無数に存在したが、藤本仕立店の関与する組合に発注はなかった。商工省の統制目的である物流や生産の合理化は機能せず、商工省主導と軍部主導による二重統括が顕在化していた。こうした政府側と民間側との落差についても第六章・第七章を中心に言及する。第八章は同店の資産動向を確認し、経営難に陥りながらも事業を継続しえた要因を探る。

第四章　一九三〇年代までの販売圏の展開とその背景

二〇世紀初頭、すでに衣料品の商品生産は地域的にも種類的にも広範であった。換言すれば衣料品生産の市場経済化ははっきりと進んでいた。藤本仕立店は一九一〇年頃に柔道着の製造販売、二〇年代に生野鉱山・明延鉱山の直接顧客化、三〇年代に学生服の仕入販売に着手していく。いずれの場合も鉱山・学校・道場などの大規模な顧客と直接に取引するようになり、一括大量販売を実現していった。

立ち入って販売圏をみると、そのあり方は仕事着、柔道着、学生服で異なっている。藤本仕立店はどのような販売圏を展開し、それら製品の販売市場をどのように形成したのか。本章では仕事着と柔道着の販売地域や購入者の広がりを具体的に掘り下げ、創業から一九三〇年代にいたるまでの販売圏と顧客層の展開を追う。学生服については、仕入販売をもととして戦時経済統制期に展開するので、第Ⅱ部第七章で取りあげる。

「大福帳」で市郡別に区分された販売地域ごとに記載全期間の出荷額合計の上位五市郡を降順に記すと神崎郡、朝来郡、養父郡、赤穂郡、揖保郡である。図1によると、一九〇〇年代から藤本仕立店の販売圏は朝来郡や養父郡へ広がり、一〇年代になると神崎郡の比重が高まる。赤穂郡と揖保郡には〇九年から一五年まで出荷の形跡がみられない。一〇年代後半からは「その他」の地域が増加し、販売圏が拡大したことがみてとれる。

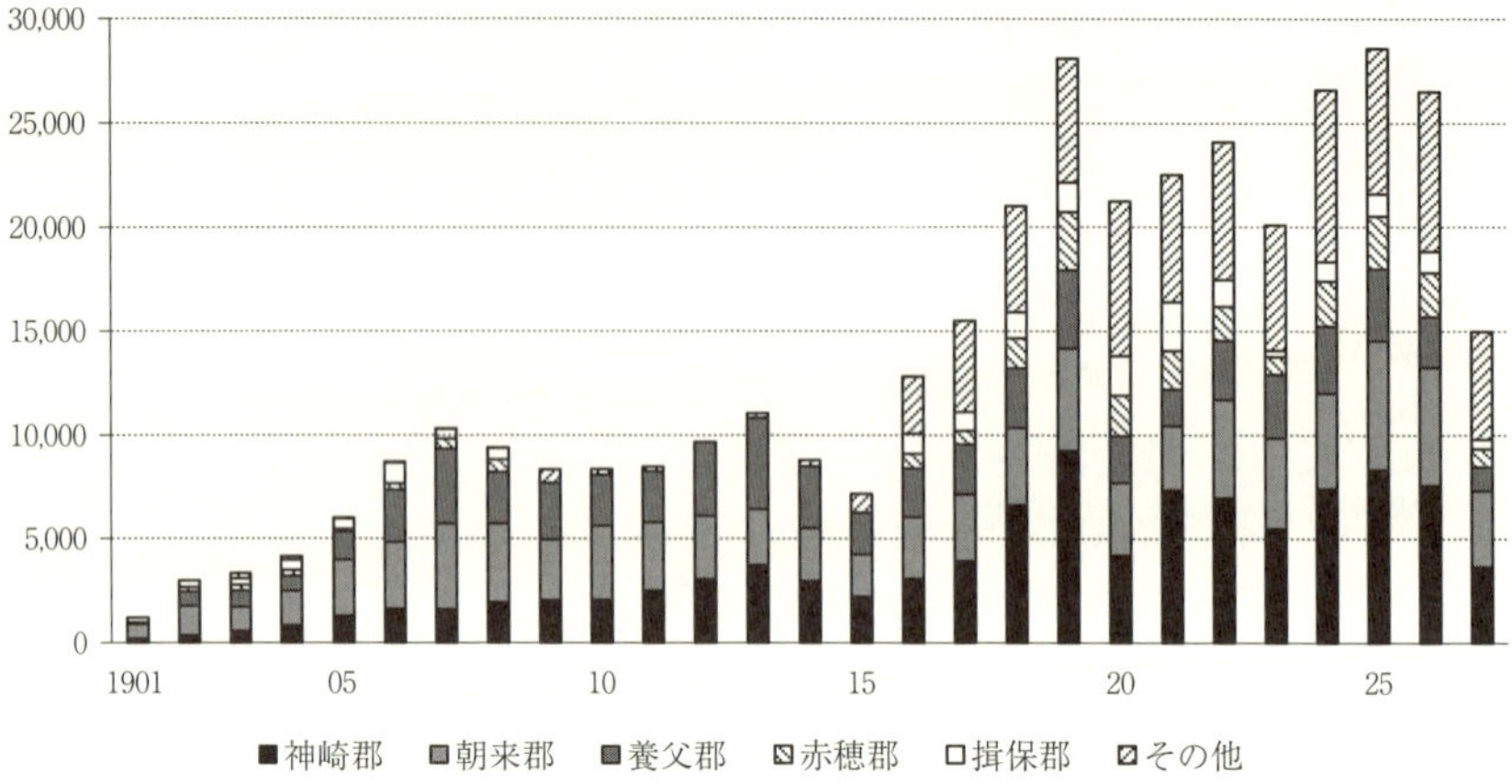

図1　出荷額からみた販売圏の趨勢と拡大（1901～1927年、円単位）

出典：藤本家文書「大福帳」。

注1：「大福帳」の記載は1927年8月末に終了。

2：「その他」は合計額降順に大阪市、姫路市、不明、神戸市、有馬郡、飾磨郡、岡山県、加古郡、城崎郡、津名郡、美方郡、豊岡郡、多紀郡、加東郡、飾磨、加西郡、宍粟郡、多可郡、武庫郡、滋賀県、東京都、出石郡、京都府、大阪府、韓国京釜線、佐用郡、明石市、河内、飾西郡。

「大福帳」の記載が終了した一九二七年八月以降、戦時経済統制関連の調査対象となる三七年までの約一〇年間にわたり、仕事着、柔道着、学生服の取扱動向を伝える史料がほとんど存在しない。そこで記載終了前の「大福帳」から推察すると、しばしば述べてきたように「大福帳」にはある程度まとまった出荷を「〆」や「送〆」と一括して記載することがある。「〆」や「送〆」の頻度は〇四年まで五〇件ほどに留まったが、〇五年以降は毎年約一五〇件から二五〇件超にまで達した。記載終了の直近四カ年をみると、二四年で二〇一件、二五年で二七七件、二六年で二五〇件、二七年で一六四件である。これらの記録は出荷製品数の拡大を推察させるが、一九三〇年代の状況を知ることができないので、以下では他の史料も用いて述べる。

第一節　仕事着の卸売販売圏

(1)　顧客層

藤本仕立店の顧客は取引回数の多少や取引期間の

表1　藤本仕立店から製品を購入した商人例

市郡	住所	氏名	業種
神崎郡	川邊村	池内安太郎	荒物商
朝来郡	和田山村	枚田四郎右衛門	醤油醸造業(呉服)
	生野町	岩宮良蔵	呉服太物商
	〃	安保萬助	〃
	梁瀬町梁瀬	夜久伊平	呉服太物洋反物諸織物類
	竹田村	松浦重之助	洋反、太物、雑貨商　木綿屋
	八鹿町上網場	佐々木甚左	呉服太物雑貨商
養父郡	八鹿村	山根源助	醤油醸造業(呉服)
	〃	岸政七	〃
	廣谷村	太田垣善九郎	呉服太物商
赤穂郡	上郡町	津村辰治郎	呉服洋反太物
揖保郡	龍野町	小田佐五治	呉服太物商
	斑鳩村	三木庄右衛門	呉服商
姫路市	鍛冶町	籠谷長蔵	乾物藍干魚商
加古郡	加古川町	長谷川宇平	呉服太物商
	〃	西崎謙治	〃

出典：『日本全国商工人名録』第二版(1898年)、増訂五版(1914年)、『兵庫県商工人名録』1914年、『昭和五年版　大日本商工録』大日本商工会編纂(1930年)より作成。

長短によって二つの層に大別できる。第一に取引回数が多く取引期間の長い小売店顧客、第二に取引回数が少なく小規模な取引の顧客である。後者には小売店を営む者も確認されるが、これらがその小売店を最終顧客としていたのか、あるいは小売店の顧客を最終顧客として出荷していたかは分からない。

「大福帳」からは後述の個人顧客と違い小売店顧客の業種は得られないので、『日本全国商工人名録』(以下『人名録』)を参照して小売店顧客を把握する。表1によると「醤油醸造業(呉服)」や「呉服太物商」などと兼業する者が多い。たとえば朝来郡の岩宮良造や安保萬助は朝来郡生野町で呉服太物商を営んでいた。岩宮へ藤本仕立店が出荷した製品は二四年間で約九三〇〇円分(年間平均三八六円)にのぼる。岩宮は「大福帳」で「生野奥銀谷」「奥銀山」と記されることがあり、播但鉄道から東に広がる銀山町の一角に店舗を構えていた。安保萬助も「生野奥銀谷」に営業し、時には岩宮とともに「生野消防組（岩宮様、安保様）」と記されることから、藤本仕立店からの製品を岩宮と安保が受け取り、生野消防組に渡していた場合もある。

次に、「大福帳」と『揖保郡指要』から個人顧客を一覧にしたのが表2である。小売店には長期取引が多くみ

表2　藤本仕立店から製品を購入した商人・個人顧客例

市郡	住所	氏名	業種
神崎郡	土師村	前田幸平	木綿商
	粟賀郵便局	辻井英治	郵便局
	—	萩原	陸軍調馬師
	中仁野村	清瀬㐮蔵	角屋
	川辺村	内藤庄治	川口屋
	溝口	岩太郎	車夫
	—	萩原	重國中学校教師
	寺前駅前	石堂浅吉	丸合運送店
	鶴居村	岡田秋蔵	飛脚
朝来郡	—	長瀬倉蔵	銀山車夫
	—	長瀬福松	銀山飛脚
	—	上山	宍粟店員代理
	新井駅前	内藤運送店	内藤運送店
	森垣村	稲田屋	旅館
養父郡	八鹿村	片岡	カスミ屋
赤穂郡	上郡	山口重吉	古物商
揖保郡	日山村	石原重吉	龍野日山買屋事
	—	西尾庄之助	古着屋
	龍野町河原町	松本量三	木綿厚司製造販売「姫路屋」
加古郡	加古川町	森田四郎	仕立屋
	加古川	拋田藤四郎	仕立屋
—		福田政吉	車夫
		宮本	線路工夫

出典：藤本家文書「大福帳」、播磨生産品品評会編［1911］。
注：「—」は無記載。

られるが、個人顧客は断続的な取引に終わる場合が多い。個人顧客は「大福帳」からいくらかの情報が得られる。「銀山車夫」「銀山飛脚」のような生野銀山周辺で就業していた車夫や飛脚、「丸合運送店」「内藤運送店」のような運送店およびその従業員、「線路工夫」「中学校教師」「調馬師」などである。彼らの取引規模は小さく、多くは自分用に購入していた。

顧客には同業者も存在した。加古郡で「仕立屋」を営業する森田四郎と拠田藤四郎、揖保郡で「木綿厚司製造販売」を行なう松本量三（屋号「姫路屋」）らである。松本の場合、消費者に対し衣料品を製造販売すると同時に、同業者の藤本仕立店から仕事着や足袋などを仕入れて販売していた。

一九三〇年代の「商人注文帳」からは右の商店の一部と継続して取引していることがわかる。また新規顧客も見られ、特に洋服店がたびたび確認されることからは、いわゆるテーラー（tailor）が取扱製品を多角化していたことを推察させる。また、柔道着・学生服の顧客として学校が繰り返し記載されるようになるが、柔道着については第二節で検討する。

（2）鉱山との取引とその背景

①生野鉱山の市場化

生野鉱山発着の貨物量は近世から大きかった。馬車道として機能した旧生野街道は「道路粗悪の為運賃の嵩むことも莫大であった」(1)が、一八七三年に工部省が馬車街道の敷設を国会に稟議したことから新街道敷設は実現に向かう。敷設の目的は生野鉱山発着の貨物輸送の円滑化であった(2)。

一八九六年に生野鉱山は宮内省御料局所管から三菱合資会社に払い下げられ、さらに巨大な鉱山都市を形成していった。「口銀谷町は市川に沿ひ、戸数四百あまり、生野校・生野分署・生野駅・鉱山の工場などがあつて、郡内（朝来郡内――筆者注）第一の都会である。鉱山は生野銀山ともいひ、三菱合資会社の所有で、年々多くの金・銀・銅を産する。なかでも銀がもつとも多い。口銀谷・奥銀谷は全くこの鉱山のためにできた町」であった。[3]一九〇〇年代初頭に広義の「生野町」と呼ばれていた区域は、口銀谷町、新町、小野町、奥銀谷町、相沢町、白口町、園山村、竹原野村、上生野村、黒川村、猪野々村、森垣村、真弓村の一三町村が含まれた広域な一帯であった。[4]これらのうち真弓村や森垣村は「今日生野街道の名を残し、又真弓森垣間の橋梁には時の支庁長の名を取って盛明橋と命名して、名残を留めて居る」[5]と記されるように生野鉱山の代表的な村であった。

②鉱山との取引

藤本仕立店は生野鉱山や明延鉱山の周辺小売店へ仕事着を販売しており、販売圏は播但鉄道沿線から鉱山へ入り組んだ地域にも及んだ。第Ⅰ部第一章で検討したように同店は運送業者を利用し、鉄道だけでなく馬車街道（生野街道）も用いて販売圏を展開した。

一九二三年からは「生野鉱山用務係」や「生野鉱山」といった顧客名が「大福帳」に記載されるようになり、腹掛、パッチ、シャツ、靴下などが出荷された。多数の従業員を擁する大規模な顧客へ一括で大量販売する傾向が確認される。取引は一年で数度にわたり、一回の出荷額は二桁になることが多く、大口顧客の一つとなった。出荷総額は三六円（二三年）、一四一円（二四年）、二六五円（二五年）、七〇二円（二六年）と年々増加傾向にあった。戦時経済統制下の調査によると三八年一月から六月にかけて藤本仕立店は「三菱鉱業株式会社生野鉱山明延鉱山」と「県下小売商店」に向けて「甲駈付脚絆」を一三二〇組、「甲駈ナシ脚絆」を二六三六組、「手甲」を三三八〇組販売した。[6]鉱山との取引はこの頃まで継続された。

第二節　柔道着の小売販売圏

（1）出荷額にみる柔道着の比重

図2は、柔道着の出荷額比率の推移を記したものである。柔道着以外の取扱製品は便宜上「柔道着以外」とした。

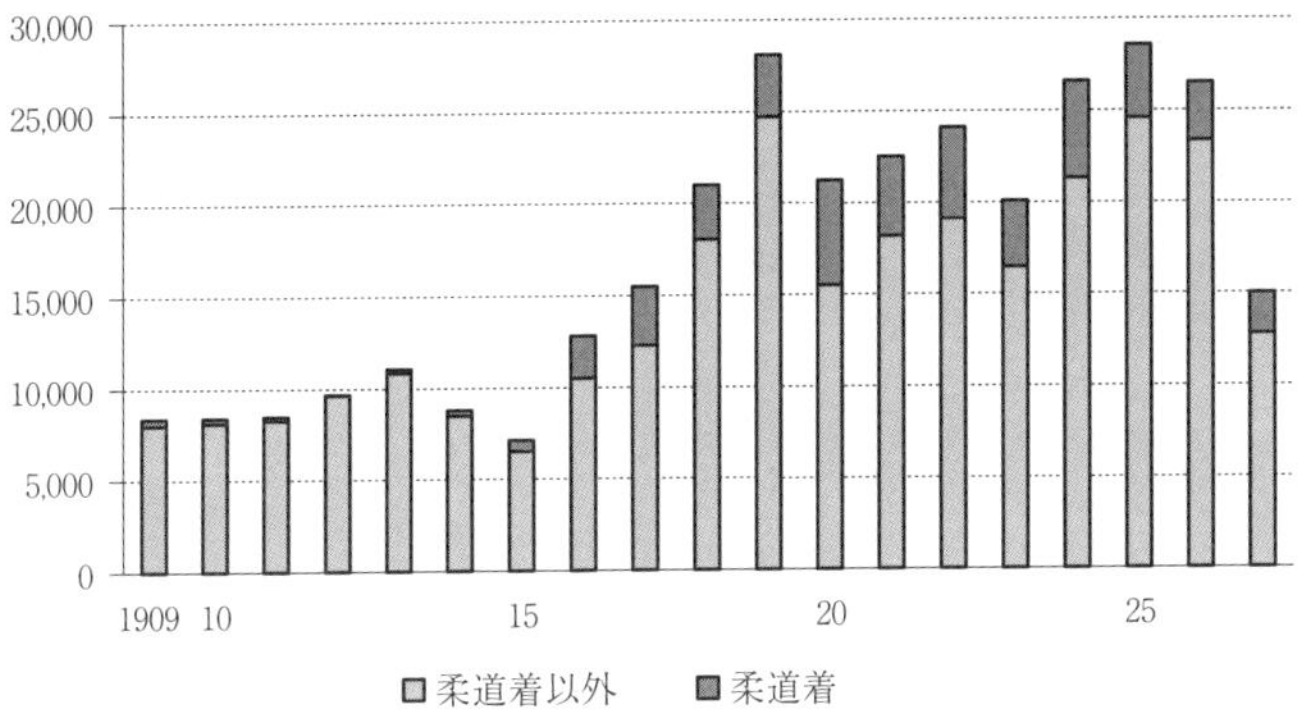

図2　出荷額にみる柔道着の比重（1909年～1927年、円単位）

出典：藤本家文書「大福帳」。

注1：「大福帳」の記載は1927年8月に終了。

2：小数点以下は四捨五入。不明分（「仕事着他」で通算5448円96銭8厘、「柔道着」で通算210円7銭）は無視。

3：「〆」や「送〆」うち、下記の点から柔道着に該当すると判断できる場合は、本表では「柔道着」に集計。史料からは製品名が判別できないが柔道着の顧客の場合、松本量三、岩宮良蔵、住中金次らといった一部を除き、仕事着を購入しないケースがほとんどなので、柔道着の購入と考えられる。たとえば、三田中学校をはじめとする学校、さらには、学校教師・道場教師、警察署などの場合である。取引日によっては、製品名（柔道着、柔道又、白帯、茶帯等）が記載されている場合も存在する。したがって、これら顧客に「〆」「送〆」などの記載がある場合は柔道着と判断した。

柔道着の取扱を開始した一九〇九年の出荷額は三八二円で出荷総額の四・六%に過ぎず、一四年まで五%未満にとどまる。一五年になると九・〇%に上昇し、一六～一九年は一〇～二〇%を上下し、二〇年には二七・一%に達した。二一～二四年までは二〇%前後を維持し、二五年・二六年は一〇%台前半となった。とくに一六年以降に柔道着の占める割合が高まったことが明らかである。

後述する学校顧客の私立三田中学校が柔道科目を導入し、個人顧客の柔道家田辺又右衛門らが柔道教育に関与するなど、一〇年代半ばは柔道界が大きく発展した

表3　柔道着出荷先一覧(1909～27年の出荷額合計)

顧客名	顧客種	合計	顧客名	顧客種	合計
三田中学校	学校	2,954	石田松三	—	46
福間多賀太	—	2,785	吉植末吉	教師	43
藤守徳	—	2,541	藤守俊行	—	42
田辺又右衛門	教師	2,406	松本量三	商店	38
山村清助	商店	2,069	福崎警察署	警察	28
八掛中学校	学校	1,482	石田商店	商店	25
堀永與志	—	1,277	山本精三	教師	21
豊岡中学校	学校	1,032	神戸三菱造船所	企業	17
堀理吉	教師	947	松岡呉服店	商店	16
市岡中学校	学校	879	浜坂尋常高等小学校	学校	16
成錦堂文具店	商店	785	尚文堂	商店	13
富士原文信堂	〃	779	紺田□	—	12
伏見辰三郎	教師	644	金沢清太郎	—	9
島内警察署	警察	506	岩宮良造	商店	8
小林文具店	商店	427	太田警察署	警察	6
岡田正大堂	〃	288	大徳幸吉	教師	6
加西実業学校	学校	199	戸張瀧三郎	〃	6
関西学院消費組合	〃	169	岩沢善太郎	商店	5
天毛洋服店	商店	151	三輪運動具店	〃	5
岡崎鷹衛	教師	142	吉田才造	—	5
有馬農林学校	学校	130	北条小学校	学校	5
自彊学院	学校	129	小野幾太郎	教師	5
小山商店	商店	110	武田五六	〃	4
彦根工業学校	学校	93	西野田職工学校校友会	学校	4
安田徳潤堂	商店	85	藤本スミ	—	4
竹田小学校	学校	68	八尾中学校	学校	3
池田為治	—	64	福間広太	教師	3
森政二	—	62	四条畷中学校	学校	2
日置隆介	教師	52	小川太良四郎	商店	2
警察署(若松町)	警察	48	住中金次	〃	1
龍野中学校	学校	47			

出典：藤本家文書「大福帳」。
注1：「合計」の単位は円。小数点以下は四捨五入した。
　2：「顧客種」の「—」は不明。
　3：集計にあたり「顧客名」は所属名や組織名を個人名に優先した。詳細は次のとおり。「豊岡中学校柔道教師佐古盛彰」→「豊岡中学校」、「堀先生」→「堀理吉」、「本田宗太郎(自彊学院長)」→「自彊学院」、「八掛中学校販売店」「岡本正一郎　矢掛中学校購買部」「中山英三郎」→「八掛中学校」、「浜坂尋常高等小学校　永富祐蔵」→「浜坂尋常高等小学校」、「前川市三郎」→「四条畷中学校」、「中山英二　龍野中学校柔道教師」→「龍野中学校」、「阿部由英　西野田職工学校校友会」→「西野田職工学校校友会」、「穐田鹿造　太田警察署巡査」→「太田警察署」、「小澤退助　神戸三菱造船所内倉庫係」→「神戸三菱造船所」へそれぞれ算入した。

時期であった。以下では、顧客層から柔道界の動向を探ろう。

表3は藤本仕立店の柔道着出荷先を出荷額合計降順に並べたものである。「顧客種」は学校、警察、企業、教師、商店に分けた。「顧客名」は所属名や組織名を優先させたが、田辺又右衛門のように指導先の道場や学校を転々とした人物は個人名にした場合もある。商店のなかには松本量三や岩宮良造のような仕事着の長期顧客も一部に確認されるが取引規模は大きくない。それらの商店が醬油醸造業や衣料品店などを兼業していたことは前項に確認した。商店には他に成錦堂文具店、冨士原文信堂、三輪運動具店などの文具店・運動具店がある。これらは学校や道場の近くに位置していたと思われる。

(2) 学校顧客にみる柔道教育の形成

表3から三田中学校、八掛中学校（矢掛中学校）、豊岡中学校、市岡中学校などの学校顧客が確認される。顧客は主に公立の中学校や小学校などであるが、私立学校でも柔道教育が導入されていたことが三田中学校をはじめ、関西学院消費組合や自彊学院など(7)の顧客名からうかがえる。

藤本仕立店が最も多く出荷した三田中学校（有馬郡）は中学一年生のみ四学級をもって一九一二年に有馬郡に開校した(8)。同店との取引は一九一六年四月二日から始まり、柔道着六〇点と白帯一〇〇点、一週間後の九日に柔道又一〇〇点が出荷された。翌一七年にも四月・五月に集中して出荷された。以後二七年まで毎年一〇〇点から二〇〇点ほどが主に二月から五月にかけて三田中学校へ出荷された。また、関西学院消費組合（武庫郡西宮町）とは一五年と一六年の取引で、判明分だけで柔道着のセットと撃剣着のセットがそれぞれ七〇組と三〇組出荷された。自彊学院（大阪市東区）の場合は本田宗太郎（自彊学院長・大阪市東区空堀四丁目）名義や系列校の桃山中学校名義にも出荷され、いずれかとの取引が一五年から二五年まで（一七年除く）確認される。記載の多くは「〆」

「送〆」であるが、柔道着、柔道又、白帯のセットや「教師用衣股」（柔道着・柔道又一組）が稀に記されている。このうち桃山中学校名義は一九一五年四月のみで、約二六〇円分が一括して出荷されている。自彊学院または本田宗太郎名義への出荷金額は最小額が一八年の一一円五〇銭、最大額が二四年の七八円四九五銭であった。

　このような柔道着取引の広がりには一九一〇年代における学校柔道の展開が背景にあった。〇四年から翌〇五年にかけて文部省は普通教育の体操遊戯に剣道（撃剣）と柔道を組み込む是非を検討していた。導入に際し体育目的か武士修養目的かで議論は分かれたまま、一五歳以上の男子正科として中学校以上の学校に一般的に課すると結論された(9)。佐藤〔二〇〇六〕によると、一九一一年の中学校令施行規則や一九一二年の師範学校規程の一部改正により剣道と柔道は体操科の科目に加えられたが、これらを指導する教員が不足し、剣道や柔道の教員資格

表4　藤本仕立店の柔道着納品実績（1937～39年、着単位）

所在府県および学校名		37年	38年	39年
兵庫県	私立三田中学	200	200	200
〃	加古川中学	130	140	127
〃	洲本中学	150	108	132
〃	姫路中学	125	112	103
〃	龍野中学	100	100	100
〃	飾磨商業	81	87	110
〃	姫路商業	84	90	86
〃	北条公民学校	80	82	78
〃	荒川小学校	76	80	71
〃	小野中学	75	76	73
〃	赤穂小学校	65	75	50
〃	尾崎小学校	63	68	57
〃	城東小学校	64	53	61
〃	姫路夜間中学	50	50	50
〃	三田農林	50	50	50
〃	城南小学校	44	41	48
〃	野里小学校	42	45	42
〃	兵庫師範	64	61	—
〃	船場小学校	31	38	46
〃	二見小学校	33	35	42
〃	洲本商業	35	35	35
〃	那波小学校	50	50	—
〃	姫路高校	30	26	35
〃	鷺城中学	—	65	—
〃	下里小学校	20	35	—
〃	賀茂小学校	—	30	—
京都府	膳所中学	60	85	—
岡山県	矢掛中学	75	52	—
新潟県	小千谷中学	52	65	—
山口県	萩中学	30	35	—
合計		1,802	1,917	1,596

出典：藤本家文書「柔道衣用綿布配給申請陳情書(控)」。

を持たない教員も多く指導にあたったという。[10] 次項に述べるように藤本仕立店には武術家たちの顧客もおり、彼らが柔道指導のために道場だけでなく公立中学校にもしばしば赴任したのには教員不足という事情があったのであろう。

一九三〇年代にかけて柔道着の学校顧客は増加していった。時代は下るが、柔道着用綿織物の配給陳情を目的に一九四一年七月三〇日付で兵庫県知事坂千秋に宛てられた「柔道衣用綿布配給申請陳情書」によると、藤本仕立店は三七年から三九年にかけて自店舗で製造した柔道着を表4の学校顧客に納品していた。

表3と表4によると、私立三田中学、有馬農林学校（一九二二年に三田農林学校へ改称）、八掛（矢掛）中学、龍野中学の四校が一九一〇年代・二〇年代から継続した顧客であった。そして、三〇年代にかけて姫路市内を中心とする兵庫県下の小中学校の販売先を増加させ、柔道着の販売圏を確立していった。

また、柔道着の販売圏は学校以外に別の経路をもった。表3の「教師」たちをつうじて紹介された別の学校、警察、道場、企業などである。藤本仕立店の顧客となった柔道教師たちがどのような経歴や職歴をもち、二〇世紀前半の柔道界を形成していたかを以下に探る。

（3）　個人顧客にみる柔道産業の形成

①田辺又右衛門

第二章図4「藤本仕立店の新案柔道稽古襦袢」（八五頁）は藤本が製造していた柔道着の広告であった。これには「田辺又右衛門先生考案」「製造発売元　藤本政吉商店」とあり、藤本の製造と田辺の設計とを組み合わせた製品で、「各武徳会支部並ニ各学校御採用」品であった。第三章図2「山村商店の広告（一九一一年）」（一一二頁）は同店が藤本政吉商店柔道着部の代理店であると明記し、藤本仕立店は「大日本武徳会教士田辺又右衛門先生考

表5　田辺又右衛門の略年表

西暦	出来事
1869年	出生。
1880年	長尾小学校卒業。
1881年	三備各地へ巡回稽古。
1882年	岡山大会で優勝。
1886年	大阪で半田等に師事(在留2年間)、京・紀伊・尾張・伊勢へ歴遊。
1888年	帰郷直後に徴兵され広島歩兵第21連隊に入営。
1889年	師団招魂祭柔道大会で優勝し、上等兵に進級して帰休を受命。
1890年	警視庁柔道教師に就職し、先輩の山下義韶・戸張瀧三郎・今井行太郎・佐藤法賢ら講道館所属教師たちに勝負を挑み、繰り返し勝利。
1894年	広島衛戍監獄教官を受任、東白島町に興武館を開場、日清戦争に出征、警視庁柔道教師に再任。帰郷し盛武館の家塾を継承し不遷流4代目に就任、同時に小田矢掛方面へ出回り教授。
1898年	伊丹小西修武館の依頼で教師に就任し剣道を並習。
1899年	大日本武徳会から精錬を進号ついで教士を進号。
1903年	姫路市に移住、中学・師範学校・警察・武徳会で教師を兼業、盛武館を開場、接骨院を開業。
1909年	神戸市に移住、遷武館を開場し接骨院を開業。
1912年	西播龍野町に移住、その際、警察・武徳会・中学校の柔道受持ち教授を中山英三郎へ譲渡。
1920年頃	長谷川観山に師事し書道を学習。
1945年	神戸空襲に罹災。
1946年	死没。

出典：中山英三郎[1955]、9・10頁。土屋角平編[1908]、序言「大日本武徳会制定柔術形取調報告」。

案」の「大日本武徳会御制定新型」「柔道稽古着製造所」[11]であることを示していた。

表5は田辺又右衛門の略年表である。田辺又右衛門は不遷流柔術四代目の柔術家で、三代目田辺虎次郎の長男であった[12]。又右衛門は岡山から姫路へ一九〇三年に移住し、中学・師範学校・警察・武徳会で教師を兼業する一方で、盛武館を開場し、同時に接骨院を開業した。〇六年六月付と七月付で盛武館本部世話係が「盛武館月謝受領証」を政吉に発行していることから、〇三年から〇六年五月までの間に二人は知り合い、師弟関係に入ったとわかる[13]。その後〇九年に神戸市へ移住し、大日本武徳会兵庫支部（諏訪山武徳殿）で主に警察官を対象にした柔術指導に就き、遷武館を開場して接骨院も開業した。断続的ではあるが、又右衛門は神戸に移った後にも藤本仕立店から柔道着を購入した。

②吉植末吉

前項(2)で確認したように、一九一〇年代・二〇年代から継続した顧客に私立三田中学、有馬農林学校、龍野中学があった。また、出荷額は小さいが八尾中学校も含めると、これらの四校で武道の教鞭を執ったのが吉植末吉である。表3には個人名義で四三円の出荷も確認される。

『現代有馬郡人物史』（一九一八年）によると吉植は一九〇三年に龍野中学で柔術と剣術の代理教員となって以来、学校を転々としながら剣道と柔道を教えた。〇八年四月からは大日本武徳会有馬支所で柔道・柔術・薙刀術の嘱託教員となり、同月に大阪府立八尾中学校で柔道の嘱託教師ともなった。また、同〇八年八月三一日に有馬農林学校で柔道・剣道教師に兼任として着任した。〇九年一月には田辺又右衛門から免許秘極五巻を伝授された。一二年四月からは三田中学校柔道・剣道教師を嘱託された。これらの学校・道場のうち『現代有馬郡人物史』の著された一九一八年当時に吉植が勤務していたのは大日本武徳会有馬支所、有馬農林学校、三田中学の三か所である[14]。

吉植の略歴と「大福帳」とを突き合わせると、まず、吉植末吉名義で行なわれた取引は一九一四年一月三〇日に柔道着二着他二四円二五銭分、一六年三月三日に柔道着一五点と生地（河内太口木綿）五疋の合計三六円分の二回である。次に吉植の勤務した上記学校・道場との取引期間を列記すると、龍野中学は一七年と二〇年、八尾中学校は一六年、有馬農林学校は二一年、三田中学校は一六年から二七年までとなる。有馬農林学校と三田中学校の二校で柔道を指導していた期間に藤本仕立店が両校へ出荷した柔道着は吉植の武道授業に利用された可能性が高い。

先にみた田辺又右衛門はそれ名義で出荷されることが多かったが、吉植末吉の場合は勤務先へ出荷されることが多かった。いずれにしても、両者の家宅や勤務校への出荷は藤本仕立店にとって柔道着製品の販売圏の拡大を示すものであった。以上のことから理解されるように表3に示された個人顧客には組織を代表した購入者がいた。そのうち柔術家であった人物は田辺又右衛門や吉植末吉以外にも確認される。その顧客たちをもとに当時の柔術界の動向を以下にまとめる。

③大日本武徳会と武術家

柔術や剣術（撃剣）をはじめとする各武術の諸流派は、型の形成、段位制・段級制の導入、道場の展開、武道用語の普及を通じて二〇世紀転換期に急速に制度化された[(15)]。諸武術・諸流派を統合した最大の組織が大日本武徳会である。一八九五年に設立された武徳会は、柔道だけでなく剣道・合気道・弓道などのさまざまな武術・武道を扱い、巨大な公的団体となっていった。平安遷都一一〇〇年紀念祭における武徳殿での武術家たちの演武行事が武徳会の発端であったが、京都府知事や京都府警部長が全国規模への拡大を企図し、皇族軍人小松宮彰仁を総裁に据え、日本各地での武徳殿造営、武徳祭開催、演武場設立、武術講習実施などの制度化を図った。設立数年後には毎年一〇万人を超える会員を獲得し[(16)]、一九〇一年に会員数は一五〇万人に達した[(17)]。

諏訪山武徳殿ともいわれる武徳会兵庫県支部設立はかなり遅く、〇七年四月一六日に設立された四四番目の府県支部であった。〇九年に武徳会は財団法人化し、この年に兵庫県下会員数は九八、五〇〇人を数えた[18]。

藤本仕立店の柔道着個人顧客には田辺又右衛門以外にも堀理吉、伏見辰三郎、日置隆介らがいた[19]。武徳会会員名簿である村上晋編〔一九一二〕・平岡編〔一九三七〕と照合すると顧客の一部に大日本武徳会会員がいたことを確認できる。その一覧が表6である。

大日本武徳会は警察官を主たる会員としていたが、道場経営者や柔道教師も全国規模で加盟していた。つまり、諸柔術の流派を問わず武徳会に加盟している武道家が多数いた。そのうち最大の流派は一八八二年に設立された講道館柔道であった。そして、他流派の筆頭とされたのが不遷流柔術四代目の田辺又右衛門である[20]。その頃までの柔術界は他流試合や道場破りが多く、田辺も表5に示したとおり一八九〇年に講道館柔道教師たちと試合を行なった[21]。

武徳会は種々の流派の種々の形を統一するために有力柔術家一九人を委員に集め、一九〇六年七月二七日から八月二日まで乱捕形の投技一五種と固技一五種を審議させた[22]。この委員に田辺も選ばれ固技を担当した[23]。この頃には武徳会内部で講道館柔道と他流諸柔術が均衡した状態になっていたと思われる[24]。

藤本仕立店が柔道着を初めて販売したのは一九〇九年である。この年、大日本武徳会だけでなく講道館も財団法人化した[25]。前年の〇八年に講道館は柔道着を変え、従来の大袖の半袖繻袢と膝上股引との組み合わせを止め、洋服を援用した筒袖の繻袢と膝下一〇センチほどの股引に改めた[26]。第二章図4「藤本仕立店の新案柔道稽古繻袢」（八四頁）を田辺又右衛門が考案したのは講道館への対抗だったのかもしれない。

小括

日露戦後の姫路経済界は神戸財界との連携を重視する派閥と旧姫路市域内の連携を重視する派閥に二分されていたといわれる[27]。藤本仕立店は後者を指向するような取引関係を材料調達や製品販売の面で有していたが、商品調達には製造だけでなく仕入も導入しており、仕入取引圏は県域を超えていた。また製品によっては販売圏も県域を超えることがあった。

販売圏の広域化は主要取扱品目によって異なった。第Ⅰ部第二章でみたような袢纏やシャツなどの仕事着は神

生年	出身	住所
1869年*	岡山県玉島市	①兵庫湊町、兵庫三川口町
1880年	—	①大阪市北区西野田
—	—	—
1879年	岡山県岡山市	①大阪市西区九条通
—	—	—
—	—	①東京市小石川区下富坂町
1863年	—	①北区堂島 ②兵庫県河辺郡伊丹町
1866年	埼玉県	①大阪市北区柴田町
—	岡山県高梁市	①北区南同心町1丁目
—	岡山県玉島市	—
1875年	岡山県御津郡	③岡山市弓ノ町

表6　藤本仕立店の武術家顧客(1909年～27年)

顧客名	出荷回数	称号		職業・勤務先	流派・所属道場
田辺又右衛門	142	教士 1906年	範士 1927年	閑谷黌教師(岡山県) 東京警視庁 広島陸軍衛戍監獄教師 武徳会兵庫県支部教師	不遷流 興武館道場設立(広島市) 遷武館*道場設立(神戸市)
伏見辰三郎	51	精錬 1913年	教士 1923年	①教師 八尾中学校	大東流
佐古盛彰	40	—	—	①豊岡中学校柔道教師	—
堀理吉	40	精錬 1916年	—	①大阪府立今宮職工学校	起倒流 堀道場設立(大阪)
中山英三郎	15	—	—	①矢掛中学校教師	矢掛不遷流
日置隆介	11	—	—	—	(棒術)
山本精三	6	精錬 1907年	—	—	盛武館
戸張瀧三郎	4	教士 1905年	範士 1927年	東京警視庁	天神真楊流 講道館
岡崎鷹衛	3	—	—	高梁中学校教師 天満警察署 今宮中学校 東商業 西商業学校 新宮中学校	不遷流
小野幾太郎	1	—	—	龍野中学校教師	不遷流
武田五六	1	—	教士 1927年	茨城県水戸刑務所 岡山県警察柔道教師 (①巡査教習所) 矢掛中学校教師	—

出典：①藤本家文書「大福帳」、②村上晋編[1921]、③平岡勇三編[1937]、④中山英三郎[1955]、9・10頁、⑤金光彌一兵衛[1958]、⑥くろだたけし[1980]、57頁。

注：「職業・勤務先」と「住所」は①「大福帳」の記載事項を優先。さらに職業・勤務先には④を利用し、「住所」には②・③を利用した。②・③に①と異なる市郡区が記されている場合は併記。

崎郡・朝来郡・養父郡などの播但鉄道沿線地域に向けて面的に販売された。最大の顧客は生野鉱山や明延鉱山の周辺小売店であった。この販売圏の展開は裏を返せば大きな人口を抱える神戸市を圏域に組み込めなかったと評価することもできる。

これに対し、第三章図2にみたように、揖保郡龍野に営業する山村商店は一九一一年の時点で田辺又右衛門のデザインと藤本仕立店の裁縫によって製造された柔道着を販売していたが、本章で明らかにしたように、柔道着の販売圏は田辺の移動とともに神戸市を超え兵庫県東部や大阪府下へ拡大していった。柔道着の販売圏は学校、道場、警察という特定かつ大規模な顧客に焦点を当て、播但鉄道や東海道線から隔たったそれら近代的な組織に向けて展開した。

序章でとりあげた竹内則三郎（一九〇九）や『工場通覧』（一九一一）等の人名録からは、足袋やシャツ仕立のような同業者が姫路市内に存在したことがわかる。そのため、藤本仕立店は生野鉱山を直接の顧客とするにいたったが、独占的な供給主体とはなりえなかった。他方で柔道着販売は兵庫県をはじめ近隣諸府県に対しても優位な立場にあったと考えられる。第七章史料4「柔道衣用綿布配給申請陳情書」（二七二頁）によると一九四〇年代に兵庫県下で唯一の柔道着製造所であったことがわかる。

学校のような近代的組織は所属する者を一か所に集めてさまざまな作業を行なう。学校や道場や警察は藤本仕立店の柔道着を購入し、柔道の練習を行なった。組織の規模が大きくなり整備されていくなかで必要とされる、何らかの作業を行なう制服の製造・販売が衣服史では重要となる。藤本仕立店の場合は各種仕事着にくわえ、柔道着を導入することで経営発展を遂げた。

しかし、全国規模での急速な衣服産業の発展は事態を複雑にしている。次々章では戦時経済統制の展開を追いながら、柔道着以上に学校で多用された制服、すなわち学生服を取りあげ、その産地が迫りくる戦時経済において配給確保の面で優位な立場に立った経緯を明らかにする。

その前に次章では、戦時経済統制の複雑な動向を追い、衣服産業の置かれた状況を明らかにしたい。

(1) 太田虎一『生野史第1校補鉱業編』柏村儀作校補、生野町、一九六二年、九二頁。

(2) 馬車街道の建設は工部省が自ら官吏を派遣して「接続民有地」の「買収交付」を行ない、国会(正院)から豊岡・飾磨二県に命令する形で展開された。二年後の一八七五年には「運砿馬車道ノ咽喉ナル廻漕物陸揚場(飾磨津中ノ地)狭隘ナルヲ以テ、其接続民有地反別七反九畝七歩ヲ買収シテ之ニ充ツ」と、買収を重ねて敷設地を確保した。着工は国会への稟議に先行して一八七三年七月に開始され、一二里一五町三間にまで拡張した時点で土工を減らし、三年後の七六年八月に終了した。生野鉱山は幕末に産出銀量を著しく落としていたといわれるが、七五年から隣接地の買収によって応切山や先若山をはじめとする鉱山を拡張しながら、官舎一二棟の設置(同年)、混淆所に三二樽の製鉱器の設置(七六年)などを行なうことで近代的な鉱山形態として機能していった(以上、太田虎一『生野史第1校補鉱業編』九一頁)。

(3) 高橋芳太郎編『郷土誌』枚田尋常高等小学校、一九一〇年、三二～三三頁。

(4) 木村発編『朝来志』巻三、一九〇三年、一頁。

(5) 太田虎一『生野史第1校補鉱業編』九二～九三頁。

(6) 藤本家文書「鉱山その他労働者用脚絆・手甲製造実績調の件通知並報告書」。甲駈とは足袋や脚絆の足首部分に付いた爪型の留め具(甲馳とも)。

(7) 一九〇八年一二月、桃山中学校の校長を務めていた浅野勇が大阪市東区清水谷西之町に中学予備校を開校し、翌〇九年一月に自彊学院と改称した。初代学院長は本田宗太郎である。同学院校舎は一一年に改築され、北側二区画が清水谷西之町、南側一区画が空堀通三丁目となった(「大福帳」には「東区空堀四丁目」)。自彊学院は夜間学校で、桃山中学校教員をはじめ他校から教師が招聘された。開校当初は英語科と予備科があり、予備科は〇九年四月に中学科と数学科に変更され、中学科三年以下は桃山中学校編入科の性格をもっていた(以上、桃山学院百年史編纂委員会『桃山学院百年史』一九八七年、一五一～一五三頁)。

(8) 三田中学校の一九一二年開校時は中学一年生のみで四学級であった。開校にあたり小寺謙吉校長の下で教頭以下八人の教員が採用された。その一人が吉植末吉であった。ただし、開校までに属任した教諭に末植は記されておらず、着任は若干遅れたものと思われる。以上、苦瓜・永田・門野・橘・辰己・田尻編『三田学園四十年史』三田学園、一九五二年、一九〜二〇頁・一二六頁。
(9) 井口あくり・可児徳ほか『体育之理論及実際』国光社、一九〇六年、四一三・四一四頁、附録一・二頁。
(10) 佐藤宏拓穣「国士館専門学校における武道教員養成の研究」『武道学研究』第三九巻二号、二〇〇六年、一八頁。
(11) 播磨生産品品評会編『揖保郡指要』伏見屋書店、一九一一年、八一四頁。
(12) 巌津政右衛門「不遷流と児島」倉敷史談会『倉子城』第一三号、一九七八年、六頁。これによると不遷流五代目は田辺輝夫である(同六頁。金光彌一兵衛『岡山県柔道史』一九五八年、八七頁)。藤本仕立店の柔道着顧客の一人である中山英三郎は三代目虎次郎の四男で又右衛門の実弟である(巌津政右衛門「不遷流と児島」七頁)。中山は幼い頃に田辺家から中山家へ養子に出され、長男又右衛門との年齢差が二〇歳ほど離れていたため、又右衛門はもとより次兄武四郎に対しても「兄弟の情宣よりも寧ろ門下として師弟の情が深いやうに思はれる」と述懐している(中山英三郎「不遷流柔術名人田辺又右衛門先生」吉備文化発行所『吉備文化』第六号、一九五五年、九頁)。
(13) 藤本政吉は一二年に初段、三七年には三段を取得した(藤本家文書「不遷流柔術一級・初・三段允許状」)。
(14) 以上、藤本薫編『現代有馬郡人物史』三丹新報社、一九一八年、一三八〜一三九頁。
(15) 段給制の普及は次に詳しい。井上俊『武道の誕生』吉川弘文館、二〇〇四年、四九〜五三頁。
(16) 坂上康博「大日本武徳会の成立過程と構造――1895〜1904年――」『行政社会論集』第一巻三号、一九八九年三月、六六頁・六八頁・七九頁。
(17) 井上俊『武道の誕生』一〇四頁。
(18) 山内直一編『神戸市要覧』一九〇九年、一二四頁。
(19) 講道館図書資料部への聞き取りによると、日置隆介は講道館の棒術指導者であり、取引は一九二三年の一一月二五日、一二月二五日、翌二四年二月二九日の三回にわたり、それぞれ、二二円三五銭、二一円、八円五〇銭となっている(取引日不明分除く)。大正末期から昭和初期にかけて講道館(東京都小石川区下富坂町本部)では他武術との交流教授が行なわれていた経緯から、日置は講道館と関係をもったと思われる。
(20) 金光彌一兵衛『岡山県柔道史』八六・八七頁。
(21) 戸張瀧三郎との試合は以下に詳しい。くろだたけし「名選手ものがたり・8　不遷流田辺又右衛門」『近代柔道』ベースボール・マガジン社、一九八〇年六月号、七五頁。表5には掲載していないが磯貝一との試合については以下に詳しい。金光彌一兵衛『岡山県柔道史』八六頁。
(22) 「大日本武徳会制定柔術形取調報告」、土屋角平編『大日本武徳会制定柔術形　乱捕之巻』便利堂、一九〇八年。この著書は大日本武徳会柔術形の規範書（乱捕・型・投技一五本、固技一五本の写真資料）である。
(23) 土屋編『大日本武徳会制定柔術形　乱捕之巻』五～八頁。
(24) 大日本武徳会では講道館柔道と他流諸柔術の対立よりも、武徳会自体と講道館との確執が熾烈で、それはとくに段位付与に関してであった。この点は井上『武道の誕生』一一七頁。溝口紀子『性と柔――女子柔道史から問う――』河出書房新社、二〇一三年、三二～三四頁に詳しい。
(25) 柔道大事典編集委員会編『柔道大事典』アテネ書房、一九九九年、六四二頁。
(26) 藤堂良明・入江康平・村田直樹「柔道衣の形態と色に関する史的研究（その1）」『武道学研究』第三〇巻三号、一九九八年一月、四三頁。
(27) 籠谷直人「姫路財界の二派」『姫路市史（第五巻上・本編近現代1）』姫路市役所、二〇〇〇年、七三〇頁。

第五章　戦時経済統制下の衣服産業

長島修〔一九八六〕が述べたように、平時に比べ資料の公開が大きく制約されていたため[1]、戦時経済史研究の進捗状況は芳しくない。本章はこうした状況を打開すべく、戦時経済統制下の衣服産業の位置づけを試みる。まず、大きな課題として工業組合・商業組合と有限会社の位置を明確にし、配給機構の流れや軍部との関係を明らかにする。とくに組合と有限会社の区別の必要性を第二節で述べる。

第二の課題は、経済統制が組合中心主義から会社中心主義へと転換していく流れをふまえ、衣服産業とのかかわりから、多様で複雑な統制関連法令を整理することである。戦時経済統制とは、日本帝国が日中戦争から太平洋戦争へと戦線を拡大させるにつれて、軍需品の製造流通を円滑にして軍需物資を確保するために行なった民需物資や民間企業の軍需転用政策である。戦時経済統制の諸法令は頻繁に公布・改正されたため、一連の関係法令や類似法令は朝令暮改[2]や机上統制令[3]とよばれた。

それら諸法令は膨大なだけでなく法令内容そのものも複雑であった。これらへの対応に民間の工場や企業は忙殺されたが、そもそも民間業者が網羅的に対応できる数ではなかった。一九三七年から四一年までに「国家総動員法関係勅令」で七〇件が、「輸出入品等臨時措置法による商工省令」で二四九件が公布・施行された[4]。すなわち、五年ほどの間に三〇〇件以上もの戦時関連法令が施行されたことになる。

第一節　繊維産業と衣服産業にみる経営体転換

戦時経済統制下の繊維産業は全体としてみれば収縮部門であったが、このうち衣服産業は軍需衣料品の必要によって拡大傾向にあった。(5)そのため戦時期には紡績業部門や織物業部門から衣服産業部門への転業や進出が活発となった。具体的には陸軍被服廠の下請や指定工場に転じた工業組合や業者、配給代行人を担った織物商社などがあった。

(1)　繊維産業の統制の概要

戦時経済統制下の繊維産業の経営体（経営上の立場）転換は断片的に事例が報告されてきた。すでに高橋久一〔一九七四〕は繊維部門を中心に企業整備（企業合同）の実態を捉え、毛織物業界は「日本毛織物元売商業組合が指導的立場に立って行なった実績主義に基づく自主配給統制期（一九三八年・三九年）」から、「各種の組合が全て解散し統制会・統制会社が一元的な配給統制を行なった国家的配給統制期（四〇年以降）」へ転換したと理解した。(6)

また、山崎志郎〔二〇一二〕は、その第一一章で、繊維関連の中小商工業の国家主導による企業整備を取りあげ、織物業と小売業の整備を全国的視野で概観した。そこでは繊維製品も含めた第一次小売業整備の実績を示し、一九四二年度までの商工省所管の整備率が概ね三〇〜四〇％を占めたことを明らかにした。(7)中小企業の整理統合は裁縫業界でも活発だったと推察できる。

（2）繊維産業から衣服産業への進出

さらに近年、個別事例をもとに戦時統制の繊維産業・衣服産業に対する影響も知られるようになった。紡績業では渡辺純子〔二〇一〇〕[8]、綿織物業では山崎広明・阿部武司〔二〇一二〕[9]が経済統制の影響と企業の対応について明らかにした。戦時期に衣服産業が拡大した類型は、（1）織物業者による衣服産業進出、（2）紡績会社による衣服産業進出・裁縫工場買収、（3）衣服産業自体の転換の三点に大別される。

まず、織物業者の衣服産業進出は全国的にみられた現象であった。一九四〇年当初、「各種織物の生産ならびに配給の激減と、公定価格一杯の取引による業者側の営業妙味薄とから、従来斯かる布帛製品または既製服に手を染めなかつた商工業者が、競つて之等の製品化したものを自ら製造もし販売もし出した」[10]。絹織物業では軍用蚊帳、羽布、パラシュート、防空暗幕へ転業した地域があり[11]、綿織物業では山崎・阿部〔二〇一二〕が指摘した備後織物業者の衣服産業への進出があげられる。

一方、紡績業者による衣服産業の包摂あるいは進出は織物業に比して若干遅れた。渡辺〔二〇一〇〕によると、一九三八年七月の輸出入リンク制の導入以後、大紡績企業は紡績部門に頼るだけではなく、織布、染色・加工部門の買収を強め、やがて東洋紡績、敷島紡績、日東紡績のように裁縫工場を買収する企業もあった[12]。東洋紡績と子会社の東洋染色による、帆布工場や洋服工場の買収は四三年に集中している。両社は四三年以降、天幕製品や作業着などを陸海軍から受注し、自社工場にミシンを設置して軍の下請工場となり、衣服産業へ進出した[13]。染色加工業の軍需化にともない、陸海軍が縫製品での納入を強く要求するようになったためである[14]。四三年一一月頃に東洋紡績では天満工場をはじめ、浜松工場（ミシン五〇〇台）、姫路工場（ミシン二〇〇台）などを裁縫工場化し、軍服・軍需衣料品の縫製品の納入を行なった[15]。

（3）衣服産業内部の経営体転換

最後に、衣服産業内部の経営体転換をみよう。山崎〔二〇一二〕によると、群馬県下の下請工業、東京府下の製靴業、京都府下の西陣織物工業などが、すでに一九三七年度に工業組合として陸軍被服廠から受注をしていた（陸軍の下請系列化）[16]。これは衣服産業では比較的早期の転換事例で、多くの場合は織物業者の衣服産業進出と系列化より遅れていた。

たとえば、当時のワイシャツ業界で屈指の地位にあった蝶矢シャツの場合、代行店業務（配給業務代行人）に従事するようになったのは実に一九四二年秋頃のことである。その前後の経緯を蝶矢シャツ八十八年史刊行委員会編〔一九七四〕[17]から記すと次のとおりである。三八年六月公布の「繊維製品販売価格取締規則」により綿の晒無地の製造加工が禁止されたために、蝶矢シャツは人絹生地および柄物生地によるワイシャツ製造へ変更し、四一年末頃には大日本国民服株式会社の国民服販売を開始した。翌四二年秋頃には東京支店営業部や大阪本店が代行店業務に従事し、東京工場が指定工場化され、枚方工場[18]が軍需工場化した。同年一〇月の日本衣料配給統制会社設立により、衣料・衣料品関係の製造販売が政府管理に一本化されてからは、内地の蝶矢シャツよりも上海市の蝶矢洋行が業務主体となった。

蝶矢シャツのように商工省や軍部と密接な関係をもち代行業務化や指定工場化した企業は一貫してワイシャツ製造を続けることができたが、政府や軍部とそのような関係をもたなかった藤本仕立店は前章で述べたように自家生産比率を下げながら営業を続け、やがては、次章で述べるように特定品目の取扱停止や経営体の転換を迫られた。

第二節　戦時経済統制下における組合と有限会社の区別の必要性

蝶矢シャツ以外にも衣服産業内部の経営体転換の事例は、いくつかあげられる。その一つが一九三〇年頃から衣服産業へ進出し、戦時経済統制下で営業を継続した備後織物業者である。山崎・阿部〔二〇一二〕によると、一九四一年一一月七日に公布された「布帛製品関係工業組合整備ニ関スル件」（一六繊局第七二〇九号、商工省繊維局長通牒）[19]を機に、事業継続のためには単独または企業合同が一企業あたりミシン五〇台以上を所有することが要求された[20]。それを受け四二年一月に広島県被服工業組合と広島県布帛工業組合が設立され、単独で要求を満たせなかった組合参加業者は自社工場から固有名を廃して「備後第十二被服有限会社」のような番号付き有限会社となり、陸軍被服廠広島支廠の監督工場や管理工場へ転換したか同支廠の下請となった[21]。

山崎・阿部の論点からは工業組合設立と有限会社設立が連動したような印象を受けるが、一九四二年一月の両組合設立に先行して有限会社が設立された事例も同書から複数確認される。たとえば、旭巴被服（四一年に有限会社へ統合）、中塚被服（四一年に有限会社を設立）、マルヤ（同）、渡辺被服（同）である[22]。

この事情をどのように理解すべきか。次章第四節に詳述するとおり、一九四二年一月二〇日に公布され即日施行された「繊維製品配給消費統制規則」では工業組合加入が自社営業の要件とされた。同時にその工業組合員は有限会社・株式会社・代行直営工場などの単一企業体であることも要件にされた。旭巴被服などの四一年設立の事例のように有限会社化が工業組合設立・加入に先行する業者もあれば、四二年一月の広島県両組合設立時のように有限会社化が同時か遅れる業者もあった[23]。藤本仕立店の場合は、工業組合設立・加入後に有限会社化が行なわれた。

このような観点から、以下では工業組合と有限会社との関係を明確にしていく。そのためには、戦時経済統制が工業組合中心主義から単一企業中心主義へと移行した経緯をたどり、工業組合・商業組合や有限会社の意義を明らかにする必要がある。

次に注目したいのは、山崎・阿部の取りあげた備後織物業者の佐々木家である。同家は一九四二年五月に四人の同業者と備後第一二被服有限会社を設立し、民需衣料品を製造する一方で陸軍被服廠広島支廠の「下請工場」になった[24]。下請工場は「外業部[25]」とも自称し、佐々木家の有限会社設立は軍需衣料品の製造販売に結実した。

この有限会社化は、一九四一年公布の「布帛製品関係工業組合整備ニ関スル件」に規定されたミシン五〇台の条件を受けて進められたと考えられる。備後地方の衣服産業経営者の回想録でも有限会社化を軍需衣料品受注や被服廠下請化と結びつける傾向が強い[26]が、有限会社化を軍需衣料品の取扱または陸軍被服廠広島支廠下請化に直結したものとして理解することは早急である。

回想録の中で唯一、双方を明確に区別している[27]のが森田基株式会社社長の森田毅である。同社は森田基が蘆品郡新市町に創業した森田裁縫工場の後身である。

> 当社が織物問屋へ縫製工場を併置したのが、昭和八年でありましたが、当時自由経済で昭和一七年一一月（ママ）広島県被服工業組合が創立されてミシン機五〇台以上の企業統合ブロックとなり、民需品縫製加工の配給を当社は昭和一七年六月一八日、備後第一五被服有限会社を設立して行い、後、陸軍の軍服を広島の被服廠の管轄の下に縫製納品致しました[28]。

ところで、山崎・阿部〔二〇一二〕は備後第四類布帛製品組合が布帛製品部門の中央製造配給統制会社（以下「中配」）の業務代行をしたと推論している[29]。その場合、山崎・阿部〔二〇一二〕で不十分なのは、備後第一二被服有限会社を経営していた佐々木家と、他方で陸軍被服廠広島支廠の下請工場となった側面をもつ同家との、経営的な境界が不明瞭な点にある。なぜなら、本来両者は明確に区別できるはずなのである。というのは、第一に、原材料や完成品の購入や配給といった流通経路は商工省の管轄であり、陸軍省とは無関係だからである。第二に、工業組合と有限会社は性質を異にし、前者は民間企業の集合体であり民需衣料品に関する中配（中央配給会社）や地配（地方配給会社）との取引窓口となったのに対し、後者は単一の民間企業が軍需衣料品工場となったものだからである。

山崎・阿部が組合と有限会社とを厳密に区別せずに佐々木家の戦時対応を論じることができたのは、一九三〇年代から戦時期にかけて広島県の衣服産業が一般的な縫製産地としてと陸軍被服廠広島支廠の下請工場として、という両側面を持つ形態をスムーズに展開したからである。また、戦時期に産地業者が同廠から常態的に軍需衣料品の受注をしてきたからでもある。

第六章第一節にみる衣服産業における岡山県の台頭に加え、陸軍被服廠広島支廠の存在した広島県の存在もまた、兵庫県が相対的地位を下げていく要因となった。藤本仕立店の場合、戦時対応としての組織化は一九四〇年代初頭、すなわち備後地方の同業者と同時期であった。しかし、姫路市が衣服産業産地として未形成であり、また、陸軍被服廠との関係をもたなかったため、軍需衣料品の受注は量的補完を目的とした一時的なものに留まった。

以下では第三節で商工省を中心とした戦時経済統制を繊維産業・衣服産業への影響から捉え、第四節で日中戦争勃発から太平洋戦争勃発までの組合中心政策期の、第五節で太平洋戦争勃発前後からの企業中心政策期の展開を追う。

表1　衣服産業からみた戦時経済統制

年月日	法令施行	組合設立・会社設立・工場設置
1938. 3 .28	商業組合法改正	
6 .29	綿製品ノ製造制限ニ関スル件、綿製品ノ販売制限ニ関スル件、綿製品ノ加工制限ニ関スル件	
7 . 1	輸出綿製品配給統制規則(輸出入リンク制)	
〃 .25	繊維製品販売価格取締規則	
〃 .—		姫路ミシン裁縫同業組合
秋 .—		姫路被服工業組合
—.—		既製服卸商業組合(東京、大阪、愛知)
1939. 3 . 1	工業組合法改正	
5 .—		兵庫県西部内地向被服製造工業組合
10. 5	繊維製品製造制限規則	
〃 .20	価格等統制令	
12. 1		合資会社藤本商店
——		全日本既成服卸商業組合連合会
1940. 2 .26	繊維製品配給統制規則	
3 .—	中等学生服地の指定生産(綿商連共購共販制)	
1941. 9 .—		地方配給会社兵庫県既成服卸配給組合(神戸市)
10.14	繊維製品配給機構整備要綱	
11. 7	布帛製品関係工業組合整備ニ関スル件(布帛製品関係工業組合整備要綱)	
12. 1	企業許可令	
〃 .15	物資統制令	
〃 .22		兵庫県繊維製品配給統制株式会社(神戸市・姫路市)
1942. 1 .20	繊維製品配給消費統制規則	
〃 .—		広島県被服工業組合・広島県布帛工業組合
2 .26		兵庫県西部被服工業有限会社
5 . 1	企業整備令	
〃 .—		備後第12被服有限会社
10. 1	海軍衣糧廠令	第2海軍衣糧廠(姫路本廠・岡山支廠)
〃 .26	布帛製品関係業者ノ企業整備ニ関スル件	
—.—	日本衣料配給統制会社(東京、大阪、名古屋、金沢)	
1943.11.—		東洋紡績天満・浜松・姫路工場、軍服縫製工場化
1944.—.—		姫路高等女子職業学校、軍服縫製工場化

出典：名古屋商工会議所商工相談所編[1938]。大蔵省印刷局[1940]。銀行問題研究会編[1941]。大阪経済研究会編[1942]。商工省繊維局[1942]。蝶矢シャツ八十八年史刊行委員会編[1974]。東洋紡績株式会社社史編集室編[1986]。渡辺純子[2010]。山崎広明・阿部武司[2012]。

第三節　衣服産業からみた統制史の概要

これまで触れてきた渡辺〔二〇一〇〕と山崎・阿部〔二〇一二〕は繊維産業における戦時経済統制に詳しく言及している。また、田中陽子〔二〇〇九〕は被服統制を材料統制（織物）と製品統制（被服）に分けて整理している(30)。以下の本章ではこれらの文献を参照したうえで、材料統制と製品統制を物資統制として一括してとらえ、山崎・阿部では不明瞭であった組織統制を加えて統制史を整理する。日中戦争勃発後の経済統制は外貨獲得のための輸出振興が主たる目的であったが(31)、一九四〇年九月の日独伊三国同盟締結後に連合国側の対日経済制裁が実施され貿易環境が悪化したため、大東亜共栄圏内の軍需生産力向上が最重視されるようになった(32)。その後、四一年七月の日本の南部仏印進駐を契機として英米蘭による対日資産が凍結され、同年一二月の太平洋戦争勃発によって、物的資源の確保そのものが深刻な困難に陥った(33)。

日中戦争下の織物業では地域によっては集中生産や合理化が容易には進まず、全国的に企業整備が本格的に進行したのは一九四三年であった(34)。衣服産業においても本章が示すように企業整備が順調に進んだとはいえないが、四一年・四二年に衣服産業関連の企業整備が若干は行なわれた点に留意しておきたい(35)。衣服産業へ与えた影響の大きい統制関係の法令、および兵庫県衣服産業の組合動向を中心に作成した年表が表1である。以下では諸法令を可能な限り整理していくが、いずれの法令にも例外規則が設けられており、それを記すと煩雑になるため、法令骨子および趣旨を中心に記すこととする。

第四節　組合中心政策——日中戦争勃発から太平洋戦争勃発まで——

当該期の統制のうち、物資統制については、紡績業、織物業などの原料調達から製造までの過程に多大な影響を与えた。糸や生地の生産や材料調達が規制される以上、結果的には衣服産業もまた製造や販売の自由が制約され、後述するように材料生地の見込購入による支出超過やスフ（ステープル・ファイバー）生地普及による従来型の衣料品不人気等が経営を圧迫した。そして、対衣服産業統制の影響が事業形態の側面から深刻化したのは、一九三九年四月の工業組合法改正以後、すなわち組織統制以後のことである。日中戦争の長期化にともない、配給会社は材料調達と製品販売の両経路を掌握し、代行人（代行会社）を通じて糸・布・衣の流通支配を強化した。この期間の統制を物資統制と組織統制の二面からたどろう。

（1）物資統制――製造販売制限の拡大――

外貨獲得をめざし、一九三八年六月二九日に「綿製品ノ製造制限ニ関スル件」「綿製品ノ加工制限ニ関スル件」「綿製品ノ販売制限ニ関スル件」が公布・即日施行された。これにより、内需向・円ブロック輸出向の綿糸、綿織物、綿メリヤス地に制限が加えられた[36]。規定は複雑であるが、制限対象は民需品であったと考えて差し支えない。まず、これら綿製品の製造・販売が禁止され、仕掛品の材料加工のみが許された[37]。次いで、配給面では、綿糸・綿織物・綿メリヤスを指定業者以外に販売することができなくなった[38]。ただし販売禁止は卸売業者に対してのみ適用され小売業者は販売が可能であった[39]。

このような内需向棉花使用禁止の背景には、当時の綿製品の国内需要が逼迫していないことと、市場ストックと家内ストックが織物水準で相当量存在することから、二年程度の期間は材料生地や衣料品を新調する必要がないと想定されていたことがある[40]。しかし、普段着、仕事着、学生服、柔道着、足袋・靴下などの綿製品は当時の日本の衣料品の多くを占めており、製造業者にとって製造禁止は操業停止を示唆するものであった。そこで、三八年七月二一日公布施行の「商工省令第六二号」をもって、糸番手を制限しつつも小幅綿織物、広幅綿織物、綿メリヤス、浴用タオルの内需向・円ブロック向の加工制限・販売制限が緩和された。また、同三八年六月三〇日公布・翌日施行の「輸出綿製品配給統制規則」によって綿製品輸出入リンク制が導入され、輸出強化が図られた(41)。

しかし綿製品に限られていた統制は一九三九年から主要繊維に拡大適用されるようになり、内需向・円ブロック向織物業者を対象に統制は再び強化に向かった。三九年一月二三日公布・二月一日施行の「糸配給統制規則」により、地方長官か指定統制団体が製造業者に割当量を決定し、その割当票によって原料糸を購入することが義務づけられた(42)。次いで、同年九月五日公布・一〇月五日施行の「繊維製品製造制限規則」によって、綿織物、スフ織物、人絹織物、毛織物などの織物製品にまで配給統制が導入された(43)。この両規則によって、ほぼすべての材料糸、材料生地（織物地やメリヤス地など）の製造が配給制に組み込まれ、紡績業・製糸業・織物業から衣服産業にいたる繊維全部門に打撃を与えた。地方長官の許可を得て製造販売が許された業者には繊維需給調整協議会の製品検査が実施され、合格者は一号の印章か証票を、不合格者は二号のそれらを製品に付けることが義務づけられた。許可を受けて製造販売を行なっていた業者製品の一部が粗製乱造の状態になっていたことをうかがい知れる事例である。

一九四〇年二月九日に「繊維製品配給統制規則」（商工省令第三号）が公布され、同月二六日に施行された(44)。この法令により、軍用品と輸出品を除く衣料品、つまり内需向民需衣料品の材料生地（特免綿織物、特定絣、メリヤス、ガーゼなど）については、日本特免織物製造株式会社・日本内地莫大小統制株式会社の両社から、地方長官ないし繊維需給調整協議会の発行した割当票を持つ指定統制株式会社・指定配給株式会社が、割当票と引き換えに材料生地を購入することになった(45)。この「規則」は翌四一年三月・四月にしばしば改正され、衣料品が細分化されたり、割当票を持つ各統制株式会社・配給株式会社の下に工業組合や商業組合が加えられたりした(46)。そして四二年二月一日に施行された「衣料品切符制」によって廃止された(47)。

以上、この時期の物資統制は一時的に緩和措置が採られることもあったものの全体的には強化に向かい、対象を綿製品から全繊維製品に拡大したこと、製造販売規制は民需品に抑圧的で輸出品や軍用品に緩和的であったこと、の二点に要約できる。太平洋戦争勃発前後から材料調達と衣料品調達は一層露骨に軍需衣料品に重点を置いていき、やがては民需衣料品が配給管理されることとなる。

(2) 組織統制――工業組合単位の統合――

一九三七年から三八年春季までの工業組合は「自治的統制事業と協同経済事業」とを併せもつ「本来の工業組合が大多数を占めた」が、三八年六月以降、「統制物資の配給をうけるための工業組合が乱立されるにいたった」(48)。他方で、転業を促進させる工業組合も増加し「工業組合の性格・形態はすこぶる多様となった」(49)。当該期の衣服産業に大きな影響を与えたのは三九年四月一日の工業組合法改正である。これは従来から工業組合に参加していなかった小工業者の参加を促進することを意図したものである。小工業者には一〇人未満の工業小組合を設立する権利が与えられ、行政官庁の許可が下りれば小組合単位での工業組合加入が認められた。また、工業組合には、当該地区における業者の増加および設備の拡大について行政官庁の許可が義務づけられ、過剰設備の増設は禁止された。これにより、行政官庁は生産調節、価格協定、共同販売を強制し、それ以外の業務についても従来の組合定款の変更を必須とさせた(50)。

特に設備の面では、すでに一九三八年二月一二日の商工省令第五号「繊維工業設備ニ関スル件」第二項で紡績・織物・メリヤス製造に関わる機械の新設や増設が地方長官の許可を必要とするものとなり、同月一八日から精紡機・撚糸機・力織機・莫大小機・起毛機・捺染機などの新設・増設が禁止されていた(51)。この「繊維工業設備ニ関スル件」第二項に、四〇年二月三日商工省告示第三二号をもって足踏式・電動式の工業用裁縫機(ミシン)

が加えられた(52)。また、これより早く三九年六月二三日商工省令第三一号で、繊維工業の範囲は従来の紡績・織物・メリヤス製造から綿・毛・絹・麻その他の諸繊維単位による糸から衣料品の製造までに拡大されていた。これを受け、前述の第二項で工業用裁縫機の範疇は、衣料品の製造を業とする者が製造加工を行なうために使用するミシンすべてを指すこととなった。なお、ミシンの性能や種類は問わなかった(53)。

一九四一年一〇月一四日には「繊維製品配給機構整備要綱」が発表された。これによって衣料品は労働作業衣類、既成服類、和装既成品類、布帛雑品類に区分された。前項で触れた前年の「繊維製品配給統制規則」が材料を主体とした区分をしていたのに比べて衣料品を主体とした区分に変更されている点が新しい。また、この「整備要綱」は中央製造配給統制会社の設立を指示した。これにより材料生地は、中央配給統制会社から中央製造配給統制会社を経由し、地方配給会社へ配給されることになった。その後、代行人から工業組合を通じて裁断済の生地が組合員（すなわち衣服産業従事者）へ供給される。製造された衣料品は地方配給会社を経て府県下の繊維製品小売商業組合連合会を経由し、小売業者・百貨店・購買組合へ流通する。このように「繊維製品配給機構整備要綱」は材料生地調達から衣料品販売にいたる経路を明確にした。

続いて、中央製造配給統制会社の下部機構である布帛製品関係の工業組合整備を目的とし、第二節で述べたように一九四一年一一月七日に「布帛製品関係工業組合整備ニ関スル件」が公布された。これによって、中央製造配給統制会社が衣服産業従事者に布帛製品製造を委託し、その受託者には工業組合員であることが義務づけられた。対象とされた布帛製品には労働服、背広服、婦人服、在郷軍人服、学童服、国民服をはじめ、ワイシャツ・カッターシャツ、下着、脚絆・ゲートル、外套、厚司、ケープ、マントなどがあり、当時の日本で商品化されていた衣料品全域に及んだ(54)。

組合員資格に関する主な内容は、次のとおりであった。

①布帛製品三区分ごとに工業組合を組織し、店頭小売業者は組合員になれない。[55]
②ミシン五〇台を有すること。[56] 満たない組合員は合同によって台数を満たすこと。
②―1その場合の合同は（一〇台以上の工場を中心に）同種製品の製造業者間で行なうこと。
②―2同一業者が二つ以上の合同に加入することは認めない。
②―3合同形態は、商法上の会社、有限会社、工業小組合、代表者のいる民法上の任意組合のいずれか。

従業者数規模が一五人から三五人までに収まる業者の多い衣服産業界[57]にとって②のミシンを五〇台以上所有する条件はとくに厳しいものであった。それゆえ多くの企業が転廃業または企業合同を迫られた。[58]

また、組合の設立については次のような規定が設けられた。

①組合は府県を単位とし、布帛製品三区分ごとに一個の設立を認める。
②既製服関係の組合は全国単位の単一組合であること。
③組合は輸出向・内地向の区別をしないこと。

以上のように、日中戦争勃発から太平洋戦争勃発までの時期に、中央配給統制会社が設立され、地方配給会社や配給代行人が仲介し、各工業組合へ裁断済み材料生地が配給される経路が確立した。また、工業組合はミシンを五〇台以上所有する合同体によって構成されることとなった。

衣服産業の多くは小規模かつ小資本で創業が可能なのでこの時期の退出者が多かった。大阪市（一九四〇）[59]は受託製造業者の規模や取引構造等を調査し、夫婦で営むような二名程度の工場が不安定な需要下で継続的な操業が難しい事を理由に転廃業の方策を講じた事例をあげている。このような零細工場が斯業を継続して戦時期を乗り切るには、ほぼ企業合同しか方策が残されていなかった。

第五節　企業中心政策——太平洋戦争勃発前後の経済統制——

一九四一年一月三一日現在での全国の工業組合数を業種別にみると表2のとおりである。組合数全体に対して織物業をはじめとする紡織工業もさることながら、裁縫品の工業組合数が比較的多いことがわかる。

太平洋戦争が勃発すると諸産業の軍需化が一層強化され、軍需品受注が業者の死活問題となった。物資統制面

表2　業種別工業組合数（1941年1月31日現在）

大区分	小区分	組合数	内連合会数
総計		6,885	362
紡織工業		905	56
	内織物	382	27
	内メリヤス及同製品	109	6
金属工業		1,022	53
機械器具工業		921	74
船舶		86	10
窯業		291	9
化学工業		658	39
製材及木製品工業		798	27
印刷業		118	2
食料品工業		1,036	53
その他の工業		1,050	39
	内裁縫品	338	23
	内帽子	31	1

出典：通商産業省編［1963］、264～267頁。
注：調査主体は「工業組合中央会」（上掲出典、264頁）。出典の総計はそれぞれ6,800組、353組。

では一九四二年施行の「繊維製品配給消費統制規則」によって最終消費財である衣料品の購入までが規制された。物資統制は日中戦争勃発以降、漸次的に進んでいたのに対し、組織統制の進行は遅れていた。軍需品発注を行なう政府からは工業組合の受注態度が疑問視されるようになり、工業組合や構成員業者への管理が強化されていく。一九四二年一月二〇日公布・即日施行の「繊維製品配給消費統制規則」は前年一〇月公布の「繊維製品配給機構整備要綱」に法的根拠をもたせたものであり、与えられた総点数の範囲内で民衆が必要な民需衣料品を購入する、いわば「点数制による衣料品の総合切符制」[60]であった。この規則で最終消費者が初めて規制された。

この「繊維製品配給消費統制規則」には次のような配給体制も規定された。すなわち、生産・加工・集荷・配給の業務すべてを各中央配給会社に集中させ、従来の代行人（代行会社）の中から中央配給会社の配給代行人を選定し、代行人には手数料収入が支払われることとなった。配給代行人に指定される業者は「工業組合又は加工業者の統合体（即ち中核体）[61]」であると同時に、その統合体の名義人である必要があった。この「加工業者の統合体（即ち中核体）」とは、有限会社、株式会社、代行直営工場などの単一企業体であった[62]。つまり、一九四一年一一月の「布帛製品関係工業組合整備ニ関スル件」は工業組合を重視した配給機構の整備をめざしたもので、民需品だけでなく軍需品の受注も工業組合単位で行なわれてきたが、翌四二年一月の「繊維製品配給消費統制規則」は工業組合だけでなく「加工業者の統合体」（有限会社など）をも配給単位と認めたのである。この転換の理由は、一九四一年時点で商工省振興部施設課事務官であった細井富太郎の次の談話から知ることができる。

（前略）軍需品の受註に就て考へてみるに、註文を受けた場合、その工業組合中で軍需品の註文をやるものは極く一部のものであつて、大部分のものは軍需品の製作にはあづかつてゐないといふ場合がある。たゞ物資の配給だけについては全部の組合員が均等に同じ関係をもつてゐるに止まり、この間に経済的な共同事業を運用する上において、現在のやうな工業組合の組織ではどうもうまく行かないといふ嫌いがある[63]。

細井の談話からわかることは次のとおりである。工業組合は物資（主に材料生地）を配給され、配給生地を用いて、受注した軍需衣料品を製造するはずである。しかし、実際に軍需衣料品を製造するのは一部の組合員だけであり、他の多くの組合員は配給生地を用いて民需衣料品を製造している。つまり、すべての組合員が共同して工業組合の軍需品受注に応えていない[64]。

商工省は、このような事態を打開するために、工業組合よりも密接な業者統合体の結成をめざす必要があると考えた。すでに述べたように、一九三九年四月の工業組合法改正は工業組合に対し加入業者の増加と設備の拡大に行政官庁の許可を得ることを義務づけ、過剰設備の増設を禁止した。四一年一二月に施行された「企業許可令」は整備単位を工業組合から企業に変更し、事業の全面的許可制を導入した点で新しいものであった。これに法的強制力をもたせたのが四二年五月に施行された「企業整備令」であり、企業整備の命令権を政府に付与した[65]。「繊維製品配給消費統制規則」は物資配給面で「加工業者の統合体」を重視し、「企業整備令」は事業体面で「加工業者の統合体」の形成を促進させた。

一九四二年一〇月二六日に公布された「布帛製品関係業者ノ企業整備ニ関スル件」も同様で、企業合同（主に有限会社化）によって生産性を高めることと、有限会社そのものの転業促進を行なうことの二点を主目的としていた[66]。それとともに、工業組合に加盟する有限会社の実績調査、業態調査、出資調査が行なわれた。前章でみたような調査類をもとに三八年度の実績確定額を算出し、その額にもとづき布帛製品中央製造配給統制会社の業務を代行する企業統合体への加入資格が審査され、原材料の配給が確定されることになった。また、統合体の中核企業を認定する作業も行なわれた[67]。

小括

以上、戦時経済統制を組合中心期と企業中心期に大別して流れを追った。この流れを兵庫県衣服産業に絞って要約すると次のとおりである。

まず、一九三九年四月一日の工業組合法改正により工業組合設立の動きが生じた。同年九月五日公布・一〇月五日施行の「繊維製品製造制限規則」により材料となる全織物の製造が配給制となり衣服産業における材料調達と衣服生産が厳しくなっていく。一九四一年・四二年には同業者間や関連企業の合同が商工省によって推進され、ここに各工場や各企業は有限会社化の選択を迫られることとなる。この流れをもとに、次章および次々章では戦時経済統制の期間を一九三九年頃から一九四二年頃に設定し、同時期の藤本仕立店の動向について論を進める。(68)

（1）長島修『日本戦時鉄鋼統制成立史』法律文化社、一九八六年、序三頁。

（2）伊藤萬株式会社編『伊藤萬百年史』一九八三年、四七頁。

（3）下園聰『怒濤を越えて――国産ミシンの父・山本東作の生涯――』日本ミシン工業、一九六〇年、二〇三頁。

（4）高橋久一「戦時期企業整備の諸問題――中小企業問題について――」神戸大学経済経営研究所『経済経営研究』第二四号（Ⅱ）、一九七四年、一六三頁。

（5）衣服産業の拡大要因には、ミシンが紡績機や織機と異なり金属供出の非対象設備であったこともあげられる。日本繊維協議会編『日本繊維産業史　各論篇』繊維年鑑刊行会、一九五八年、九二七頁。

（6）高橋「戦時期企業整備の諸問題」一七〇～一七一頁・二〇二頁。

（7）山崎志郎『戦時経済総動員体制の研究』日本経済評論社、二〇一一年、七〇四～七〇八頁。第一一章では長崎県の佐世保呉服商業組合の整備状況も論じている。

(8) 渡辺純子『産業発展・衰退の経済史――「10大紡」の形成と産業調整――』有斐閣、二〇一〇年。
(9) 山崎広明・阿部武司『織物からアパレルへ――備後織物業と佐々木商店――』大阪大学出版会、二〇一二年。
(10) 伊藤萬商店企画部経済調査課『繊維製品配給統制と配給機構の整備（前編）』一九四一年、二三二頁。
(11) 杉原実『博多織史』改訂増補、葦書房、一九九八年、四二六頁。
(12) 渡辺『産業発展・衰退の経済史』八八〜九一頁。
(13) 以上、渡辺『産業発展・衰退の経済史』八八頁、九三頁。
(14) 東洋紡績株式会社社史編集室編『百年史　東洋紡』一九八六年、三六四頁。
(15) 東洋紡績株式会社社史編集室編『百年史　東洋紡』三六四頁。天満・浜松・姫路工場の名称は明記されていないが「東洋縫製」であったと思われる。他にも山発工業、伊藤洋服店など、東洋紡績（または東洋染色）に買収された裁縫工場があった。詳細は渡辺『産業発展・衰退の経済史』八八頁。なお、浜松裁縫工場の設立は一九四四年八月一日である（東洋紡株式会社社史編集室編『東洋紡一三〇年史』二〇一五年、一一七六頁）。
(16) 山崎『戦時経済総動員体制の研究』三三八頁。
(17) 蝶矢シャツ八十八年史刊行委員会編『蝶矢シャツ八十八年史』一九七四年。戦時期同社の動向は同書第五章（一一一〜一五二頁）にまとめられているが、本文で示したとおり、内地の蝶矢シャツよりも上海市の蝶矢洋行に関する叙述が過半を占めている。
(18) なお、一九二〇年時点で同社枚方工場は「当時の縫製工場の水準をはるかに超えた最新の工場」（枚方市史編纂委員会編『枚方市史別巻』一九九五年、四七四頁）で、倉敷紡績枚方工場とともに「二工場は、枚方町内では抜き出た大工場」（枚方市史編纂委員会編『枚方市史第四巻』一九八〇年、七二六頁）でもあった。
(19) 以下、これに関わる叙述は、繊維需給調整協議会愛知県支部編『（繊維需給調整関係法規類纂別冊附録）繊維製品配給消費統制規則関係法規集（衣料品切符制関係法規）』（繊維統制法規刊行会、一九四二年、六七〜七〇頁）に依拠する。
(20) 山崎・阿部『織物からアパレルへ』一四九頁、一五七頁。
(21) 山崎・阿部『織物からアパレルへ』九四頁、一四九・一五〇頁、二八六頁。管理工場といえども「不心得ヲ起」こそうとする工場もあった。一九三九年五月頃、陸軍被服本廠の管理工場である東京製靴工業株式会社（東京市荒川区南千住町）では「取締役以下五名が軍靴製作用として公布した皮類を型入裁断の結果一部分量出剰余となれるものあるを奇貨とし、其の剰余品の若干部分を市井商人に売却せむとする下心にて策謀中、千住警察署に探知され三月十三日関係者数人一同同警察署に召喚取調を受け、事故は未然に防止され」た（JACAR C01004737600「管理工場管理人任意出頭に関する件」三画像目）。その後、被服廠は公布生地の一部を剰余として処分している工場の抜き打ち検査を行なったところ、改善すべき点を数カ所見つけたので都度改善していくと結んだ（同、四画面目）。

(22) 山崎・阿部『織物からアパレルへ』九二～九五頁。

(23) 前者の事例も後者の事例も以下に一覧化されている。山崎・阿部『織物からアパレルへ』九〇～九五頁。

(24) 山崎・阿部『織物からアパレルへ』二八七頁。

(25) 山崎・阿部『織物からアパレルへ』三〇五頁。

(26) 備後産地誌刊行委員会編『備後産地誌』繊研新聞社、一九六六年。備後産地誌刊行委員会編『備後産地誌』繊研新聞社、一九七二年。広島県被服工業協同組合記念誌編集委員会編『広島県被服工業協同組合――半世紀の歩み――』二〇〇〇年。

(27) 商工省編『全国工場通覧二二　昭和一六年版③』柏書房、一九九三年、一七二〇頁。創業年は一九三四年（同上書、一七二〇頁）または三三年（『備後産地誌』一九七二年、二九一頁）。

(28) 『広島県被服工業協同組合』一〇七頁。広島県被服工業組合設立を引用箇所は「一一月」としているが正確には「一月」である（『備後産地誌』一九七二年、八二頁）。

(29) 山崎・阿部『織物からアパレルへ』二九七頁。

(30) 田中陽子「一九三七年から一九四五年までの戦時下における被服統制と供給事情」『日本家庭科教育学会誌』第五二巻三号、二〇〇九年一〇月、二〇三～二一一頁。

(31) 渡辺『産業発展・衰退の経済史』五九頁。

(32) 渡辺『産業発展・衰退の経済史』六四頁。

(33) 渡辺『産業発展・衰退の経済史』六六頁。

(34) 山崎・阿部『織物からアパレルへ』一四九頁。

(35) 山崎・阿部『織物からアパレルへ』一四九頁、二八六・二八七頁。
(36) 一々記載しないが以後の統制法令でも純綿だけでなくスフも含むことが多い。
(37) 以上、銀行問題研究会編『統制経済法令集』(一九四一年、一四六〜一四八頁)、統制法令研究会編『統制法全書』(教育図書、一九四二年、一五二〜一五四頁)、関桂三『日本綿業論』(東京大学出版会、一九五四年、二八七〜二八八頁)。
(38) 関『日本綿業論』二八八頁。
(39) 関『日本綿業論』二八八頁。
(40) 関『日本綿業論』二八八頁。他方で、一九三〇年代初頭から推進されていた衣料品の再生利用(更生利用)は、日中戦争勃発後に学校教育や社会事業を通じて強化された(田中陽子「十五年戦争下における更生利用の推進と裁縫科教師の問題関心」『日本家庭科教育学会誌』第五二巻二号、二〇〇九年七月)。また、材料生地(古布)を活かす観点が重視され、戦時期裁縫教育は手芸教育と結合し、裁縫作業のみならず、「形・意匠の考案、配色、衣類の更生等、裁縫教育の内容が広く捉えられるようにな」った(田中陽子「小学校裁縫科における裁縫と手芸の統合的扱い」『日本家庭科教育学会誌』第五四巻二号、二〇一一年七月、一一一頁)。
(41) 渡辺『産業発展・衰退の経済史』五九頁。詳細は銀行問題研究会『統制経済法令集』一五〇〜一五四頁。
(42) 銀行問題研究会『統制経済法令集』一四四〜一四六頁。
(43) 銀行問題研究会編『統制経済法令集』一三六〜一三九頁、統制法令研究会編『統制法全書』一四二〜一四四頁。これにより一九三八年六月の「綿製品ノ製造制限ニ関スル件」は廃止された。
(44) 統制法令研究会編『統制法全書』一四七〜一四九頁。
(45) 日本繊維協議会編『日本繊維産業史　各論篇』九一九〜九二六頁、および伊藤萬商店企画部経済調査課『配給機構の整備(前編)』六八〜六九頁。
(46) 日本商工会議所編『繊維業統制ニ関スル法規(自昭和一五年九月至昭和一六年六月)』一九四一年、九〇〜九三頁。
(47) 商工経営研究会編『衣料品切符制の解説』大同書院、一九四二年、九九頁。この衣料品切符制が施行されるまで、前一月二〇日施行の「繊維製品配給消費統制規則」以後の一二日間、衣料品販売店は閉店し在庫品調査を行ない、所属組合をつうじて繊維需給協議会に報告することが義務づけられた。すなわち、消費者はこの一二日間にわたり衣料品を購入することができなかった。
(48) 以上、通商産業省編『商工政策史』第一二巻中小企業、一九六三年、二六七頁。
(49) 以上、通商産業省編『商工政策史』第一二巻、二六七～二六八頁。
(50) 以上、神戸市編『産業調査資料　第一九』神戸市、一九三九年、二九～三一頁。
(51) 名古屋商工会議所商工相談所編『統制関係法令集――繊維工業関係――』一九三八年、六三・六四頁。
(52) 大蔵省印刷局「官報」一九四〇年二月三日、日本マイクロ写真、一九四〇年、一三六頁。
(53) 内務省警保局経済保安課編『経済警察関係法令質疑集』一九四一年、四三四頁。
(54) 繊維需給調整協議会愛知県支部編『繊維製品配給消費統制規則関係法規集』六八～七〇頁。
(55) その代わりに繊維製品関係の商業組合への加入が指示されている。
(56) 例外的にショール、ネクタイ、ゲートルを製造する業者は二〇台とされた。
(57) 岩本真一『ミシンと衣服の経済史――地球規模経済と家内生産――』思文閣出版、二〇一四年、一九七頁。
(58) この整備要綱による備後衣服産業への影響は以下に詳しい。山崎・阿部『織物からアパレルへ』一四九～一五〇頁。
(59) 大阪市『洋服受託製造工業の現況』大阪市中小商工業調査資料第一三篇、一九四〇年。
(60) 福田敬太郎・本田実『生活必需品消費規正』千倉書房、一九四三年、一四九頁。衣料切符をつうじた国民配給量は年々減少していった（山崎・阿部『織物からアパレルへ』一二四頁）。
(61) 以上、代行人に関する記述は引用も含め、藤本家文書「書状中央製造配給統制会社の代行人の件に付回答」。
(62) 日本繊維協議会編『日本繊維産業史　各論篇』繊維年鑑刊行会、一九五八年。
(63) 細井富太郎「有限会社制による集団転業に就て」東京商工会議所・大阪商工会議所・名古屋商工会議所共編『中小商工経営の新体制』一元社、一九四一年、二九五頁。類似の事例に、三八年頃に国紡色（カーキ色）の学生服や作業服が頻繁に製造され、いずれ軍服生産を逼迫させるという危惧が厚生省福利課長武島一義から指摘されている。この懸念を受けて同年に日本帝国政府は国民服を制定しようとした（尾崎智子『20世紀日本の生活改善運動』博士論文、東京大学大学院人文社会系研究科、二〇一七年度、第六章「都市へ入るモンペ」一〇九頁）。

(64)「繊維製品配給消費統制規則」には本文で述べた以外の問題もあり、切符制実施が公布以前に漏洩され「前売界ハ又々時ナラヌ賑ヒヲ呈シタ」という（日本銀行金融研究所『日本金融史資料』昭和続編付録第三巻、大蔵省印刷局、一九八八年、六五七頁）。
(65) 以上、伊藤萬商店企画部経済調査課編『伊藤萬経済叢書第五輯　解説。企業許可令と企業整備令。』伊藤萬商店企画部情報課、一九四二年、一〇八〜一一〇頁。
(66) 細井「有限会社制による集団転業に就て」二七九〜二八二頁。
(67) 東京商工会議所編『中小企業整備要綱輯録（五）』一九四三年、一二九〜一三六頁。
(68) このように時期を限定したことには消極的な理由もある。次章に詳述するが、一九四三年には藤本仕立店は有限会社として定着しており、軍部からの突発的な受注が収支の大半を占めた。

第六章　戦時経済統制下の藤本仕立店

山崎広明・阿部武司〔二〇一二〕によると、広島県の備後織物業者である佐々木商店は一九三〇年頃から賃縫（委託生産）を開始し[1]、三九年に自家工場を設立し[2]、四二年に備後第一二被服有限会社を設立して広島陸軍被服支廠の下請工場化した[3]。他方で、一九三〇年代から四〇年頃にかけて同店は、京都府と大阪府の織物問屋や岡山県内の織物工場から織物だけでなく衣料品も仕入れた[4]。

大阪府、岡山県および広島県の衣服産業は一九三〇年代にその頭角を現し、前章でみたとおり、戦時経済統制を通じて兵庫県衣服産業のさらなる低位が鮮明になっていく。本章ではまず第一節で上記四府県の衣服産業の相対的な優位性を明確にする。

第二節以降では、戦時期の藤本仕立店の対応をもとに、個人業者が戦時経済統制に包摂されていく過程を詳細に述べる。経済統制に対応するために同店は姫路市を中心とした組合の組織化に奔走するが、事態は悪化の一途をたどる。前章に述べた組織統制の流れに沿って、第二節・第三節では組合中心政策期における藤本仕立店の対応を述べ、第四節では企業中心政策期における同店の対応を述べる[5]。

第一節　四府県の衣服産業の全国的位置づけ――学生服を中心に――

（1）藤本仕立店と学生服の仕入れ

藤本仕立店が学生服を取り扱った時期は一九二〇年代末以降と考えられる。「大福帳」には一九二一年七月三〇日に「学生服一組」を赤穂郡上郡町の高田貞二へ出荷した記録があるが、その前後に記載はなく一時的な仕入販売であった。一九二七年八月に「大福帳」の記載は終了するので、学生服はそれ以降に取扱をはじめたと思われる。学生服取扱を示す史料は戦時期のものに限られる。学生服の販売先は朝来郡、加西郡、揖保郡などの兵庫県西部に広がった。

「小学生服卸売業者調査ノ件」（藤本家文書）によると学生服は仕入販売が中心で、一九三八年上半期時点で同店の自家生産比率は男児用で約一一％、女児用で約四五％であった。仕入先は隣接府県の大阪府大阪市と岡山県児島郡であった。両地域は戦時期衣服産業に重要な位置を占め兵庫県の衣服産業を圧迫した。以下では広島県も視野に入れて、学生服製造で兵庫県より大きな規模をもった近隣四府県を比較する。

（2）四府県比較にみる岡山県の台頭

①四府県の比較

比較には『工業統計表』から一九三八年時点と四二年時点の情報を用いる。表1をみると、生産額、職工数、工場数のいずれにおいても大阪府が圧倒しているのは明らかである。ただし三八年から四二年の変化を対全国比でみると、生産額で二九％から二四％、職工数で三〇％から一八％、工場数で四四％から二〇％に、いずれも減少している。戦時経済の進行とともに、衣服産業が軍需衣料品を中心に全国規模で展開し、大阪府の相対的比重

表1　4府県の戦時期衣服産業動向（1938年・42年）

	生産額（円）		職工数		工場数	
	1938年	1942年	1938年	1942年	1938年	1942年
広島	354,015	3,946,046	1,382	3,023	95	180
岡山	1,726,183	8,435,102	7,339	9,719	205	301
兵庫	615,988	9,487,107	2,302	3,213	140	267
大阪	10,620,553	43,916,339	21,689	16,754	2,055	1,019
全国計	36,810,832	179,771,199	71,148	92,298	4,622	5,128

出典：『工業統計表』1938年版、42年版。
注1：「生産額」の単位は円。
　2：1938年は「裁縫業」、42年は「裁縫品」から掲載。2年とも職工5名以上の工場のみ。

が低下したためである。

これを背景に、広島県、岡山県、兵庫県では、生産額、職工数、工場数のいずれも四二年に増加している。このうち目立つのが岡山県の職工数で、すでに三八年に七〇〇〇人を超えており、対大阪府比の約三割、対全国比の約一割を占めた。四二年には一万人近くに増加し、対大阪府比では約六割に迫り、対全国比で一一%を占めた。工場数をみると、岡山県は兵庫県に対して一・五倍（三八年）、一・一倍（四二年）であり、岡山県衣服産業は工場規模が大きい傾向にあった(6)。

さらに数値を追うと、工場あたり職工数は一九三八年時点で広島県、兵庫県、大阪府、全国平均のいずれもが一一人から一六人に収まるのに対し、岡山県は三六人である。四二年には、兵庫県、広島県、大阪府、全国平均の規模が若干は動くものの、いずれも一二人から一八人に収まる。これに対し、岡山県は三二人の規模である。岡山県の工場規模が大きい理由には、次項に述べる児島郡の学生服製造業の影響があげられる。

②裁縫工場の設立年次別比較

表2は、広島県、岡山県、兵庫県、大阪府の裁縫工場を設立年次別に集計したものである。一九三八年・三九年の両年に設立された工場数は、広島県で二七・六%、岡山県で三四・五%、兵庫県で一七・四%、大阪府で九・九%を占める。岡山県の裁縫工場の少なくとも三軒に一軒が、また広島県の四軒に一軒が戦時期に入って設立さ

表2　4府県の設立年次別工場数(1939年現在)

設立年代	広島県		岡山県		兵庫県		大阪府	
	工場数	構成比	工場数	構成比	工場数	構成比	工場数	構成比
～1920年代	75	34.4%	132	33.2%	126	36.0%	647	40.1%
1930	6	2.8%	22	5.5%	10	2.9%	77	4.8%
1931	7	3.2%	11	2.8%	6	1.7%	78	4.8%
1932	12	5.5%	14	3.5%	13	3.7%	87	5.4%
1933	9	4.1%	15	3.8%	18	5.1%	107	6.6%
1934	12	5.5%	12	3.0%	21	6.0%	100	6.2%
1935	8	3.7%	9	2.3%	27	7.7%	107	6.6%
1936	6	2.8%	17	4.3%	15	4.3%	77	4.8%
1937	13	6.0%	21	5.3%	16	4.6%	99	6.1%
1938	25	11.5%	44	11.1%	19	5.4%	99	6.1%
1939	35	16.1%	93	23.4%	42	12.0%	61	3.8%
不明	10	4.6%	8	2.0%	37	10.6%	75	4.6%
合計	218	100.0%	398	100.0%	350	100.0%	1,614	100.0%

出典：商工省編『全国工場通覧23　昭和16年版①』柏書房、1993年；商工省編『全国工場通覧22　昭和16年版②』柏書房、1993年；商工省編『全国工場通覧23　昭和16年版③』柏書房、1993年。

注：岡山県・兵庫県・大阪府の1940年創業は煩雑になるので「不明」に計上した。岡山県は2軒(岡山市・後月郡に各1軒)、兵庫県は2軒(神戸市、1月)、大阪府は4軒(大阪市)が記載されている。また、広島県には1950年創業1軒が記されているが、明らかに誤記入または誤植であるため「不明」に計上した。

れたことになる。また、三九年の岡山県内の新設工場九三軒は、それまで毎年最多であった大阪府の六一軒を大きく上回った。

(3)　岡山県と兵庫県の衣服産業

岡山県の市郡別工場設立年次をまとめたのが表3である。一九三九年時点で操業していた全裁縫工場三九八軒のうち、六一％が児島郡に集中していた。また、二〇年代までに設立された一三二工場のうち児島郡は六四工場で岡山県全体の四八％を占めている。そして、三八年・三九年の両年に児島郡で設立された工場は九一軒を数え、この数値は岡山県全体で両年に新設された工場の六六・四％を占める。二〇年代以前から戦時期にいたるまで、岡山県の衣服産業動向で児島郡が中心的な位置を占めてきたことは明らか

表3　岡山県市郡別の設立年次別工場数（1939年現在）

	岡山県				
	児島郡	岡山市	浅口郡	他	合計
～1920年代	64	24	21	23	132
1930	15	2	2	3	22
1931	5	4	1	1	11
1932	11	2	—	1	14
1933	12	2	—	1	15
1934	8	2	2	0	12
1935	7	1	1	0	9
1936	12	2	—	3	17
1937	13	4	3	1	21
1938	27	6	7	4	44
1939	64	10	8	11	93
不明	4	1	—	3	8
合計	242	60	45	51	398

出典：商工省編『全国工場通覧23　昭和16年版③』柏書房、1993年。

注１：「その他」は後月郡、都窪郡、倉敷市、吉備郡、上道郡、小田郡、阿哲郡、久米郡、上房郡、真庭郡、津山市（軒数降順）。

２：1940年創業は岡山市・後月郡に各１軒が記載されているが、煩雑になるので「不明」に計上した。

である。

山崎・阿部〔二〇一二〕が指摘したように、備後産地における裁縫工場の設立集中も一九三八年・三九年に顕著な動きを示した[7]。しかし、設立軒数からみると三九年現在に操業する工場のうちで両年に設立された工場は二五軒にすぎず[8]、表2から広島県全体をみても両年設立の操業工場は六〇軒にとどまっている。兵庫県も大差なく六一軒であり、広島・兵庫両県の数値は児島郡の九一軒を下回った。以上から、両年の児島郡への集中的な工場設立は、隣接二県全体の設立趨勢を凌いでいた。特に三九年のみを注視すると、児島郡に設立された工場六四軒のみで、同年大阪府に設立された工場六一軒をも上回っているのである。そこで、二〇世紀前半の児島郡における衣服産業の展開を述べることは重要な意義をもつ。

前項にみたとおり岡山県の工場規模は大きい。これには児島郡の学生服製造業の展開が関係している。同郡の戦前期学生服製造を要約した難波知子〔二〇一五〕によると、児島郡の一部の学生服製造会社は一九三五年頃から流れ作業を導入し、三五年の年産は同郡全体で一〇〇〇万着を超えたという[9]。なかでも日本被服株式会社は大規模で、従業者七五〇人を擁し、普通ミシン四〇〇台、特殊ミシン八五台を設置していた[10]。

児島郡では、前近代から塩田式製塩業と綿織物業が発展しており、足袋製造業も一九世紀初頭に始められた[11]。一九世紀後半の児島郡の繊維産業は綿織物業と足袋製造業との両輪で発展したが、このうち、足袋製造業は、第一次大戦後の不況や福助足袋等の有力製造業者の台頭によって衰退し、一九二〇年代後半から学生服へ事業転換する業者が出現し始めた[12]。その頃の児島郡の学生服製造業者には、ゲートル製造からの転業者（角南周吉）や足袋生地を材料にした男子学生服製造業者（武内熊一）ら個人経営型が一方にあり、他方では家守善平（のちの児島織物）のような会社組織型があり[13]、いずれも児島郡の学生服製造業を牽引していった。

『工業統計表』の「洋服及外套類」部門で一九二六年時点に全国二三位だった岡山県は翌二七年に六位と急浮上し、三一年から三八年にかけては全国一位であり続けた[14]。また、『岡山県統計年報』の示す「洋服」関係の生産額の大半は「学生児童服」によるもので、その八～九割を児島郡が占めていた[15]。

『岡山県統計年報』によると、児島郡における「学生児童服」生産額に対し「労働服」のそれは小規模であった。難波の示したデータからは「洋服」が四項目に分化した一九三七年から四一年までの期間で「学生児童服」に対する「労働服」の生産額の比率は最大で二五・三％（四一年）、最小で一三・一％（三九年）に留まるが[16]、それでも戦時経済統制期になると他府県に対する相対的地位は学生服同様に高まったと考えられる。第七章第二節に後述するように、児島郡裁縫業の発展は学生服だけでなく仕事着の仕入先情報からも確認できる。

兵庫県の場合、一九四二年に生産額では岡山県を上回ったが、姫路市内の戦時動向や藤本仕立店の戦時経営は不安定であった。この時期に限らず、兵庫県の衣服産業が神戸市を中心に動いていたことは容易に推察できるが、神戸市の発展にともなう姫路市の相対的な地位低下も見逃すことができない。表4の示すとおり、一九三〇年代に兵庫県下の裁縫工場は神戸市以外でほとんど設立されていない。

この点を『兵庫県統計書』から確認する。戦時期の生産額が最後に生産品目別かつ市郡別に計上されたのは一

表4　兵庫県裁縫工場の創業年次別構成(1939年現在)

年	神戸市	多可郡	姫路市	加古郡	明石市	その他	合計	構成比
～1920年代	90	3	8	4	2	19	126	36.0%
1930年	9	—	—	—	1	—	10	2.9%
1931年	6	—	—	—	—	—	6	1.7%
1932年	12	—	1	—	—	—	13	3.7%
1933年	12	—	—	—	2	4	18	5.1%
1934年	17	—	1	—	—	3	21	6.0%
1935年	22	2	—	—	—	3	27	7.7%
1936年	11	2	—	—	—	2	15	4.3%
1937年	12	3	—	—	1	—	16	4.6%
1938年	12	6	—	1	—	—	19	5.4%
1939年	23	6	1	3	1	8	42	12.0%
1930年代計	136	19	3	4	5	20	187	53.4%
不明	27	2	1	—	1	6	37	10.6%
合計	253	24	12	8	8	45	350	100.0%

出典：商工省編『全国工場通覧22　昭和16年版②』柏書房、1993年。
注1：「その他」は印南郡、西宮市、尼崎市、加東郡、城崎郡、武庫郡、津名郡、美嚢郡、氷上郡、川辺郡、加西郡、三原郡、宍粟郡、神崎郡、多紀郡、揖保郡。
2：1940年創業は2軒が記載されている(神戸市、1月)が、煩雑になるので「不明」に計上。

九三九年版で、ここから「裁縫」の内訳と品目別上位三地域を示したのが表5である。三八年版まで「裁縫品」と「帽子」は工業部門の最後「その他の工業」に区分されていたが、三九年版で「紡織工業」下の「裁縫」に、そのうち「帽子」は「其の他」に区分されるようになった。兵庫県は製帽業が活発だったため、三九年版の「其の他」が一番価額の大きい状態になっている。それを表5には「(帽子)」と表記した。なお、三八年の「帽子」の価額は四、七四一、三八八円、三九年の「其の他」の価額は四、二一三、七八三円である。

表5に明らかなように、神戸市が(帽子)、「洋服及外套類」「地下足袋」「シャツ及股引」の四品目で一位を占める。品目単位で二位以下の地域がまちまちで、姫路市の場合は「其の他の足袋」で一位、「地下足袋」で二位、(帽子)で三位にあった。つまり、一九三〇年代末の姫路市は衣料品と雑貨のうち後者の

表５　兵庫県衣服産業の動向（1939年、円単位）

品目	価額計	1位		2位		3位	
		市郡	価額	市郡	価額	市郡	価額
（帽子）	4,213,783	神戸市	2,365,524	武庫郡	888,300	姫路市	531,379
洋服及外套類	3,098,187	神戸市	2,662,555	西宮市	125,644	加古郡	95,852
地下足袋	1,349,991	神戸市	1,254,545	姫路市	95,446	—	—
其の他の足袋	389,002	姫路市	236,290	神戸市	152,712	—	—
シャツ及股引	286,448	神戸市	179,118	加東郡	39,670	美嚢郡	27,000
ハンカチーフ	34,700	（省略）					
和服	125						

出典：兵庫県総務部調査課編『昭和14年兵庫県統計書』1941年、「紡織工業」内「裁縫」。
注１：価額の単位は円。
　２：「（帽子）」には帽子以外も含む。詳細は本文を参照のこと。

生産を特徴としていたのである。

以上述べたように、学生服は先発の競合業者が他府県に多い。これを理由に、藤本仕立店では他府県からの仕入販売が製造販売よりも大きな比重を占め、隣接する岡山県と大阪府に商品調達を大きく依存した。兵庫県にはテーラー（tailor）発祥地の神戸市が存在したが、居留地貿易撤廃後にテーラーは全国展開し、兵庫県の重要性は相対的に低下していた[17]。そして一九三〇年代にいたるまで兵庫県に主たる衣料品産地は形成されなかった。

大阪府、岡山県および広島県の衣服産業は一九三〇年代にその頭角を現す一方で、兵庫県の衣服産業は戦時経済統制のもとで組織化が遅れ、相対的な低位を鮮明にさせていく。この点を次節以降で具体的に観察する。

第二節　統制への対応（一九三八～三九年）
――工業組合設立と合資会社化――

（１）組合の結成と藤本仕立店の模索

一九三八年三月二八日に改正された「商業組合法」や同年の「綿製品制限規則」を受けて、東京、大阪、愛知を中心に既製服の卸商業組合が設立され、これらは翌三九年に全日本既成服卸商業組合連合会として統一された。また、『商工組合経営事例輯　第二輯』[18]によると、小売業界では三九年に全国各地の組合化が進み、同年七月一〇日に全国単位の日本織物雑貨小売商業組合連合会が結成された。この頃は、配給権限を政府から与えられる母体組合の指定について混乱が生じており、各地の商業組合と工業組合が特免綿織物（仕事着用生地）の配給権限をめぐって争奪を繰り返していたようである[19]。

これに対し、既述の工業組合法改正は小工業者の参加促進を目的とした。そして、配給統制が強化されるにしたがい、流通機構からの商人排除が進行し[20]、工業組合が優勢になっていく。その後、次節（1）に後述するように一九四一年末頃にようやく配給ルートが簡潔化され、工業組合と商業組合の双方が配給確保や配給代行人指定を受けるようになったと考えられる。

日中戦争勃発前の一九三七年一月現在に設立されていた兵庫県下の内需向産業の関係組合についてみてみると、衣服産業に限っていえば工業組合は存在せず[21]、商業組合は神戸洋服商業組合、姫路洋服商業組合の二組があった[22]。三八年六月の「綿製品制限規則」を受け、翌七月に姫路ミシン裁縫同業組合が「当局の御指示に基いて」[23]設立された。

その構成は表6のとおりである。組合長には藤本政吉が就任し、組合全体で家族従業員は二九人、職工数は六三人、賃受業者は一六九人、失業者は二一八人、ミシン休機台数は組合宅に二三台、賃受業者宅に一七九台である。このような組合の操業事情で果たして将来的に配給が確保される

表6　姫路ミシン裁縫同業組合の構成（1938年現在）

事業者数		17
製品名	シャツ、パンツ、ズボン類一式	
販路	姫路市内及ビ近隣（兵庫県下）	
従業員		29
職工数	男性	23
	女性	40
賃受業者	男性	16
	女性	153
ミシン休機台数	事業者自宅休機台数	23
	賃受業者宅休機台数	179
失業者数	男性	34
	女性	184

出典：藤本家文書「裁縫仕立業者の一般概況」。

かは疑わしい。次に掲げた史料1の「一」に記されたとおり、同組合は非公認の「申合せ組合」[24]であった。藤本仕立店は組合設立によって配給を得ようとしたが、具体的にどのような組合が配給面で有利に立てるのかを熟知していなかった。史料1は、姫路ミシン裁縫同業組合が設立された翌月の八月二七日付で藤本政吉が商社として情報量の豊富な伊藤萬商店[25]に送付した書簡の写しである。

史料1　組合公認の件につき質問書（一九三八年八月二七日付）

拝啓貴店益々御隆盛奉大賀候陳者甚だ突然に候へ共お言葉にあまへ左の通り御照会申上候間御多用中甚だ恐縮乍ら御教示下され度頼上候。

一、弊店の営業――綿布加工品製造卸並に綿製品の中間卸業即ち金巾、ポプリン、天竺、スレン等の所謂二十五番手上下の綿布を貴店其他より仕入れ、自家に於てミシン加工をなしたる上製品となし、これを地方の小売商へ卸売をなす。尚この傍ら既製品の取次卸売もなす。

然るにこの度の統制に遭ひ全く困りおり、当市同業者間に於て去る七月末始めて組合を作りましたけれ共、これは単に申合せの組合にて種々の事情にて公認となす運びに未だ至つて居りません。貴店通信に依れば、買上げ綿布が産業組合或は卸売商業組合或は小売商業組合の手を経て配給されるとの事、斯かる場合姫路ミシン裁縫同業組合の如き申合せ組合員へは到底配給はして呉れないのでせうか。ゼヒ共公認にして置かねば将来いけないでせうか。噂に聞けば岡山、広島の両県下の如きは現在ドン〳〵軍需品等の配給を受けて盛大にやつておるとの事ですが、当地では機業家のない為か一般が全然無関心です――と言ふより判然と解らないのです。今のところでは前からの少々の品持ちも有る関係上当分困らない、先ではなんとかなるだろうと一向平気です。私は一度は必ず苦況に直面する其覚悟が肝要かと思ひます。其時になつて慌て

ても後の祭りでは致方が無いです。今の内に何とか善後策を講じたいと存じております。甚だ御多用中御迷惑ですが、

『こう言ふ措置を採つて置かなければ将来手遅れになる』

『かくなつては太番手を扱ふ加工品業者は相当痛手で有るから此際こう云ふ方面へ転向する方が得策である』

とか、何卒御教示下さい。
二、次に、綿布或は綿製品の配給を受ける為には、当地の左の如き組合には入つて置く必要が有りますか（勿論公認組合の場合に限ります）
一、綿布卸商業組合
一、メリヤス雑貨卸商業組合
三、伊藤万通信八月十五日六頁に依れば、買上げ綿製品は産業組合の外に卸商業組合及び小売商業組合等の手を通じてやる事を商工次官が言明したと有りますが、仮りに我々が申合せ組合を組織する場合、直接配給を受けなくとも当地其他の綿布卸商組合の手から綿布を購入出来ればそれで足りると思ひます。無論値段が高成るといけませんが。
四、我々が公認組合を組織し配給を受けた場合（産業組合の手を経ないで吾々に直接配給された場合）、この場合はたゞ賃縫でなく、従前通り我々から自由に地方小売商へ販売出来得るのですか　以上
右相済み申さず候へ共何分御教示願上げ

（出典：藤本家文書「組合公認の件につき質問書並回答書」。注：適宜、句読点を入れた）

この質問書によると、政吉は衣服産業従事者よりも機業家（織物業者）の方が配給に有利だと認識しており、岡山県・広島県の織物業者が衣服産業に進出してすでに軍需衣料品を軍部から受注していることを知っていた。しかし、姫路市内の衣服産業業者たちのほとんどは地元に織物業者がいないため、こうした状況に無関心で、材料生地の在庫があるとの理由で不安感はなかった。他方、店主政吉は時局悪化の覚悟と配給確保の努力を覚悟していた。

この質問書で政吉は、産業組合・卸売商業組合・小売商業組合を経由して配給される綿布が、非公認の姫路ミシン裁縫同業組合へ配給されないのではないかと懸念している。なぜなら、衣服産業従事者にとって綿布は材料生地の中心であり、この配給が確保されないとなれば、それは大幅な経営縮小あるいは廃業を意味したからである。

政吉の危惧に対する伊藤萬商店の返答が史料2である。これによると藤本仕立店の扱う内需労働者向け仕事着は統制対象であった。政吉は公認組合未加入の状態でも材料生地の購入と完成品の販売に少々の自由が残されていると考えていたが、伊藤萬商店からの回答はそれをすべて否定するものであった。この回答を受け、政吉は公認組合の設立に力を尽くすこととなる。

史料2　組合公認の件につき伊藤萬商店からの回答書（一九三八年八月三一日付）

拝啓　毎々格別の御引立に預り難有奉存候。

陳者二十七日附貴翰正に拝誦、御照会の件左に御回答申上候。

（一）「非公認の組合員には買上綿布の配給無きや」は仰せの通りにて、此際是非とも公認の組合を結成し置かるゝ必要有之、且つ益々統制経済の強化されんとする傾向にあるに於ては、其の方が今後に対しても何かにつけ御便宜かと被存候。右は御書面の如く太番手を御取扱の加工品業者の方々にのみ必要であるのみならず、凡ゆる方面の御当業者必要と考へ居り候

（二）「綿布、綿製品の配給を受くる為には左の如き組合に加盟し置く必要ありや」は、前段の理由に依りて貴地綿布卸商業組合及び莫大小雑貨卸商業組合に御加入相成置くことこそ必要と存じ候。尤も既成卸商業組合のある地方にては其の統制の都合上、新規組合の結成を認めず、既成組合に編入、または合流を行はしめる地方多々有之候間、貴地の御事情に従はるゝやう一応貴県産業課または商工課に就て御照会下度候。

（三）「非公認の申合せ組合の場合直接配給を受けずとも、他の綿布卸商組合の手より購入し得れば足るものにあらざるか」は買上綿布に対しては通用致さゞるものにして、買上綿布は公認卸商業組合員より卸商聯に買上げられ、更に農、山、漁村、鉱山、工場労働者用として公認小売商業組合員を通じて配給致さるゝものに御座候。

（四）「公認組合を組織して配給を受けたる場合、単に賃縫のみでなく従前通り自由に地方小売商へ販売し得るや」は之れまた第三の問題に対する弊答と同様理由にて自由販売は不可能のものに御座候、即ち貴組合員より卸商聯へ、卸商聯より地方公認小売商業組合員を通じ、買上綿布の最高標準小売販売価格を持って前述の各労働者に配給さるゝことに相成居候。

先は右御回答迄如斯に御座候　草々

八月三十一日　経済調査部

藤本政吉様

（出典：藤本家文書「組合公認の件につき質問書並回答書」。注：適宜、句読点を入れた）

（2）姫路被服工業組合設立と軍需品の受注

配給確保を目的とした公認組合設立に向け、政吉は一九三八年設立の姫路ミシン裁縫同業組合の後身として、同年秋[26]に姫路被服工業組合を設立した。「姫路被服工業組合創立総会付議事項」には「幸に当市同業者二五名中二〇名の同意者を得まして法定数と認めましたから、本日茲に創立総会を挙行するに至った」[27]とあり、政吉をはじめとする組合員の対応の早さがうかがわれる。創立時の理事には政吉の長男である嘉吉が就任し、のちには政吉が組合長を務めた。

組合設立の最大目的は材料生地の配給を受けることにあり、具体的な事業内容は、①共同仕入、②営業方法・販売価格の協定、③販路・産地調査、④講習・講話会の開催、⑤従業者への指導・監督・表彰で、将来的には、保管事業・運搬事業・信用事業（金融）も見込まれていた。創立時には組合事業の一環として「市商工会議所、県商工課ノ応援ヲ得テ軍需品裁縫加工ヲ引受ケ」[28]た。この「軍需品裁縫加工」事業は「誠ニ将来性ヲ有スル重大ナ試験的事業」であり、「真ノ長期戦ニ至ル可ク覚悟セラレ、相当長期間綿糸布ノ配当等ハ無之モノト決心シテ事業ニ」[29]参加するよう各組合員は期待された。初回の事業で組合が引き受けた品目は、ズボン、カツポ服、ランパン、事務服、乗馬タンコ、上衣、綾シャツ、運動シャツ、水兵服であった。

この一九三八年ころの統制は衣料品よりも糸や材料生地の配給を主眼としており、公認組合の設立後は、材料生地の配給が確保されれば民需衣料品の製造販売に若干の自由が残されていた。とはいえ、同年末頃にはすでに軍需衣料品の受注が組合運営において大きな焦点となっていた。

（3）工業組合法改正後の組合再編と合資会社化

一九三九年四月の工業組合法改正にもとづき、姫路被服工業組合は翌五月に兵庫県西部内地向被服製造工業組合へ再編された[30]。藤本政吉は出資の形で参加した。「兵庫県西部内地向被服製造工業組合定款」によると組合員範囲は姫路市、飾磨市、揖保郡、佐用郡、宍粟郡、赤穂郡、神崎郡、朝来郡ほか二市一一郡とされた。主な事業内容は、①製品検査と検査証票配布、②原材料共同購入の強制、③必要品の供給、④営業指導と研究調査の四点とされ、姫路被服工業組合に比して事業内容が簡明になった。

一九三八年六月の「綿製品ノ製造制限ニ関スル件」と「綿製品ノ加工制限ニ関スル件」で藤本仕立店は材料仕入と製品製造の問題に直面していた。三九年六月三〇日に藤本政吉から姫路税務署に宛てられた「営業の純益金額審査請求書控」によると、「仕入品総高ノ多キハ昨年六月末以来、品統制並ニ製造加工禁止等ニ遭ヒ、其行先ヲ案ジ、不用意ニ買入レタルニ依ル。従ツテ其大部分ハス・フ製品ニシテ売行甚ダ不良ニシテ在庫品モ多数トナル」とあり、前三八年の仕入総高が九五、九二五円八六銭であったのに対し、売上高は六六、六五八円九六銭に減少していた[31]。「昨年六月末以来」、すなわち一九三八年六月二九日の「綿製品ノ製造制限ニ関スル件」「綿製品ノ加工制限ニ関スル件」によって民需品の製造加工が制限されたため、不人気のスフ製生地の仕入過多に陥った状況に対し、この審査請求書控は営業税と所得税との純益金引き下げの再審査を姫路税務署へ要求したものであるが、その再審査結果を政吉はさらに不服とし、大阪税務監督局長宛にも営業純益金額審査を請求した（その結果は不明）。

一九三九年一二月一日、藤本仕立店は合資会社化に向けての定款を作成し、同月四日に合資会社藤本仕立店として登記し、翌五日に姫路区裁判所から登記簿の認証を受けた。さっそく同店は六日に家族会議を行ない、代表社員に政吉の長男である藤本嘉吉、社員に政吉と春治（政吉の次男）が就任し、藤本政吉の所有に係る資産の買収と負債の代払が規定された[32]。

当時の合資会社は工業活動でなく商業活動に特化した「商人たる営利社団法人[33]」の性格をもっていた。民需綿製衣料品の製造販売を禁じられた政吉は合資会社化を通じて卸売商業者または小売商業者として当面の事態を乗り切ろうとした。この場合に藤本仕立店がとりうる商業者としての可能性は、衣料品在庫の卸売か小売か、あるいは仕入過多に陥った不人気のスフ製生地の卸売か小売かである[34]。前者のみをとった場合、衣料品在庫か生地在庫が払底した時に営業の継続は不可能となる。そのため、一九四二年二月に有限会社化を果たすまで同店は在庫払底後の仕入販売業者としての立場を模索することとなる。それが次節に述べる商業組合加入へと繋がっていく。

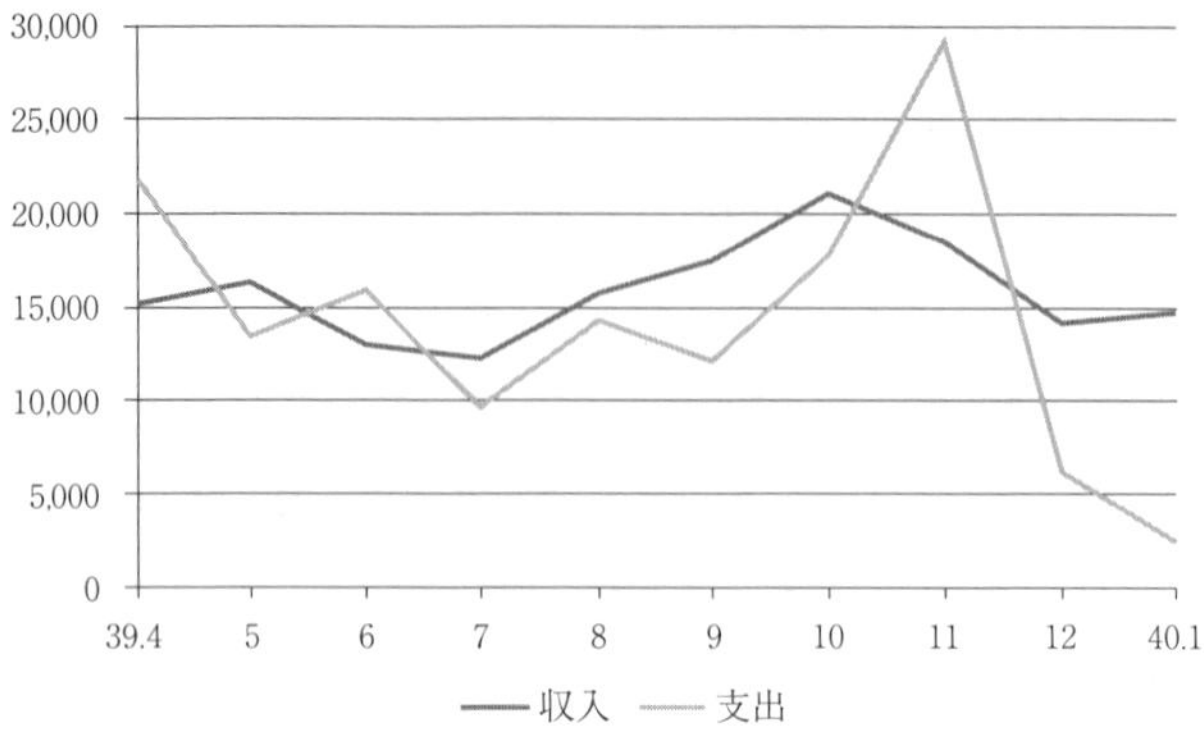

図1　藤本仕立店の収支（1939年4月～1940年1月、単位円）

出典：藤本家文書「金銭出入帳」。

（4）当該期の収支

図1は当該期の藤本仕立店の収支である。一九三九年五月の兵庫県西部内地向被服製造工業組合設立から同三九年一二月の合資会社藤本商店設立にいたる期間において、材料生地の配給は不安定であり、マイナス収支になった月も多い。このような事態を背景に、藤本家は工業組合傘下の工業者として、また合資会社を根拠とした商業者として、自家の事業を二重に位置づけようとしていた。

収支状況をみると、収入先は雑貨店・商店や個人客で、一部に創業期からの顧客が確認される。一方、支出先は織物販売店、同業者、従業者である。織物販売店には、越後屋商店、伊藤萬商店、柿久合資会社（以上、大阪市）、学生服製造販売者には、背板兄弟商会（岡山県児島郡）などがみられる。

第三節　統制への対応（一九四〇〜四一年）——商業組合への加入——

（1）卸売商業組合への加入

一九三九年一二月に藤本仕立店は合資会社化に踏み切ったが、後掲の図2（二一七頁）からは配給が四一年一月まで途絶えたことがわかる。前章第四節で既述のように四〇年二月三日商工省告示第三二号「繊維工業設備ニ関スル件」第二項で足踏式・電動式の工業用裁縫機（ミシン）は地方長官の許可をなくして新設や増設ができなくなった。

「甲種勤労所得資料箋」によると、一九四〇年五月頃の合資会社藤本商店には藤本嘉吉を代表社員にその下で五名の店員が雇用されていたことが確認される。これによると、坂本林一、立岩清司、壺坂政幸、松岡力、苫瓜正義の五名のうち、同四〇年下半期に退社したのは三名で、とくに壺坂は入営を理由に退社している。この状況は戦時期の男工不足を反映しており、配給確保とともに人員確保が重要になりつつあったことを示唆する。

しかし、藤本政吉は工業組合加入と合資会社化だけでは解決しえない同店の複雑な業態に起因する問題を抱えていた。すなわち工業組合に加入してはいるが民需衣料品の製造を禁止されており、そこで合資会社を設立したがそれでも商業者としての配給を保障されないのではないかと危惧していた。それゆえ商業組合加入の意義を考えたようである。このことを詳しく示すのが史料3で、これは一九四〇年五月二九日付で伊藤萬商店に宛てられた書簡写しである。

史料3　商業・工業組合加入の件に付質問書（一九四〇年五月二九日付）

貴店益々御隆昌の段慶賀の至りに存じます。

扨《さて》々御多用中甚だ恐縮ですが、先御伺申し上げますから、宜敷御教示下さいます様お願ひ致します。私方は布帛製品の製造業並に既製服（作業被服団体団体服並に通学服其他服装雑貨）の取次卸商もして、現在では工業組合（当地単一組合、県連合会、全日本作業被服団体服工連）にのみ加盟致しておりますが、今度当地にて業者間に既製服商業組合（小学生通学服、作業服、団体服）を結成する事となり、近く創立総会を開く事となっております。

注　一方、工業組合では全日本作業被服団体服工業組合連合会へ加入し、近く特免作業被服製造会社より生地の配給を受け、賃加工をなし其製品に対し何程かの割戻しがある様です。右工連の主張としては、我等は受託工業者に非ず其製品の販売に依って生計を営んで来たものである。尚又、直接小売業者に販売し来ったもので、仕入卸業者へは一品だに販売しておらないから、特免品に限って吾等に販売さすべきであると卸商業組合の反対に立っております。

ところで、私方が今度当地で結成される既製服卸商業組合へ加盟すると右の工連の主張と相反する事となり、現業者のお骨折りに対し相済まぬ事となるのみならず、私店の今後の配給（賃加工）に影響もすると心配しております。さりとて私店が純然たる工業者でなく、製造者でもあり、仕入卸者でもあり又少々の小売もするると言ふ複雑なる経営ですから、工業組合だけでは満足出来ない、卸商業組合にも加入して過去の実績に対して利潤を得たい。これが吾等同様の立場にあるものの念願と思ひます。

注　私店が単に製造加工業のみであれば、工業組合だけへ加入しておれば充分商権は擁護されてゐるのですが。

然し、早晩これは商工どちらかへ淘汰される運命に直面してゐるものと思ひます。今迄に当局其他紙上等で屡々《しばしば》見聞するのですが『商業組合員で工業組合員たる事を得ず』とか又『卸、小売兼業する事が出来ないとか』そうかと言へば、他方、工業組合から特免布に就て其製品も販売させて呉れと商工省に交渉した際など、工連から『此際至急、卸、小売何れかの商業組合へ加入せよ、万一所属組合なき時は至急結成せよ』と言ってきました事もあって、商工両方共に加入して良いやら悪いやら其了解に苦しみます。

以上、愚言を弄しましたが、私店の考へでは此際ぜひ共卸商業組合にも加入し、過去の商権を擁護したいと思ひますが、一体どうすれば良いのですか。工業組合に加入して製造の実績に対し利潤を得たいし、又商業組合へも加入して仕入卸売の実績に対しても利潤を得たいし、甚だ剛欲の様ですが、決して一ツのものに利潤を二重取りするのではないと存じてゐます。

ａ一体どうすれば良いか

ｂ名義を二ツにして各組合に加入するか

ｃ私の様な店は今後如何に進むべきが良策でせうか

右なるべき委しく御教示ください。大変勝手申上げ恐縮でございますが、お言葉にあまへて御伺申し上げます。

お願ひ『貴通信には姫路Ｆと記さないで下さい』無記名に頼ます。

五月二九日

伊藤萬商店経済調査部御中

（出典：藤本家文書「商業・工業組合加入の件に付質問書並回答書」）

一九四〇年五月末の時点で藤本仕立店は工業組合に加盟し、商業組合には参加していなかった。書簡によると小学生通学服、作業服、団体服を扱う各商業組合の設立が予定されていたが、全日本作業被服団体服工業組合連合会（以下「工連」）は小売業者に販売してきた経緯から、両者の間に立つ各商業組合の設立に反対していた。と

設立年月日	関与形態
1938年12月14日	工業部繊維関係理事
1938年7月25日	組合長
1938年10月	理事(嘉吉)、のち組合長(政吉)
1939年5月	出資
1940年12月15日	監事
1941年1月	詮衡委員(政吉)、出資
1941年9月15日	監事(春治)、出資(政吉)
—	出資(春治)
—	出資(春治)
—	出資(政吉)
—	—
1941年12月22日	出資(政吉、嘉吉、春治)

はいえ工連は関連業者に対し卸商業組合か小売商業組合へ加入すべきとも、所属組合がない場合は至急に商業組合を結成すべきとも指示していた。上位組織の混乱した指示のもとで政吉は卸売商業組合への参加を表明している。そのため工業組合・商業組合の両組加入の可否を懸念していたが、史料4の伊藤萬からの回答によると現行の組合法は両組加入を禁止していなかった(35)。

史料4　商業・工業組合加入の件に付伊藤萬商店からの回答書（一九四〇年五月二九日付）

拝復　貴店弥々御隆盛奉慶賀候

陳者五月二十九日付貴翰拝誦御質問の件左の通り御回答申上候。只今の組合法に於ては商・工・両組合に加入致す事を禁止する旨の規定無之候間、両組合に御加入相成る様御奨め申上候。従つて名儀に関しても別段二分の必要も無之、一つにて宜敷かと被存候。

猶今後の方針に就ては只今の処商工省の方針未決定の為め、断言致兼ね只現状の儘押し進む外良策とて無之、不悪御諒承下度候。先は右御返事迄

表7　藤本仕立店が関与した団体一覧（1942年）

	団体名	住所	組合長・代表者
	姫路商工保安協会	姫路警察署内	妻鹿信吉（姫路警察署長）
工業組合	姫路ミシン裁縫同業組合	姫路市	藤本政吉 組合長
	姫路被服工業組合	姫路商工会議所内	藤本政吉 組合長
	兵庫県西部内地向被服製造工業組合	姫路市	福永豊次郎 理事長
商業組合・統制会社	兵庫県学校服卸商組合	姫路市	—
	兵庫県繊維雑貨卸商組合	—	田中静三 代表
	兵庫県既成服卸配給組合	神戸市神戸区	壺阪幸次 代表
	兵庫県服装雑貨卸商業組合	—	長田熈 理事長
	兵庫県労働作業衣卸商組合	—	熊田亀之助 理事長
	兵庫県学童服卸配給組合	—	三宅貞次郎 理事長
	中播繊維製品小売商業組合	—	—
	兵庫県繊維製品配給統制株式会社	本店 神戸市神戸区、出張所 姫路市	小野雄作 取締役社長

出典：藤本家文書（姫路市商工保安協会会則草案、姫路市商工保安協会会則附会員名簿、姫路ミシン裁縫同業者組合組合員並役員氏名表、定款、理事辞任届、企業許可令第7条に依る報告書（下書）、兵庫県学校服卸商組合創立総会附議事項並収支概算、学童服仕入販売実績調査表並覚控、当座帳、布帛製品関係業者に関する調査報告控、兵庫県既成服卸配給組合創立総会決議録、地方配給統制会社出資金払込に関する件通知、本組合出資第一回払込に関する件通知、兵庫県繊維製品配給株式会社設立に関し組合へ出資払込に関する件通知、中央会社地方会社出資者調査に関し御照会の件、兵庫県西部内地向被服製造工業組合出資証券用紙、姫路被服工業組合創立総会に関する書類並組合関係文書、兵庫県繊維製品配給統制株式会社割当株代金並名義人控）。

如斯御座候。　　敬具

昭和一五年五月二十九日

経済調査部

藤本政吉商店様

（出典：藤本家文書「商業・工業組合加入の件に付質問書並回答書」）

これを受けて、四〇年末から藤本仕立店は複数の商業組合や配給組合に加入し、一部では役職に就くか出資するかによって参加した。

一九四二年の時点で同店が加盟していた組合などの関与団体を一覧にしたのが表7である。兵庫県学校服卸商組合（一九四〇年一二月設立、姫路市）で藤本政吉は監事を務め[36]、兵庫県既成服卸配給組合（一九四一年九月設立、神戸市神戸区加納町）では春治（政吉の弟）が監事を務め、政吉は出資で関与した[37]。また、四〇年から四一年にかけて設立されたと思われる、兵庫県服装雑貨卸商業組合、兵庫県労働作業衣卸商組合、兵庫県学童服卸配給組合では、それぞれ、春治、同、政吉が出資した[38]。

中播繊維製品小売商業組合を除くこれらの組合は卸売商業組合で、いずれも兵庫県繊維製品配給統制株式会社が一九四一年一二月二二日に設立されてからは、この配給統制株式会社に属するようになる。同社は「繊維製品並生活衣料品類一切」を取り扱う「配給業務、配給ニ関スル施設並ニ之ニ付帯スル一切ノ事業ヲ行フ[39]」対小売商業者を配給対象とする地方配給会社であった。主たる業務は購入と配給に分かれ、購入業務は「主務省並ニ繊維需給調整協議会ノ割当指示ニ基ク繊維製品ヲ中央配給統制会社、中央製造配給統制会社又ハ関係団体ヨリ一手購入[40]」し、「取扱品ヲ関係小売商業組合ヲ通ジ小売商業者ニ配給ヲ為シ、百貨店及産業組合法ニ基ク購買組合等ニハ直接配給ヲ為ス[41]」ものであった。

同社は神戸市神戸区江戸町に本店、姫路市神屋町に出張所を置いた。人事は神戸市または姫路市で仕立業や裁縫業を営んでいた人物たちが就いた。たとえば、取締役社長が小野雄作、専務取締役が竹馬清作、常務取締役が三木定七、春日鍵治、取締役が田中静三、浅野政治、神村徳太郎、壺阪幸次、杉立泰三、茂木貞三、常任監査役が白木偵次郎であった[42]。複数の卸商業組合に出資していた藤本春治は一時期「地配会社勤務」をした[43]。これら人事のうち、田中静三は兵庫県既成洋服卸配給組合の理事長、および兵庫県繊維雑貨卸商組合の代表、壺阪幸次は兵庫県既成服卸配給組合の代表も務めていた。

「兵庫県繊維製品配給統制株式会社割当株代金並名義人控」には「労働服。及ビ学童服。ハ政吉名義ニスルヲ、ヨシトス」や「既製服。及ビ服装雑貨。ハ春治名義トスル事」と注意が記されている。業務形態が複数で取扱品目が多種にわたる藤本仕立店の特徴を反映し、複数の方向から正当に配給を得ようとする対策がうかがえる。また、表7からは工業組合には藤本政吉とその長男嘉吉が人事で関与し、卸商業組合に春治が多く出資していることとが確認され、工業者とも商業者ともいえる同店の複雑な立場がわかる。ところが、「繊維製品配給機構整備要綱」（一九四一年一〇月一四日施行）および「布帛製品関係工業組合整備ニ関スル件」（同年一一月七日施行）を契機に、同店は工業者としての地位を失う危機に直面する。

（2）小売商業者としての立場

これまでみてきた商業組合への参加は、中播繊維製品小売商業組合を除いて卸売商業組合であった。この時期、藤本仕立店の小売商業部門は縮小していた。一九四二年一月一九日付の「企業許可令第七条に依る報告書」で同店は自社の小売商業部門を藤本幾野名義で史料5のように報告した。

史料5　「企業許可令第七条に依る報告書（下書）」（一九四二年一月一九日）

十七・一・十九

企業許可令第七条に依る第七条報告書

姫路市カジ町一〇

報告者　藤本幾野

兵県《ママ》知事　坂千秋殿

（1）

（現ニ行フ事業）　（1）八　男子既成服小売業

（2）九　洋品及服装雑貨小売業

（3）四　男子注文服仕立小売業

（2）事業ヲ行フ場所ノ名称及位置又ハ事業ヲ行フ区域

姫路市鍛冶町一〇
藤本仕立店

（3）取扱物資ノ税額、同上最近一ヶ年ノ取扱数量又価格
（1）八　男子既成服小売業
（作業被服）六三八　¥四、七〇二・二〇
（2）九　洋品及服装雑貨小売業
（布帛製品）三、二一三　¥三、六三七・七六
（3）四　男子注文服仕立小売業
（男子注文服）二七三　¥二、八六五・三〇
（4）　ナシ
（5）令第三条ニヨル指定以外ノ現ニ行フ事業　（1）柔道剣道上衣
柔道又、帯小売
八二五　¥四、六三〇・二五
（6）開始時期　明治廿三年五月
（7）加盟団体　中播織維製品小売商業組合
（8）従業員　男一、女二
（出典：藤本家文書「企業許可令第七条に依る報告書（下書）」）

すでに述べたように一九四一年一二月に施行された企業許可令と四二年五月に施行された企業整備令は企業整理を工業組合単位から企業単位に移行させ、事業の全面的許可制を導入した。このうち企業許可令第七条は「指

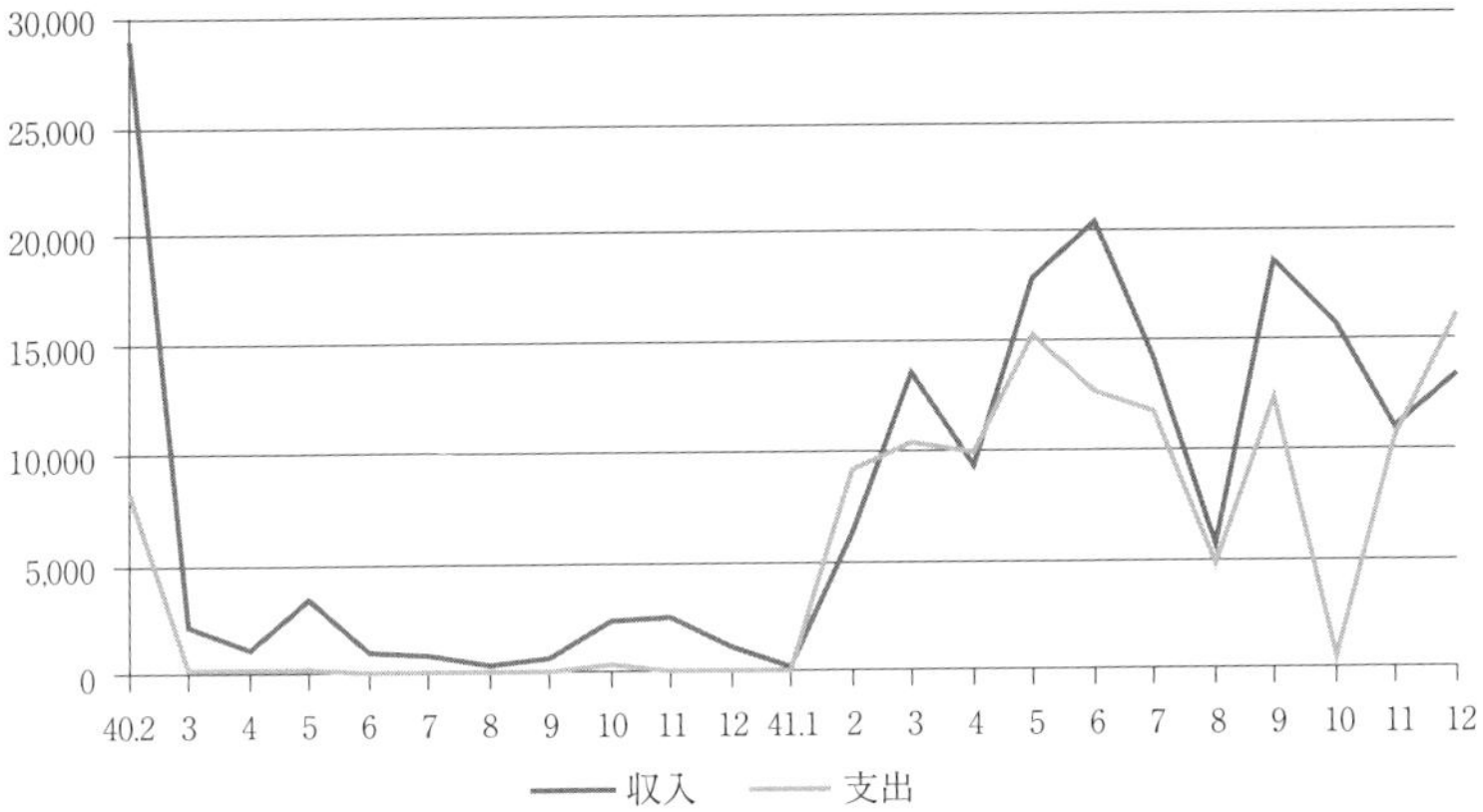

図2　藤本仕立店の収支（1940年２月～1941年12月、単位円）

出典：藤本家文書「金銭出入帳」。

定事業ノ指定アリタル際、現ニソノ事業ヲ行フ者又ハ其ノ相続人ハ国家総動員法第三十一条ノ規定ニ基キ閣令ノ定ムル所ニ依リ其ノ事業ヲ行フ旨ヲ行政官庁ニ報告スベシ[44]」と規定した。

史料5の報告書は自社を小売商業者として位置づけている。加盟団体は中播繊維製品小売商業組合である。そして「指定事業ノ指定アリタル際、現ニソノ事業ヲ行フ」業種は男子既成服小売業、洋品及服装雑貨小売業、男子注文服仕立小売業の三業種であり、他方「（企業許可）令第三条ニヨル指定以外ノ現ニ行フ事業」が柔道着・剣道着であった。同条は、今後事業の指定を受けようとする者は行政官庁の許可か指定統制会の許可を得る必要があると規定している。

史料5にある小売業者としての藤本仕立店がその後どのように評価されたかは明らかでないが、中央製造配給統制会社下の兵庫県西部内地向被服製造工業組合員として有限会社化すれば継続的な営業に展望があった。そこで、共同出資による有限会社が一九四二年に設立されることとなる。

（3）当該期の収支

「金銭出入帳」によると、一九四〇年の収支金額はいずれも大幅に減少した（図2）。支出は二月の八二七四円を最後に一二月まで三桁以内に収まり、六月は二〇銭、八月は三八円、一一月は五〇円、七月・九月・一二月は記載自体がないという状態であった。支出件数についても大幅に縮小し、預貯金等の記載を除けば、ごくわずかの生地仕入代と仕立代（工賃）が確認されるのみである。収入件数をみても、一月に一九件、二月に三五件が確認されるが、三月に七件と減少し、そのうち二件は「現金」として簡潔に計上され、以後、四一年一月まで「現金」と記載される。四〇年二月に施行された「繊維製品配給統制規則」の影響がいかに大きかったかがわかる。

一九四一年二月からは三九年の収入先との取引が再開した。商組や配給組合以外では三九年まで継続されていた小売商からの収入および未払金の回収が大きな比重を占めた。また、前年に複数の商業組合へ加入した結果、四一年二月以降は所属組合からの販売代金と工賃をも取得するようになった。「組合学生服二一着入」（二月一八日）、「組合ヨリ入軍略帽八〇個工賃入」（三月一七日）、「県連分作業ズボン一二〇足入」（同日）、「（特免会社）製造手数料及卸利潤入、ズボン、女子作業衣服」（同日）などの項目が月当たり二〜三件ほど記載されている。特定の組合が毎月支払う固定的な収入ではなく、変動的ではあるが、配給途絶による経営危機から脱したことが確認される。

支出をみると、従来からの仕入先（生地や学生服など）との取引は縮小し、作業着上下、ゲートル、ブラウス等の少数に留まったが、工賃の記載数は増加した。小規模な生産が断続的に行なわれていることが明らかである。一九一〇年代からの主力品目であった柔道着は四二年から製造が不可能になり、その後は仕入に特化した。

第四節　統制への対応（一九四二～四四年）――有限会社化と市内裁縫工場の変容――

（1）有限会社化の背景

「繊維製品配給機構整備要綱」（一九四一年一〇月一四日施行）は中央製造配給統制会社への出資資格を規定した。これにより、同会社の出資資格は「関係工業組合」「製造卸業者」「製品ノ仕入卸業者（地方卸ヲ除ク）[45]」の三者と規定された。後二者は指定された四区分（労働作業衣類、既製服類、和装既製品類、布帛雑品類）ごとに一九三八年度の販売実績額から判定されることとなった。満たすべき実績額は、労働作業衣類で五〇万円、既製服類で三〇万円、和装既製品類で三〇万円、布帛雑品類で一〇〇万円である。単体の工場や企業がこの基準に到達できない場合は企業合同によって実績を合算することが認められていた。

「繊維製品配給機構整備要綱」を受けて実施された査定調査が史料6「布帛製品卸販売実績調査表」である。これは兵庫県内地向布帛製品工業組合連合会が兵庫県西部内地向被服製造工業組合に調査委託した書類で、四一年一一月一日に作成され、提出は四日午前中という急務のものであった。この調査票によると、藤本仕立店は「布帛雑品類」を扱う業者として、三八年度に「シャツ、ノーリツコート、事務服、開衿シャツ、ズボン下、パンツ、ズロース、海水褌、カツポ着、ジャンバー、ブラウス、スカート」を製造販売した。

ところが、藤本仕立店の総額は「五四、五〇〇円」にすぎず、「製造卸業者」としても「製品ノ仕入卸業者（地方卸ヲ除ク）」としても「布帛雑品類」の出資資格たる実績一〇〇万円にはほど遠い。同店は商業者だけでなく工業者としても営業を継続する意向をもっていたから、当時の営業継続条件としては次の二点を満たす必要があった。第一に従来どおり兵庫県西部内地向被服製造工業組合に参加し続けること、第二に「関係工業組合」または企業合同によって一〇〇万円の出資資格を満たすことである。同店は兵庫県西部内地向被服製造工業組合に所属していたことから、「関係工業組合」で一〇〇万円の実績合算を行なうことが実現性は高かった。

史料6　「布帛製品卸販売実績調査表」（一九四一年一一月）

実績	内地向	昭和一三年度総額 五四、五〇〇円	布帛製品名	シャツ、ノーリツコート、事務服、開衿シャツ、ズボン下、パンツ、ズロース、海水褌、カツポ着、ジャンバー、ブラウス、スカート

兵西被第三一七号　昭和十六年十一月一日

兵庫県西部内地向被服製造工業組合　理事長　福永義雄

組合員各位殿

布帛製品卸販売実績調査表ノ件

今般、兵庫県内地向布帛製品工業組合連合会ヨリ標記ノ件ニ関シ、今回設立サル可キ中央製造配給統制会社ノ出資者タルベキ資格者調査ノ必要上実績調査表ノ提出方委嘱有之条、左記各欄御高覧ノ上適宜御記入ノ上、来ル十一月四日午前中ニ必着スル様、御手記相成度此段御通知申上候（二通提出ノコト）。尚右期日迄ニ御提出無キ向ハ資格ナキモノト認定処理可仕候間右様御了承相成度候。

追而卸販売トハ自己ノ仕入又ハ製造シタル製品ヲ地方卸又ハ小売業者ニ販売スルヲ謂フモノニ候。

提出先　兵、内、布帛製品工連

中央製造配給統制会社設立ニ伴フ出資者タルベキ調査ノ為

一六年十一月二日

（出典：藤本家文書：「布帛製品卸販売実績調査表」）

「布帛製品関係工業組合整備ニ関スル件」（一九四一年一一月）はしばしば述べてきたように、中央製造配給統制会社下の布帛製品関係工業組合を管理しやすくすることを目的にしたもので、工業組合加入資格としてミシン五〇台を所有していることという条件を設けた。この「件」に関わる調査「布帛製品業態調査」(46)によると、貸与ミシンを委託先から回収した上でも藤本仕立店に設置された「ミシン機」は四〇年末時点で四二台にすぎないが(47)、三八年時点を対象とする別の調査報告では「ミシン四八台、穴カガリ二台、裁断機一台」(48)、つまり五〇台のミシンを所有していた。すなわち、四〇年末の時点では貸与ミシンがまだ八台ほどが受託工のもとに貸し出されたままであった可能性が高い。兵庫県西部内地向被服製造工業組合の組合員であり続けるには藤本仕立店（合資会社藤本商店）へ貸与ミシンをすべて回収する必要があった。

（2） 有限会社化とその効果

①有限会社化

藤本仕立店は兵庫県繊維製品配給統制株式会社下の各商業組合に参加する一方で、工業組合では兵庫県西部内地向被服製造工業組合のみに加入していた。繊維製品配給消費統制規則（一九四二年一月）は工業組合加入を現業維持の必須要件とし、その組合員は有限会社、株式会社、代行直営工場等の単一企業体であらねばならないと規定した。これを受け、四二年二月末に共同出資による兵庫県西部被服工業有限会社が設立された。同年二月二七日付の「兵庫県西部被服工業有限会社出資証券七枚」によると同社は七人の出資者によって設立され、藤本嘉吉が代表取締役となった。出資の構成は嘉吉が一一六口（一一、六〇〇円）、他の六人が八口〜一九口であった。有限会社設立を受け、合資会社藤本仕立店は同四二年二月二八日に「ミシン加工請負業機構整備統合」を理由に、また同年四月一六日に「卸商業機構整備統合」を理由に、工業者としても商業者としてもそれぞれ廃業届を姫路税務署へ提出して解散した(49)。

このように藤本仕立店は有限会社化し、工業組合への継続参加条件に規定されていた「加工業者の統合体」を設立した。同店は辛うじて形式上は工業面でも配給経路に組み込まれたこととなる。

②有限会社化による経営再開

姫路市内の国民職業指導所宛に提出された職工紹介を依頼する書類控「一般青壮年縁故雇入認可申請書並調査報告依頼」によると、兵庫県西部被服工業有限会社は一九四二年一〇月に入り「空前ノ」注文を受けた。そのため、同社は増員三三人と補充二〇人の合計五三人の女工雇用を申請した。申請理由には、「呉海軍工廠及大阪陸軍被服工廠ヨリ十、十一、十二月、五千着、被服裁縫注文受ケ、且中央配給会社三千着ノ裁縫割当ヲ受ケタルニ付、之ノ仕上ノ所要労務絶対必要ノ為メ申請セリ」とある。申請書提出時の従業者規模は、事務職員三人（いずれも男性）、裁断工五人（同）、縫製工四三人（男八人、女三五人）であり、ほぼ倍増に近い職工追加希望である。

ところが、「金銭出入帳」から藤本仕立店が仕事代（工賃）に支払った人数を確認すると、一九四二年の兵庫県西部被服工業有限会社設立後、四三年前半にかけて毎月一〇人程度に留まっている。これら職工の工賃は、それまで一〇円台に集中していたのが、四三年になると二〇～三〇円台に上昇し、なかには五〇円台にのぼる職工も確認される。同社の一〇人ほどの職工の給金が大きく上昇したことからは、材料生地の配給が不安定ななかで、衣料品生産量の増減に職工数ではなく職工一人当たりの労働量の増減で対応したと考えられる。したがって、増員申請時の従業者五一人全員に工賃や給料が支払われたわけではなく、一部に給料の未払いがあったか、あるいは架空の「幽霊社員」を含んでいたと考えられる。

第三節に述べたように合資会社藤本商店には入営を理由に退社した社員（壺坂政幸）がいた。「組合員の営業種類転廃業者等回答依頼書」からは壺坂が一九四二年三月現在でも「目下応召中」と記されていることがわかる。

太平洋戦争勃発後の戦線拡大によって男工数が大量に減少し、女工の確保も難しかったのではなかろうか。戦線の拡大と経営規模の拡大は相反する事態であった。補論3にみる学徒動員の募集先、すなわち学徒勤務先には軍需工業が多く、民間工場が学徒勤労員を雇用することは難しかった。工業組合を構成する有限会社などの単一企業体がミシンを五〇台所有したとしても、それらを用いる五〇人の職工を雇用できたとは限らないのである。

そのような状況においても藤本仕立店には三五人の女工が通勤していた。終章第二節に触れるように同店の廃業は四七年七月と思われ、四二年頃から通勤していた女工たちにはそれまでの給金としてミシンを譲渡したという可能性が考えられる。すでに四六年三月度の「棚卸」では同店の所有ミシンは汎用の44型を中心に処分され、三七台にまで減少している。この台数は四八年一一月一九日まで変更されていないが、五四年度「棚卸」では穴カガリミシン、普通ミシン、裁断機のいずれも台数が記載されておらず、資産価値から除外したと考えられる。

③当該期の収支――有限会社化の効果――

配給の部分的確保と軍需衣料品の受注があったとはいえ、図3のとおり収支状況は良くなかった。一九四二年の収入元の大半は前年と同様、小売店および所属組合からの販売代金・工賃である。工賃をみると「兵庫県繊維製品配給会社、国防ヂヤンバー代入」（五月二三日）(50)とあるように、対小売商業者を配給対象とした地方配給会社である兵庫県繊維製品配給統制株式会社からの受注が確認される。金額は一七八一円と従来よりも大きな規模で、他組合からの工賃も上昇しているが、月単位の収入は五月の一五、〇五二円を頂点とし、以後、六月に一〇、六八一円、七月に六五一八円と続き、八月には三五三二円と急減している。また、四月から入金件数は毎月二〇件程度へ激減したが、収入は組合・特免会社工賃、および特免会社からの保証金等で、収支が黒字になる月も確認される。しかし、四二年八月以降はさらに入金額が件数とともに減少し、一一月までの四ヶ月間は工賃収入も途絶えた。入金件数の減少は対小売店取引の減少に比例しており、同年一月二〇日公布即日施行の「繊維製品配給消

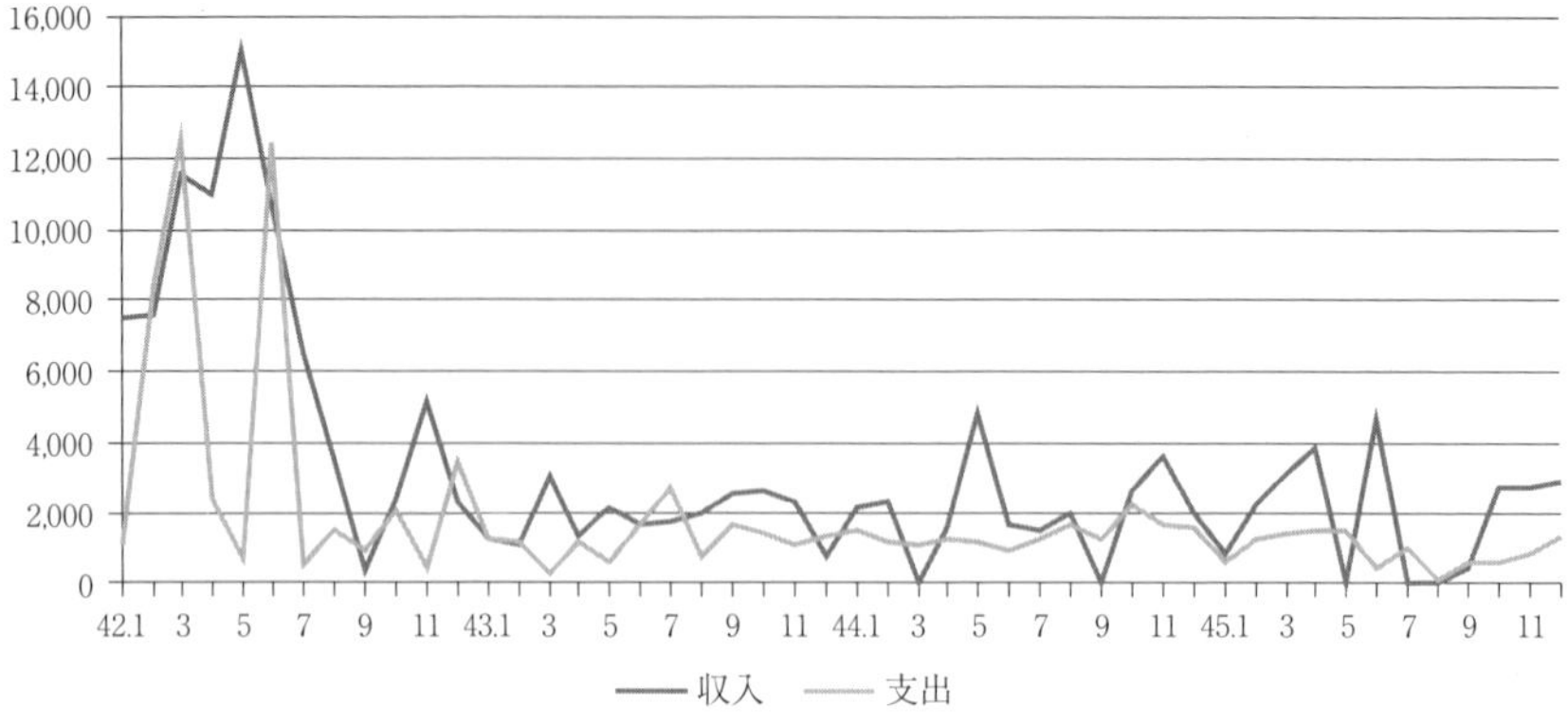

図3　藤本仕立店の収支（1942年1月～1945年12月、単位円）
出典：藤本家文書「金銭出入帳」。

費統制規則」、いわゆる点数制による衣料品の総合切符制が定着し、掛売顧客であった取引先が急減し、八月あたりまでで、そこからの未払金をほぼ回収し終えたためと考えられる。

支出面では、新規取引として、製造不可能になった柔道着を東京柔道衣工業組合から購入するようになった。送金額は一九四二年一一月に一五六円四一銭、一二月に一三九一円、翌年二月に五四三円である。

一九四三年は、収入額が前年に比して三分の一程度に減少し、縮小再生産で営業が続けられた。収入元は、工賃では「有限会社ヨリ工賃入」（毎月二〇〇〇円～二六〇〇円）と記される通り、有限会社に限られる。また、「嘉吉給料」が五月、七月、八月に支給され、いずれも二〇八円程度である。販売先からの収入は断続的であり、一度きりの記載が目立つことから、前年までの掛売金額の回収と考えられる。なお、四三年になると従来から取引をしていた小売店の名は確認できない。「繊維製品配給消費統制規則」以来、製品は主として有限会社に吸い上げられ、そこから配給会社へ流れる構造が徹底されたと考えられるから、原則的には小売販売や卸販売は存在しなくなった。なお、「日本特免会社出資十株払戻入ル」（八月三日、五〇〇円）のように所有株の払戻が時折見受けられる。支出先では毎月一〇名ほどに支払われる工賃が確認される。

一九四四・四五年の収入は有限会社からの工賃のみとなり、支出は「仕事代」が多くを占め、その他は、ミシン油代、ミシン糸代、新聞代などの雑費である。四四年から四五年にかけて「仕事代」として支払われる職工名に女性名が多く戦局の悪化が如実にわかる。終戦後の九月以降も収入には有限会社からの工賃、支出に個人の仕事代が記載されている。

（3）受注の減少と巨大裁縫工場の登場

①取扱品目の推移と継続的な縮小再生産

以上、組合活動、事業形態変容、収支状況の角度から戦時統制の影響をみてきた。取扱品目の推移は断片的に述べただけなので、ここで簡単に振り返りたい。まず、一九三〇年代は統制の影響が小さく、学生服の仕入、柔道着の製造および、仕事着の製造・仕入、いずれもが卸売販売と小売販売で行なわれていた。四〇年代になると統制が強化され、仕事着の製造・仕入は縮小し、学生服の製造・仕入と柔道着の製造は四〇年ないし四一年に停止した。四二年に学生服は少数ではあるが自家生産が再開され、柔道着は四一年以降、仕入に特化した。この間、一部に仕事着、軍服および関連品の注文を受けたが、小売店との取引が激減し、収入は有限会社工賃と配給手数料ばかりになり縮小した。

②姫路市における巨大裁縫工場の登場

第五章第一節で述べたように、一九四三年末頃から東洋紡績姫路工場がミシン二〇〇台を擁する裁縫工場となり軍服・軍需衣料品の納入を行なった。姫路市内に設立された巨大な裁縫工場の事例としては他に、前年の四二年に開庁した第二海軍衣糧廠姫路本廠があげられる。

第二海軍衣糧廠は姫路本廠と岡山支廠に分けられ、いずれも被服・糧食と原材料の生産、加工、購買、保管などの業務を行なうものと規定された。また、「官庁又ハ、民間ヨリ被服若《もしく》ハ糧食又ハ其ノ材料ノ生産者ハ、加工又ハ其ノ指導ノ依頼ヲ受ケタルトキハ（中略）海軍大臣ノ定ムル所ニ依リ之ニ応ズルコトヲ得[51]」とされた。

それまで、海軍の被服調達は横須賀海軍軍需部が一括購入し、各軍需部に移送していた。材料生地を購入した場合は各軍需部の裁縫工場や部外契約者によって裁縫された。そのうち、下士官兵軍衣袴（冬服）や外套等の毛織物被服は主に舞鶴軍需部裁縫工場で製造された[52]。すなわち、衣糧廠開庁前から海軍は独自の被服調達経路を形成していたのである。

第二海軍衣糧廠は設立当初から軍用衣料品が不足していた。そのため姫路・岡山両廠は「関ヶ原から九州一円にわたる地域の部外工場の積極的な協力を得て[53]」、そのような協力工場は「大阪や九州その他の出張所で扱うていたものまで数えればイトマがないほど多[54]」かったという。さらに一九四四年六月からは工場化された兵庫県宍粟方面の各学校を組織していった。他方で戦時企業整備によって指令系統が簡素化された兵庫県内および姫路市内の工業組合、商業組合、有限会社と衣糧廠との連携は必ずしも密接ではなかった。

（4）　商工省統括と軍工廠統括

ここで考えてみたいのは、「布帛製品関係業者ノ企業整備ニ関スル件」の有限会社化促進を念頭に商工省振興部施設課事務官の細井富太郎が指摘した次の説、すなわち「経済的共同事業を一緒にやる工業組合は、なるべく地域が狭く、なるべく業種の同一のものが一緒にやる方がやりよい[55]」との説である。姫路衣糧廠設立の一九四二年にはすでに兵庫県西部内地向被服製造工業組合が設立されており、細井富太郎の観点からすれば姫路衣糧廠が同組合に発注するのは当然の流れと考えられる。しかし、実態はそうではなかった。

その理由としてまず考えられるのは、設立された時点で姫路衣糧廠が独自の配給経路や下請業者を確保していた可能性である。同じ姫路市内の裁縫工場とはいえ、同廠と兵庫県西部内地向被服製造工業組合は別の生産単位であった。

次に考えられるのは、姫路衣糧廠と兵庫県西部内地向被服製造工業組合との生産品目の違いである。終戦後に第二海軍衣糧廠からGHQに提出された引渡目録「第二海軍衣料廠引渡目録（一九四五年）」からは同廠の在庫、さらに下請工場の分布と在庫が詳細に分かる。姫路市内の工場とその在庫は「姫路市本廠内」（附属品）、「東洋紡績姫路工場」（カタン糸、真綿）で、他市郡内の衣料品工場は、多可郡（略服、夏襦袢）、尼崎市（作業服、冬服）、宍粟郡（作業服）、飾磨郡（防暑袴、略服）、城崎郡（防暑服）、加西郡（略服、夏服）、養父郡（略服）、印南郡（靴下）が確認され、東洋紡績姫路工場を除いて姫路市内の衣料品工場は記されていない[56]。市内工場とは同廠は契約していなかったのであろう。

これらをみると一九四二年に設立されて以来、姫路衣糧廠は「夏襦袢」や「作業服」のような兵庫県西部内地向被服製造工業組合が製造できると思われる衣料品を組合を介さずに調達していた。出征時や戦闘時の携行衣料品であった[57]「防暑袴」や「防暑服」はそもそも同工業組合では製造しておらず、四二年一月に公布施行された「繊維製品配給消費統制規則」の指定品目からも確認できない。

「規格制定に供する参考資料の件通知」によると、兵庫県西部内地向被服製造工業組合は全日本作業被服団体服工業組合連合会と全日本布帛ミシン裁縫工業組合連合会から、また、兵庫県西部被服工業有限会社は呉海軍工廠、陸軍被服廠大阪支廠、中央配給会社から、断続的にそれぞれ軍需衣料品を受注した。しかし、衣料廠からの発注はなかった。

これまでみてきたように、府県単位での工業組合設立は従来の自由主義的組合関係を超え、組合を構成する有限会社群に地域内での合理的生産を可能にさせることを目的としており、その過程で企業許可令・企業整備令は工場・企業の新設に制限を加えた。しかし、姫路衣糧廠が新設工場として設立され、商工省の推進してきた生産体制の合理化とは逆に県域全体にまたがる個別企業・団体との取引関係を構築していた。衣糧廠は軍部直轄工場であるため、軍需衣料品のみを製造または購入したのであって、主に民需衣料品の製造・購入・販売を統括した商工省管轄下の配給会社・組合・有限会社・株式会社などとは取引経路を異にしていたのである。商工省は戦時経済統制の中核的組織であり、当初の統制策では中小業者の転廃業促進とそのための融資政策などの経済政策もその一環であった。これに対し、陸軍海軍は統制当初から民間工場を下請化して掌握することを目的としていた。この違いが、商工省の求める生産体制の合理化との齟齬を生じさせたのである。

小括

日中戦争勃発後の材料生地の軍用化から太平洋戦争勃発前後の衣料品軍用化へと統制が拡大・強化された過程で、姫路市内衣服産業の戦時動向は決して芳しくなかった。一九三八年頃、戦時統制の初期段階に日本帝国政府は、家内に織物生地が死蔵されていることを理由に、軍需へ回す生地に余裕があると判断した。姫路市内の衣服産業従事者間でも同様の認識が共有され、在庫生地が豊富にあるため統制による生地不足は憂慮されなかった。この点において藤本政吉と市内同業者間の危機意識の違いは大きかった。

藤本仕立店は民需衣料品の製造販売に向けて配給確保を必要としていた。そして、合資会社、有限会社と経営形態を転換させ、同業者間では商業組合参加の強化や工業組合の拡大を積極的に行なった。組合は民需衣料品の製造販売だけでなく軍部からの軍需衣料品の受注も主たる目的となっていったが、受注が常態的になったとは考えにくい。その上、配給途絶や収入減などの苦難があり、転廃業の極めて多かった戦時期という文脈において、藤本仕立店の経営転換の効果も小さかった。特に有限会社化は、政府にとっては事業主単位での生産者把握と物資配給の円滑化・軍用化の把握という一定のメリットがあったのに対し、事業主にとっては必ずしも安定的な物資配給を保証したものではなく、常に経営は不安定であった。

一九四二年に姫路市内へ第二海軍衣糧廠が設立されたにも関わらず、同廠と市内の組合工場や有限会社との系列化は実現しなかった。商工省の目的である物流・生産の合理化は実態として上手く機能しなかったといえる。山崎〔二〇一二〕の指摘した「陸軍の下請系列化」は海軍の場合にも確認された。戦時期には商工省主導の企業合同、および配給会社の下請系列化も形成され、戦時経済統制において軍部と商工省の指針の食い違いが発生し(58)、それを反映した二つの配給経路が併存した。商工省と軍部の対民間工場二重統括において、前者は道府県を単位に統括範囲を有し、後者は工廠を単位に統括範囲を有していた。

ここで、衣服産業における統制関連法令と実質効果との関係に言及しておきたい。まず、一九三八年六月二九日に公布・即日施行された「綿製品ノ製造制限ニ関スル件」「綿製品ノ販売制限ニ関スル件」「綿製品ノ加工制限ニ関スル件」において製造販売が禁止された生地のうち、スフ生地は衣服産業部門へ多く出回っていたことが本章で明らかになった。統制法令による経済統制の効果は小さかった。次いで、一九四一年一一月七日公布の「布帛製品関係工業組合整備ニ関スル件」は、一企業にミシン五〇台の設置を義務づけ、四二年一〇月二六日公布の「布帛製品関係業者ノ企業整備ニ関スル件」は、販売実績と出資額を設定し、いずれも企業合同によって生産力の拡大や生産性向上を目指した。しかし、政府による民間業者の把握が工業組合から有限会社へと変更されても、それらがさまざまな工場や企業による集合体であることに変わりはなく、統制関連の法令は自ら名づけたそれらの呼称に翻弄された点は否めない。

また、本論でみたとおり、さまざまな調査書類に登録された従業者数と実際に工賃の支払われた従業者数には大きな差があり、まさに「国策順応の建前」[59]が一般化していた。この建前は戦時経済統制を知る人々がこぞって口にする「幽霊社員」に他ならない。[60]

そもそも、ミシンの高度な分散性を考慮すれば、衣服産業における生産財の集中や経営規模の拡大は生産性と無関係であった。

(1) 山崎広明・阿部武司『織物からアパレルへ――備後織物業と佐々木商店――』大阪大学出版会、二〇一二年、八八頁～九七頁、二七八頁。

(2) 山崎・阿部『織物からアパレルへ』二七八頁。

(3) 山崎・阿部『織物からアパレルへ』二八六・二八七頁。

(4) 山崎・阿部『織物からアパレルへ』二七五頁。

(5) 戦時経済統制は最終的に物資の全面軍需化と企業整備の合理化を目指したが、「諸統制が、実効をともなって展開しなかった」(平賀明彦「日本における戦時統制経済の実態――中小工業問題を通して――」『白梅学園大学・短期大学紀要』第四八号、二〇一二年三月、二頁) 点も看過できない。本章では、統制の厳格さの半面で、統制法令の有効性には多少の疑念をもっておきたい。

(6) さらに規模拡大に拍車をかけたのが、戦時経済統制下の企業整備であった。たとえば、度々触れてきた背板兄弟商会は戦時中に海軍指定工場となり、企業整備によってミシンを三〇〇台に増設するよう指示され、「赤崎の小橋被服四〇台を入れて三〇〇台にし、背板兄弟商会を解散して光被服株式会社」となった(角田直一『児島機業と児島商人』児島青年会議所、一九七五年、一五〇・一五一頁)。なお、一九四一年一一月に公布された「布帛製品関係工業組合整備ニ関スル件」では、中央製造配給統制会社から布帛製品製造を委託される衣服産業者は工業組合員であると同時に、ミシン五〇台を満たさない場合には企業合同を行なうことも義務づけられた(詳細は本書第Ⅱ部第六章を参照のこと)。

(7) 山崎・阿部『織物からアパレルへ』二七七～二七八頁。

(8) 山崎・阿部『織物からアパレルへ』二七七〜二七八頁。
(9) 難波知子「大衆衣料としての学生服——岡山県旧児島郡における綿製学生服の製造を中心に——」『国際服飾学会誌』第四七号、二〇一五年、九・一〇頁。
(10) 難波「大衆衣料としての学生服」九・一〇頁。なお、難波も依拠する角田『児島機業と児島商人』は一九二〇年代からの児島郡学生服の展開に詳しい（特に「学生服の先覚者たち」「学生服王国と合繊革命」）。
(11) 中島茂「岡山県児島地方の繊維産業と地域経済——学生服生産を中心にして——」『山陽論叢』第一四号、二〇〇七年一二月、三・四頁。中島は、多和和彦『児島産業史の研究　児島の歴史第1巻』（児島の歴史刊行会、一九五九年）、角田『児島機業と児島商人』等の基本文献を踏まえ、児島地方の繊維産業史を明確に要約している。
(12) 難波「大衆衣料としての学生服」五頁。
(13) 難波「大衆衣料としての学生服」五・六頁。『岡山市商工人名録』で確認できた角南周吉は琴浦町下村の織物商でもあったから（小郷虎一編『岡山市商工人名録』岡山商業会議所事務局、一九二三年、「児島郡商工人名録」七頁）、織物業者の衣服産業進出の一例である。
(14) 難波「大衆衣料としての学生服」一一頁。『工業統計表』の「洋服及外套類」生産額における全国動向は岩本真一『ミシンと衣服の経済史——地球規模経済と家内生産——』思文閣出版、二〇一四年、二一六〜二一八頁に詳しい。
(15) 以上、難波「大衆衣料としての学生服」一一・一二頁。これによると、『岡山県統計年報』で「洋服」項目が洋服、学生児童服、労働服、婦人子供服の四項目へ分化したのは一九三七年調査からである。
(16) 難波「大衆衣料としての学生服」一一頁より算出。
(17) 岩本『ミシンと衣服の経済史』二〇八・二〇九頁、二一六頁。
(18) 商工組合中央金庫調査課『商工組合経営事例輯　第2輯』一九四二年、五・六頁。
(19) 商工組合中央金庫調査課『商工組合経営事例輯　第2輯』五・六頁。
(20) 商人排除の過程は山崎・阿部『織物からアパレルへ』二八八〜二八九頁に詳しい。ただし、この排除は厳密には卸売商業組合に対するもので、流通経路からいって小売商業組合は工業組合と連携しやすかった（磯部喜一『最近経済問題叢書　第11』甲文堂書店、一九三九年、一二〇頁）。衣服産業からみた商人排除の一例が商業者かつ小売業者に位置づけられたテーラー（tailor）である。配給において卸売商が小売商よりも有利となる場合や商業者よりも工業者に有利となる場合を危惧し、複数の商業組合に参加したり、組合名に既製服や受託工業などの呼称を冠したりして工業者と卸売商業者の特徴を強めようとした（以上、神戸洋服百年史刊行委員会編『神戸洋服百年史』一九七八年、一九九～二〇〇頁、および伊東岩男『統制経済と商工業組合』産業文化研究所、一九四〇年、第四章「15　洋服工業組合の請願と物資配給問題」）。

(21)　工業組合中央会編『工業組合名簿』一九三七年、六三～六六頁。

(22)　商工省商務局編『商業組合一覧』商業組合中央会、一九三七年、一〇一～一〇六頁。

(23)　藤本家文書「組合公認の件につき質問書並回答書」。

(24)　藤本家文書「組合公認の件につき質問書並回答書」。

(25)　伊藤萬商店は一九三八年・三九年頃には関係監督官庁との連絡、統制法規の店内啓蒙、および取引業者への指導を徹底させ、戦時統制の朝令暮改状態への対応を始めていた（伊藤萬株式会社編『伊藤萬百年史』四八～五二頁）。本章で取りあげる藤本仕立店と伊藤萬との関係は、このような背景から形成されたと考えられる。また、一九三九年七月に大阪府経済部主催の大阪府織物販売価格査定委員会が発足し（のちに商工省直轄の協力機関として大阪府繊維品価格査定委員会へ改称）、事務所が安土町の伊藤萬旧店舗に指定され、伊藤萬からは一〇数名の委員が任命された。洋反物商として創業した伊藤萬は辛うじて統制外とされた京呉服・銘仙等の和反物に取扱品を変更させつつ、価格査定委員会や代行人への転換によって企業体を存続させた（同上書、四八～五二頁）。一九四一年から四二年にかけて伊藤萬商店企画部経済調査課は取引業者への法令解説・指導を目的に、「伊藤萬経済叢書」として『繊維製品配給統制と配給機構の整備』（伊藤萬商店、四一年五月）、『重要産業団体令と繊維統制会』（伊藤萬商店企画部、四一年六月）、『繊維製品配給消費統制規則と今後の諸問題』（同部、四二年三月）等の七冊を刊行した。

(26)　姫路被服工業組合の設立は、伊藤萬からの一九三八年八月末日付書簡（本文・史料2）以降であること、同三八年一二月に設立された姫路商工保安協会の会員名簿に同組合が登録されていることから同年秋頃の設立と判断した。

(27)　藤本家文書「姫路被服工業組合創立総会付議事項」。

(28)　藤本家文書「姫路被服工業組合創立総会付議事項」。

(29) 藤本家文書「姫路被服工業組合創立総会付議事項」。
(30) 藤本家文書「理事辞任届」、同「兵庫県西部内地向被服製造工業組合出資証券用紙」。事務所は姫路市大黒町、理事長は福永義雄、のちに福永豊次郎。
(31) 以上、引用も含め、藤本家文書「営業の純益金額審査請求書控」。引用の「品統制」は表記どおり。
(32) 以上、藤本家文書「合資会社藤本商店社員総会関連文書」。
(33) 寺尾元彦『改正会社法通論』巌松堂、一九三九年、一四四頁。
(34) のちにみるように、合資会社藤本商店は一九四二年に兵庫県西部被服工業有限会社へ転換する。有限会社には商業行為以外を行なう会社も含まれていた（寺尾『改正会社法通論』一五四〜一五五頁）。
(35) 藤本家文書「商業・工業組合加入の件に付質問書並回答書」。伊藤萬商店と藤本仕立店とに存在する情報の非対称性は一九三八年と四〇年のいずれの往復書簡でも確認される。一九三八年に藤本が送った質問状に対し伊藤萬は、本文に記したように公認組合の設立という積極策を提案したが、四〇年の質問状では、商業組合・工業組合の両組加入の合法性を述べたのみで、今後の方針については具体策を捻出できず、商工省の方針決定以後に委ねざるを得ないという消極的なものとなっていた。
(36) 以上、藤本家文書「兵庫県学校服卸商組合創立総会附議事項並収支概算」。
(37) 以上、藤本家文書「兵庫県既製服卸配給組合創立総会決議録」、同「中央会社地方会社出資者調査に関し御照会の件」、同「兵庫県繊維製品配給統制株式会社割当株代金並名義人控」。
(38) 以上、藤本家文書「布帛製品関係業者に関する調査報告控」、同「兵庫県繊維製品配給株式会社設立に関し組合へ出資払込に関する件通知」、同「中央会社地方会社出資者調査に関し御照会の件」、同「兵庫県繊維製品配給統制株式会社割当株代金並名義人控」。
(39) 大阪経済研究会編『繊維製品配給総覧』一九四二年、一六七頁。
(40) 大阪経済研究会編『繊維製品配給総覧』一六七頁。
(41) 大阪経済研究会編『繊維製品配給総覧』一六七頁。
(42) 大阪経済研究会編『繊維製品配給総覧』一六六頁。

(43) 藤本家文書「組合員の営業種類転廃業者等回答依頼書」。
(44) 統制法令研究会編『統制法全書』教育図書、一九四二年、一八頁。
(45) 日本商工会議所編『繊維製品配給機構整備要綱』一九四一年、五頁。
(46) この調査表には「将来製造セントスル希望類別品名」として四類から一つを選ぶ欄がある。統制の強化された「繊維製品配給機構整備要綱」「布帛製品関係工業組合整備ニ関スル件」においても、企業合同による現業継続の可能性をまだ当局側が残そうとした意図がわかる。他方で、四類（労働作業衣類、既製服類、和装既製品類、布帛雑品類）の品目別に企業整理することで軍需衣料品発注を合理的に行なおうとする意図も読み取ることができる。
(47) 従業者数は男性六人、女性三八人（合計四四人）。
(48) 藤本家文書「卸商組織表並卸業者に対する販売実績調控」。
(49) 藤本家文書「廃業届」。
(50) 藤本家文書「金銭出入帳」。
(51) 大蔵省印刷局編「官報」一九四二年〇九月〇九日、日本マイクロ写真、一九四二年、一五四頁。
(52) 以上、財団法人海軍有終会編『海軍要覧』一九四四年、三二八頁。本書は出版前年度に原稿の大半が仕上がっていたが、用紙配給等の事情で刊行が一年遅れた。さらに、各篇の執筆年が四一年から四三年までの範囲で異なっている。そのうち、被服と糧食を取りあげた第六篇「海軍衣糧」（目次では「海軍経理」と誤植）は工藤健次郎（海軍中佐）によって編纂された（執筆年は未詳）。以上、同書一～三頁。
(53) 浅田芳朗『姫路・第二海軍衣糧廠』一九七四年、二一頁。
(54) 浅田『姫路・第二海軍衣糧廠』二一頁。
(55) 細井「有限会社制による集団転業に就て」二九五頁。
(56) JACAR C08011035100「第1．第2．海軍衣糧廠　引渡目録」第九画像目から第一三画像目。唯一兵庫県外で確認されるのは、同廠所有の小型貨物車とバスの各一台が格納されていた「大阪府吹田豊津国民学校」である（同、第七画像目）。補論3表7参照。また、岡山衣糧廠の接収目録や引渡目録からは、物資保管場所や委託工場が同廠をはじめ岡山県内および鳥取県内に広がっていたことがわかる。岡山県内は倉敷市、津山市、上道郡、邑久郡、和気郡、赤磐郡、英田郡、勝田郡、苫田郡、久米郡、真庭郡、阿哲郡、上房郡、川上郡、御津郡、吉備郡、小田郡、後月郡、都窪郡、浅口郡。以上、JACAR C08011413900「昭和二〇年九月六日　引渡目録　第二海軍衣糧廠岡山支部　（①─引渡目録─467）」。また、鳥取県内では複数の国民学校に生地とボタンが配置されていた。以上、JACAR Ref. C08011414100「昭和二〇年九月六日　引渡目録　第二海軍衣糧廠岡山支部　（①─引渡目録─467）」。

(57)　とくに「防寒」「防暑」「防蚊」の言葉を含む衣料品は戦地で利用されたと考えてよい。たとえば「対満緊急輸送用」として一九四一年七月九日に決定された被服追送品目には「防蚊覆面」「防蚊手袋」「患者防寒覆」などが含まれている（JACAR C04123118600「被服追送に関する件」三・四画像目）。また、四二年から四三年にかけて人員補充のために決定された追送被服には通常被服のほかに「北方」「満洲」「北支」「中支」向けに防寒外套、防寒帽、防寒袴下、防寒靴などが指定され、「南方」には防毒面、防蚊覆面、防蚊手袋などが指定された（JACAR C01000961100「被服追送の件」一三・一四画像目）。この資料からは膨大な追送量が記されており、学徒動員や学校工場化による生産量の拡大を想像させるが、それも「一般被服類ノ補給ハ原則トシテ古品又ハ代用品ヲ以テス」と規定した「被服節用ニ関スル通牒」の出された四四年八月までのことである（JACAR C14060441600「緬憲経第84号移牒昭和一九年八月一二日　森7900経衣第一二三四号　被服節用に関する件通牒　昭和一九年八月三日」二画像目）。

(58)　このような分解は統制会・工業組合と軍工業会との対立として一九四三年一一月以降は常態化したようである（山崎志郎『戦時経済総動員体制の研究』日本経済評論社、二〇一一年、三三四～三三六頁）。

(59)　蝶矢シャツ八十八年史刊行委員会編『蝶矢シャツ八十八年史』一九七四年、一二一頁。蝶矢シャツの「国策順応の建前」は、本論で記したとおり、綿の無地晒シャツの禁止に対する人絹の柄晒シャツの製造販売であった。

(60)　岩本『ミシンと衣服の経済史』一九～二〇頁。

補論3　第二海軍衣糧廠姫路本廠と生産組織

第六章の最後に触れた海軍衣糧廠の組織や開庁後の動向、そして関わった協力工場・学校工場の広がりはほとんど知られていない。本章は第六章を補うために、第二海軍衣糧廠姫路本廠の開庁準備から操業状況、および関連工場について考察する。本廠については、史料的制約が大きいなかで、自費出版とされる浅田芳朗『姫路・第二海軍衣糧廠』は貴重な先行研究であり、本論でも多分に参照する。

第一節　海軍衣糧廠と浅田芳朗『姫路・第二海軍衣糧廠』

（1）　海軍衣糧廠の概要

海軍衣糧廠は「海軍衣糧廠令」（一九四二年九月八日公布、一〇月一日施行）を根拠に設置された日本帝国海軍管轄の被服・糧食工場である。最初に運転されたのは第二海軍衣糧廠で、一九四二年一〇月に本廠は兵庫県姫路市に、支廠は岡山県岡山市に設置された。第一海軍衣糧廠は翌四三年一〇月一日、東京市品川区に本廠が、神奈川県藤沢市に支廠が設置された。

衣糧廠の組織は一九四二年九月一五日に内達された三令、すなわち「海軍衣糧廠ノ所属及所在地並ニ同廠ニ置ク各部」（内令第一七三〇号）、「海軍衣糧廠ノ支廠ヲ置ク地、呼称及分掌事項」（内令第一七三一号）、「海軍衣糧廠処務規定」（内令第一七四〇号）で詳細に規定された。

陸軍被服廠に比べ海軍衣糧廠は不明な点が多い。その理由の一つに、造船・通信・兵器等に比して衣糧部門の管轄は海軍で下位に置かれていたことがあげられよう。

（2）浅田芳朗『姫路・第二海軍衣糧廠』

第二海軍衣糧廠職員を務めた自身の記憶や関係者への膨大な聞き取りを元に記録を作成したのが浅田芳朗である。浅田は一九〇九年に姫路市飾磨郡谷外村に生まれ、早稲田大学史学科で西村真次に師事、その前後に森本六爾の弟子として考古学を研究し、三二年の卒業後は同学科助手に就いた。戦時中に海軍奏任官待遇嘱託として勤務し、この間に第二海軍衣糧廠姫路本廠の職員に配属された(1)。

その頃の衣糧廠について記憶と聞き取りから著したものが『姫路・第二海軍衣糧廠』（一九七四年）で、これは同廠を述べた最も包括的で唯一の文献である。しかし、印刷部数は一〇〇部にすぎず、日本国内の図書館に少々が所蔵されているが一般的には閲覧しにくい状態にある。

浅田自身が述べるように、一九四五年七月四日の姫路大空襲により、庁舎および被服廠主要部のほとんどを焼失し、また、終戦直後には「米軍姫路進駐を前に証拠消滅のため」、「内務士官の前で」焼却し「全ての文書綴が消滅」(2)した。国立公文書館および防衛省防衛研究所に所蔵された衣糧廠関連資料の多くは、今ではアジア歴史資料センター（JACAR）(3)のウェブ上に公開されているが、これらもまた、空襲被害・焼却等の理由から不完全なものがほとんどである。網羅的に保存・公開されているのは「海軍公報（部内限）」や「海軍辞令公報」等の定期刊行物くらいである(4)。このような状況のなかで、浅田（一九七四）は貴重な文献なのである。

以下、浅田〔一九七四〕をもとにJACAR所蔵資料から情報を補足して姫路本廠の運転状況の復元を試み、第二海軍衣糧廠の設立から引渡までの展開を追う。

第二節　開庁までの経緯と人事組織

（1）開庁までの経緯

海軍衣糧廠の設立が構想されたのは、一九四一年に対米交渉が難航するなか、海軍が軍需品の自給自足を考え始めたことが発端である。(5) のちに同廠設立に向けて中核的な役割を担う広布金次郎（海軍主計中佐）が同年九月二〇日付で「横須賀鎮守府附」に、同月二五日付で「横須賀海軍軍需部長」に任命された。(6) この時点で広布は、白神君太郎（横須賀海軍主計少佐）(7) の指揮下で衣糧調達関係の企画に従事した。(8)

その後、広布は一九四二年一月一五日付で横須賀鎮守府出仕兼呉鎮守府出仕（以下「両鎮守府出仕」）に任命され、(9) 同月二〇日にすでに閉鎖が決まっていた兵庫県姫路市内の片倉製糸工場を訪問した。数名の社員がこれに応じて全施設が広布へ引き渡された。(10) 浅田〔一九七四〕の依拠する広布メモによると「先ヅ第二海軍衣糧廠ノ設立カラ開始スルコトトナリ、姫路市北条ニアル片倉製糸工場ヲ買収スルコトニナツタ」。(11) その後、広布は、大阪警備府、姫路市役所、姫路商工会議所、第十師団司令部、姫路連体区司令部、姫路国民勤労動員署等へ、所要従業員の確保と機材の整備について折衝していくこととなる。(12)

他方、広布が両鎮守府出仕に任命された一九四二年一月一五日に海軍内令第五三号が公布され、横須賀鎮守府には第一海軍衣糧廠（仮称）設立準備員が、また呉鎮守府には第二海軍衣糧廠（仮称）設立準備員が配置された。(13) 広布が両鎮守府出仕に任命された時点で、第一海軍衣糧廠の設立は予定されており、第一、第二とも設立準備員の規模はほぼ同じであった。同年九月二八日に公布された内令第一七九八号では、第二海軍衣糧廠が増員され、第一海軍衣糧廠が減員された[14]。

「海軍衣糧廠令ヲ定ム」[15]によると、一九四二年七月三〇日付で嶋田繁太郎（海軍大臣）が「海軍衣糧廠制定の件請議」を提出し、八月三一日の閣議決定を経た後、九月八日に「海軍衣糧廠令」（勅令第六四五号）が公布された。組織は、廠長・部長・部員・副部員・附で、支廠は支廠長・廠員・副廠員・附で構成されることとなった[16]。同九月一五日には内令第一七三〇号[17]、同一七三一号[18]、同一七三二号[19]、同一七四〇号が出され、海軍衣糧廠の立地、人員構成（表1）、処務規定[20]が明らかになった。人員構成に兼任が目立つため、やや小規模な開庁であったかと思われる。

衣糧廠は「官庁又ハ民間ヨリ被服若《もしく》ハ糧食又ハ其ノ材料ノ生産者ハ加工又ハ其ノ指導ノ依頼ヲ受ケタルトキハ（中略）海軍大臣ノ定ムル所ニ依リ之ニ応ズ[21]」る役割を担い、開庁することとなった。以上の経緯を経て、一九四二年一〇月一日に「海軍衣糧廠令」が施行された。これにより、第二海軍衣糧廠が兵庫県姫路市北条町に、同支廠が岡山県岡山市上伊福に開庁した[22]。この時点では第二海軍衣糧廠のみが設置され、第一は設置されていない。浅田によると第一海軍衣糧廠は横須賀鎮守府所属として、

表1　第2海軍衣糧廠の人員構成
（1942年9月15日現在）

職級	階級	人数	
長	主計少将	兼務	1
総務部長	主計中佐		1
会計部長	主計中佐	兼務	1
被服部長	主計中佐	兼務	1
部員・副部員	軍医少佐、軍医大尉	兼務	1
	主計少佐、主計大尉		1
	主計科尉官		3
支廠長	主計大佐	兼務	1
廠員・副廠員	軍医科尉官	兼務	1
	主計少佐、主計大尉	兼務	1
	主計科尉官	兼務	1
附	主計特務中少尉		1
看護兵曹			2
主計兵曹			2
書記			1

出典：JACAR（アジア歴史資料センター）、Ref. C12070164900、「昭和17年9月分（2）」（防衛省防衛研究所）、第22画像目。

表2　開庁時の人事(1942年10月1日現在)

氏名	職級	階級
森岡龍夫	補第2海軍衣糧廠長	第一艦隊集計長海軍主計大佐
藤井百太郎	補第2海軍衣糧廠総務部長兼会計部長	第1海軍工作部部員兼海軍艦政・部造船造兵監督会計官海軍主計中佐
新井克己	補第2海軍衣糧廠岡山支廠長兼第2海軍衣糧廠被服部長	馬公海軍軍需部部員兼台北在勤海軍武官附海軍主計中佐
佐藤根元	補第2海軍衣糧廠部員	第八根拠地隊軍医長兼第八海軍病院部員第八十一備隊軍医長分隊長海軍軍医少佐
窪田良雄	補第2海軍衣糧廠副部員	土浦海軍航空隊附海軍主計中尉
山本勝孝	補第2海軍衣糧廠副部員	海軍主計中尉
大月要	兼補第2海軍衣糧廠岡山支廠廠員	高雄海軍通信隊軍医長海軍軍医大尉

出典：JACAR(アジア歴史資料センター)、Ref. C13072087200、「10月(1)」(防衛省防衛研究所)、第15～第19画像目、第21・22画像目より作成。

第二の開庁から一年後の四三年一〇月一日に、東京市品川区大井町で、また支廠は神奈川県藤沢市辻堂で開庁した(23)。第一の開庁は四三年九月二五日付の「海軍内令」第一九八九号と第一九九〇号からも確認される(24)。

(2) 人事組織

開庁時の人事で判明した限りを示したのが表2である。設立準備に取り組んだ広布金次郎は、開庁日の一〇月一日付で補海軍航空技術廠支廠購買課長兼会計部部員総務部員に転属された(25)。

表1と突き合わせると、九月一五日の内令時には、廠長に主計少将が規定されたが、実際は主計大佐(森岡龍夫)が着任している。総務部長と会計部長(藤井百太郎兼任)は内令通り主計中佐、被服部長には主計中佐の新井克己が着任したが、内令では主計大佐と規定された支廠長を兼任している。部員・副部員には軍医少佐・軍医大尉・主計少佐・主計大尉・主計科尉官の五階級が規定されており、内令通りの軍医少佐(佐藤根元)と内令と異なる主計中尉(窪田良雄)らが着任している。廠員・副

廠員には軍医科尉官・主計少佐・主計大尉・主計科尉官が規定されたが、実際は軍医大尉（大月要）が着任している。

以上、第二海軍衣糧廠の人員構成は、内令時の九月一五日と開庁時の一〇月一日で部長格や部下の職級が大きく異なっていた。先述のように、表1にある内令時の人員構成には兼任が多かったこともふまえると、内令時の人員構成を開庁時に埋められなかったと考えられる。組織的に不安定なままの開庁は、後述するような勤労報国隊や学徒動員、および廠外生産組織への依存を示唆するように思われる。

第三節　廠内の生産組織

(1)　廠内の生産品目

第二海軍衣糧廠では材料生地の検品および軍用衣料品の生産が行なわれていた。姫路衣糧廠内で製造していた軍用衣料品の製品種類は表3に掲げたとおりである。海軍衣糧廠の開庁まで下士官兵軍衣袴（冬服）や外套等の毛織物被服は主に舞鶴軍需部裁縫工場で製造されていた。表3に冬用の下士官兵軍衣袴や外套は確認できず、当初の第二海軍衣糧廠では毛織物を材料とした衣料品は製造していなかったであろう。しかし四四年秋頃からは襟に毛皮の付いた上下繋ぎの飛行服が製造されるようになったという[26]。

作業時間は「課業」（始業）が午前七時三〇分、「課業止メ」（終業）が午後五時、一九四四年一二月一日から二月末日までは終業が午後四時三〇分であった[27]。

表3　姫路衣糧廠の製造品目

対象	製造品目
准士官以上	第一種軍装 第二種軍装 第二種軍帽
下士官	軍衣袴、冬襦袢、夏襦袢、作業服、事業衣袴、第二種軍帽 事業衣袴、脚絆、防暑衣袴
兵	軍衣袴、襦袢、夏襦袢、第二種軍帽

出典：浅田芳朗[1974]、21頁より作成。

休憩は午前九時四五分から一五分間だけ設定されていた[28]。

(2) 廠内の生産組織

姫路衣糧廠の組織は総務部以下、被服部・糧食部・会計部・医務部に分かれていた(表4)。各部は雇員と傭人で構成されている。各部(または部外工場)に「士」がおり、その下に「手」が配置されていた。被服部の場合、裁縫士一名に対し、裁縫手は数十名が付いていたという[29]。なお、会計部には烹炊士と烹炊手が配置されているから、会計だけでなく調理も担当していたであろう。

次に、第二海軍衣糧廠の被服部のみを詳しく見ると表5のとおりである。表には浅田の記憶や聞き書きによる雇員名・傭人名もあげた。実際の裁縫作業で重要な役割を担ったのが裁縫士である。谷口久枝ら裁縫士たちには、それぞれ数十名の裁縫手が付いていた[30]。裁縫士たちのなかには谷口のように工場化された安師国民学校へ派遣され技術指導に当たる者もいた[31]。

また、「被服部や部外工場で使う生地に就ては、試験所主任奏任官待遇嘱託橋本時一の下に桜井・高島ら数名の技工士が品質と耐久力の検査に当たっ[32]」た。

昇給は年間二回(四月一日付、一〇月一日付)であった。前月中旬に部単位で昇給会議が開催され、「部長、人事主任、係員、書記が集り、個人別勤務成績一覧表にもとづいて査定[33]」された。労務主任・会計主任も同席したよう

表4　第二海軍衣糧廠の組織(年月不詳)

部	雇員	傭人
総務	理事生、守衛長、運転士、技工士	記録手、電話手、用務手、守衛、警防手、運転手、工作手、電機手、運輸手
被服	理事生、裁縫士	記録手、裁縫手
糧食	理事生、製糧士	記録手、製糧手
会計	理事生、烹炊士	記録手、烹炊手
医務	理事生	記録手、看護婦

出典：浅田芳朗[1974]、24頁より作成。

表5　第二海軍衣糧廠被服部の組織(年月不詳)

被服部事務局
宮本、理事生(曾谷国枝、浦上時子)
裁縫士(谷口久枝)

庶務班	人事班	材料製品班	用度班	部外発注班
高馬紀子	窪田隆正	神庭	書記・村上	書記・村上
尾上てい子	沢田	上野国一	牛尾利信	曾谷／矢野国枝
小池千枝子	浦上／小林時子	堀川弘	馬場	北山／三原美代子
北	吉川紀久代	上野／東道美代子	黒田	多田／広瀬礼子
山田	福井貞子	山口	飯田	池下絢子
岩田／山本美知代		川島	砂川やすゑ	鎌塚／早稲田華子
永井良枝		伊藤えい子		松尾／砂田富美子
藤原／庄野美代子		牛尾鈴枝		大福／松下節子
石原レイ子				倉谷／中谷美智子
太田照子				荒井豊子
山本茂				

出典：浅田芳朗[1974]、20頁より作成。
注：／の前は旧姓、後は新姓。

である。昇給に準備された予算は雇員で月額二円、傭人で月額六銭であり、精励恪勤かつ成績優秀の者には増額されるが、その元手には欠勤日数が多く成績が低い者の給与を減算して支給した。最高額は雇員で四円、傭人で一〇銭程度であった(34)。

(3) 勤労報国隊と学徒動員

衣糧廠直属の裁縫士・裁縫手は不足しがちで(35)、無償労働による勤労報国隊が投入された。たとえば一九四二年または四三年に神戸洋服受託工業組合(一九三九年設立)が団長以下の組合員二〇人を三ヶ月間派遣し、海軍将校服の製造に従事した(36)。のちに同組合のうち三人は衣糧廠に残り「航空服の縫製」に従事した(37)。四四年秋頃以降に生産された上下繋ぎの飛行服のことであろう。また、四五年春には姫路洋服商業協同組合が約八〇人を派遣した(38)。

学徒勤労動員(以下、学徒動員と略す)とは、以下の一連の政策によって導入された学徒の労働力利用である。一九四四年二月二五日の閣議決定「決戦非常措置要綱」と翌三月七日の閣議決定「決戦非常措置要綱ニ基ク学徒動員実施要綱」を受け、文部省は学校別の動員基準を詳細に決定、三月末に指令を下した。動員の実施は同年四月半ばに開始された[39]。

一九四四年六月二七日、兵庫県播磨女子商業高等学校（現兵庫県播磨高等学校）から最高学年が「播磨組」と称され就業した[40]。これが最初の衣糧廠学徒動員かと思われる。同年一一月九日からはそれ以外の学年も動員されるようになった[41]。同校の学徒動員については摺河学園兵庫播磨高等学校編（二〇〇二）[42]にも記されている。これによると同校の学生は部分工程単位でミシン縫いと手縫いに分かれて作業に従事した[43]。衣糧廠では一般工員と同サイズの上着、ズボン、帽子、靴等を支給されたという[44]。同四四年一二月一日には、兵庫県立明石女子師範学校から約一二〇名の学生が同廠に就き、「明石組」と称された[45]。

学徒動員は応募をしてもなかなか集まらなかったようである。「男子・学徒動員の枠を貰うには苦労したことが多い。単なる洋裁工場のように思われやすいためだろうか、中学校・師範学校・商業学校・工業学校はもちろん青年学校の枠もなかなか貰えない[46]」状況であった。裁縫女学校へ依頼しても集まりにくかったという。浅田は温泉町の青年学校が戦場へ出動していないとの噂を聞き、浜坂国民勤労動員署（美方郡）へ衣糧廠への動員嘆願に行った。また、数十名を動員するために島根県へも依頼に行っている。

第四節　廠外の生産組織

(1)　協力工場・管理工場・指定工場

姫路衣糧廠と岡山衣料廠は、第六章に述べたように設立当初から軍用衣料品が不足しており、中部地方から九州地方にかけて無数の協力工場を抱えていた。これらの諸工場のうち兵庫県内・大阪府内で操業していたものの一部を浅田があげている（表6）。

表6　姫路本廠協力工場の一部（1944年頃）

地域	工場名・企業名
姫路	東洋紡績　姫路工場
加古川	日本毛織　加古川工場
志方	志方メリヤス組合（靴下）
豊岡	群是製糸　豊岡工場
和田山	群是製糸　和田山工場
綾部	郡是製糸　本社工場
岩滝	郡是製糸　岩滝工場
西脇	昭和繊維
神戸	片野田洋服店
垂水	阪本製綿工場
大阪	トミヤ縫工㈱
—	真宗園衣工廠

出典：浅田芳朗［1974］、21頁。
注：「—」は不明。

例えば第六章第四節で述べた東洋紡績は、一九四三年一一月頃、絹糸生産を担っていた姫路工場にミシンを二〇〇台設置して裁縫工場化し、軍服や軍用品を納入した(47)。

また、表7はGHQに引き渡された第二海軍衣糧廠管轄の備品一覧で、これからも衣糧廠の協力工場と取扱被服の広がりがわかる。このGHQ引渡目録には姫路衣糧廠の生産設備（作業物品）に関する情報も詳細に記されており、裁縫関係のみを書き出すと次のとおりである。姫路衣糧廠内には「主要被服」五〇〇〇着、「其ノ他材料品」八〇〇反、「第一裁縫所」に「ミシン頭部（焼損品修理可能）」三二四、「第二裁縫所」に「置台」一六六、「アイロン作業台」八、「裁縫台」二、「ミシン台」九二、「第三裁縫所」に「ミシン頭部（焼損品修理可能）」七七、「廠内」にミシン頭部五四、モーター五二、他の工場では三和毛織（加西郡北条町）に普通ミシン三六台、特殊ミシン二台、豊岡縫工（養父郡豊岡町）に特殊ミシン二台とある。三和毛織（三和織物）と豊岡縫工は表7にも確認される(48)。

(2)　学校の工場化

閣議決定「決戦非常措置要綱ニ基ク学徒動員実施要綱」（一九四四年三月七日）では学徒動員とともに学校の工場化（学校工場化）も導入された(49)。各校史からは学徒動員とともに学校工場化の詳しい運営状況を知ることができる。なかでも逸見勝亮〔一九七八〕は各大学史を中心に調査した成果で、特に師範学校に着目して学徒動員と

表7　姫路本廠および協力工場の対GHQ引渡目録一覧
（被服のみ、1945年）

格納位置		品目	数量
姫路市本廠内		附属品	110 梱
宍粟郡安師村	安師倉庫	作業服 紺毛織物 褐青色毛織物 褐青色綿織物 絹織物 雑織物 粗布	1,800 着 428 梱 1,010 梱 252 梱 163 梱 444 梱 50 反
飾磨郡阿成		防暑袴 褐青色綿織物 褐青色雨衣地 紺毛織物 人絹シール 略服 略服（上衣のみ） 毛皮 紺木綿紉	3,000 着 43 梱 230 梱 10 梱 20 枚 2,000 着 700 着 10 梱 6 梱
神崎郡福崎		褐青色綿織物	328 梱
加西郡北条町	三枝倉庫	褐青色綿織物 雑綿物	113 梱 6 梱
城崎郡豊岡町小田村	豊岡縫工所	防暑服	4,000 着
加西郡北条町	三和織物有限会社	綿糸（粗布製織中） 略服 夏服	20 俵 2,500 着 5,000 着
多可郡中町	共和布帛有限会社	略服 夏襦袢	1,000 着 8,000 着
養父郡八鹿町	八鹿被服有限会社	略服	1,000 着
尼崎市常吉北新田	栄工業株式会社	作業服 冬服	5,000 着 3,000 着
（姫路市）	東洋紡績姫路工場	カタン糸 真綿	45,000 個 3,000 瓩
神戸市須磨区	坂本製綿工場	古繊維	72,125 瓩
印南郡西神吉村	野村角次	靴下	155,000 足
	宗佐荘一	靴下	23,000 足
印南郡志方村	平田一夫	靴下	249,600 足
	平田節治	靴下	34,600 足
	藤山二郎	靴下	45,000 足
	太田知二	靴下	30,000 足
多気郡味間村	降矢工場	雑釦	71 梱

出典：JACAR（アジア歴史資料センター）、Ref. C08011035100（第９画像目から第13画像目）、第１．第２．海軍衣糧廠　引渡目録（防衛省防衛研究所）。
注１：（　）は筆者注。
２：兵庫県外で唯一確認される協力主体は同廠所有の小型貨物車とバスの各１台を格納していた「大阪府吹田豊津国民学校」（同第７画像目）。

学校工場化を全国規模で網羅的に要約している。
逸見によると師範学校の生徒たちの動員先としては軍工廠が圧倒的に多く、そのうち被服廠関係では、山形県師範学校予科二年七九人が栃木県陸軍被服廠豊岡作業所へ、秋田県師範学校予科二年・三年各七〇人が東京府陸軍被服本廠へ、神奈川県女子師範学校本科二年四三人が神奈川県海《（ママ）》軍被服廠学校工場へ、三重県女子師範学校予科二年・三年計五〇人が三重県大阪陸軍被服支廠学校工場へ、大阪府第一女子師範学校本科二年八〇人が大阪陸軍被服廠と大阪府大阪陸軍被服廠学校工場へ、兵庫県師範学校予科二年六五人と三年二八人が兵庫県第二海軍衣糧廠へ動員された(50)。

姫路市内では一九四四年一一月に兵庫県播磨女子商業学校が軍服縫製用学校工場に転用された(51)。また安師国民学校では講堂が工場に充てられた（年月日は不詳）。こうした、師範学校等の姫路衣糧廠傘下の工場への転用は兵庫県立山崎高等女学校（現山崎高等学校）のように宍粟方面へも展開した(52)。

小括

前章第四節では生産体制が商工省統括と軍工廠統括で分離していたことを述べた。本論では姫路衣糧廠の設立経緯をたどり、協力工場や学校工場の地理的広がりを探った。設立経緯からは内令時（九月一五日）の人員構成を開庁時（一〇月一日）に埋められなかったことがわかった。このことから、同廠が当初の構想より小規模な組織にとどまったと推定できる。

協力工場や学校工場は兵庫県内にも確認されたが、中部地方から九州地方にわたり広域に展開し、商工省の主導した経済統制とは異なり府県を単位としたものではなかった。このことは「府県別陸軍監督工場名簿」(53)から陸軍被服廠の場合にも確認できる。これによると、一九四二年現在で監督工場・管理工場に指定されていた一部の一二九工場のうち、東京本廠が監督部隊となったのは北海道・東京府・神奈川県・埼玉県・栃木県・富山県・静岡県・愛知県・大阪府・和歌山県・岡山県・島根県にまたがっていた。また、大阪支廠は大阪府・兵庫県・石川県・滋賀県・愛知県、広島支廠は広島県・岡山県・山口県・愛媛県・香川県・福岡県を監督していた。

（1）姫路市埋蔵文化財センター「考古学――播磨の先人　浅田芳朗――」二〇一〇年度冬季企画展チラシ。浅田芳朗『考古学の殉教者――森本六爾の人と学績――』柏書房、一九八二年、奥付。戦後は神戸女子大学・神戸山手女子短期大学をはじめ短大教授を歴任した。一九三五年に郷土文化学会を創立し、播磨地方の考古学者や郷土史家としても活躍した。
（2）浅田芳朗『姫路・第二海軍衣糧廠』一九七四年、三～四頁。
（3）URL は http://www.jacar.go.jp/。国立公文書館が運営している。
（4）国立公文書館のウェブ公開資料の一覧は http://www.jacar.go.jp/siryo/siryo3_1.html、防衛省防衛研究所のウェブ公開資料の一覧は http://www.jacar.go.jp/siryo/siryo3_3.html に掲載されている。
（5）浅田『姫路・第二海軍衣糧廠』、五頁。
（6）浅田『姫路・第二海軍衣糧廠』一二頁。同書は広布金次郎の残したメモを多く参照している。ただし、「海軍辞令公報」（部内限）第七一七号（一九四一年九月二〇日付）によると、広布（第一海軍燃料廠会計部部員海軍主計中佐）は「横須賀鎮守府附」ではなく、「補海軍航空本部造兵監督会計官兼海軍艦政本部造船造兵監督会計官」に任命されている（JACAR　C13072082200「九月（四）」第四八画像目）。また、「横須賀海軍需部長」は「海軍辞令公報」（部内限）第七一八号（四一年九月二五日付）からは確認できない（JACAR　C13072082300「九月（五）」第一六画像目～第三三画像目）。
（7）白神君太郎は一九三七年一二月一日から四〇年一一月一四日まで海軍省軍需局課長（日本近代史料研究会・伊藤隆編『日本陸海軍の制度・組織・人事』東京大学出版会、一九七一年、一二三九頁）。
（8）浅田『姫路・第二海軍衣糧廠』一二頁。
（9）「海軍辞令公報」（部内限）第七九四号（一九四二年一月一五日付）によると「補海軍省経理局局員」となっている（JACAR C13072083800、「一月（二）」第四七画像目）。
（10）以上、浅田『姫路・第二海軍衣糧廠』一二頁。片倉製糸は、蚕糸業統制法を法的根拠とした全国製糸業組合連合会の釜数整理決議に応じ、四一年二月二七日に姫路工場の閉鎖を決定していた。閉鎖決定工場は尾沢・姫路・高知佐川・宇佐・越後第二・岡山・末吉の七工場であった。以上、片倉工業『片倉工業株式会社創業一一七年のあゆみ』一九九一年、一一七頁。

(11) 浅田『姫路・第二海軍衣糧廠』一二頁。
(12) 浅田『姫路・第二海軍衣糧廠』五頁、一二頁。
(13) JACAR C12070160500「昭和一七年一月（二）」四・五画像目。浅田は「設立準備委員」としているが、海軍内令第五三号（一九四二年一月一五日付）では「設立準備員」である。本論は後者に従う。
(14) JACAR C12070165000「昭和一七年九月分（三）」二九～三一画像目。
(15) JACAR A03010009300「海軍衣糧廠令ヲ定ム」一～四画像目。
(16) JACAR A03010009300「海軍衣糧廠令ヲ定ム」五・六画像目。
(17) JACAR C12070164900「昭和一七年九月分（二）」第一六画像目。
(18) JACAR C12070164900「昭和一七年九月分（二）」第一七画像目。
(19) JACAR C12070164900「昭和一七年九月分（二）」第一八画像目。
(20) JACAR C12070164900「昭和一七年九月分（二）」第二五画像目～第三二画像目。
(21)『官報　一九四二年〇九月〇九日』日本マイクロ写真、一九四二年、一五四頁。
(22) 一九四〇年の説もあるが誤記かと思われる（タウン編集室編『姫路市立城陽小学校創立八〇周年記念誌――城陽の歩みを求めて――』姫路市立城陽小学校創立八〇周年記念事業実行委員会、一九九一年、一八一頁）。なお、兵庫県飾磨郡御国野村深志野（現姫路市御国野町深志野）に被服部と糧食部の分工場があった（浅田『姫路・第二海軍衣糧廠』二六頁、設立時期は不明）。
(23) 浅田『姫路・第二海軍衣糧廠』六～七頁。
(24) JACAR C12070188900「昭和一八年九月（五）」第二・三画像目。
(25) JACAR C13072087200「一〇月（一）」第一九画像目。
(26) 浅田『姫路・第二海軍衣糧廠』二一頁。
(27) 以上、浅田『姫路・第二海軍衣糧廠』三七頁。
(28) 以上、浅田『姫路・第二海軍衣糧廠』三七頁。
(29) 浅田『姫路・第二海軍衣糧廠』二〇頁。

(30) 浅田『姫路・第二海軍衣糧廠』二〇頁。
(31) 浅田『姫路・第二海軍衣糧廠』二六頁。安師国民学校（現姫路市立安富南小学校）は安師尋常高等小学校を一九四一年に改称したもので、四七年には安志小学校となった。浅田は「安志での国民学校」（同書二六頁）という記述をしており、四一年と四七年の校名を混同している。なお、安師国民学校等の校名は、姫路市立安富南小学校ウェブサイト内「学校沿革史」を参照した。
(32) 浅田『姫路・第二海軍衣糧廠』二一頁。
(33) 以上、引用も含め浅田『姫路・第二海軍衣糧廠』二四頁。
(34) 以上、浅田『姫路・第二海軍衣糧廠』二四頁。
(35) 浅田『姫路・第二海軍衣糧廠』二一頁。
(36) 神戸洋服百年史刊行委員会編集室編『神戸洋服百年史』一九七八年、九二頁、二〇一頁。
(37) 刊行委員会編『神戸洋服百年史』九二頁。
(38) 浅田『姫路・第二海軍衣糧廠』三〇頁。
(39) 文部科学省ウェブサイト内「三　戦時教育体制の進行：文部科学省」。文部省編『学制百年史』（帝国地方行政学会、一九八一年）がウェブ公開されている。
(40) 浅田『姫路・第二海軍衣糧廠』三〇頁。兵庫県播磨高等学校のウェブサイト内「沿革」によると、同校は一九二一年に共愛裁縫女学校として姫路市光源寺前に開校し、二七年一〇月に姫路高等女子職業学校、四四年四月に兵庫県播磨女子商業学校、四六年四月に兵庫県播磨高等女学校と改称した。浅田の記憶する校名には四四年と四六年の校名が混ざっていると推測される。第一海軍衣糧廠品川本廠でも学生が動員された。確認できた事例では、一九四四年七月から和洋女子学院の本科普通科四年生九〇名が動員されている。作業は軍衣・軍帽・下着等の縫上げが中心で、同廠女子動員のうち中等学校生は和洋女子学院と共立女子職業学校の二校ほどで、他は大妻女子専門学校や日本女子大学校等の専門学校生であった（鈴木正彦偏『和洋学園八十年史』和洋学園、一九七七年、一八二頁。和洋女子学院は現在の和洋九段女子中学校・高等学校のこと。共立女子、大妻女子、日本女子の校名は各校ウェブサイト内の沿革関係のページを参照した）。

(41)　浅田『姫路・第二海軍衣糧廠』三〇頁。
(42)　摺河学園兵庫播磨高等学校編『兵庫県播磨高等学校八十年のあゆみ――心の教育をめざして――』二〇〇二年。
(43)　摺河学園兵庫播磨高等学校編『兵庫県播磨高等学校八十年のあゆみ』四四頁、四六頁。
(44)　摺河学園兵庫播磨高等学校編『兵庫県播磨高等学校八十年のあゆみ』四六頁。
(45)　浅田『姫路・第二海軍衣糧廠』二七・二八頁。
(46)　当段落は引用も含め全て、浅田『姫路・第二海軍衣糧廠』三〇頁。
(47)　東洋紡績株式会社社史編集室編『百年史　東洋紡』一九八六年、三六四頁。
(48)　以上、当段落は、JACAR C08011035100「第1．第2．海軍衣糧廠　引渡目録」第一四画像目から第一六画像目。
(49)　学校工場化の展開については、文部科学省ウェブサイト内「二　高等教育の戦時体制化：文部科学省」に明瞭な解説がある。
(50)　逸見勝亮「戦時下における教育の崩壊過程――師範学校生徒の勤労動員――」『北海道大学教育学部紀要』第三一号、一九七八年三月、二五二～二五五頁。軍需衣料品の製造を行なう学校工場はミシン設備を利用できた利点がある（浅沼アサ子「戦時下の女子教育Ⅱ――高等女学校家庭科と関連して――」『東京家政学院大学紀要』第二二号、一九八二年一二月、一七頁、学校工場で被服縫製作業に従事した学徒の年間報償の実状は同上論文一九・二〇頁に詳しい）が、東京では被服科をもつ学校が東芝の軍需部品生産工場となり同科学生が造兵廠と日本光学に動員された事例もあり（実践女子学園八〇年史編纂委員会『実践女子学園八〇年史』一九八一年、三七二頁）、必ずしも適材適所に工場が選定されたわけではない。
(51)　摺河学園兵庫播磨高等学校編『兵庫県播磨高等学校八十年のあゆみ』四四頁。
(52)　浅田『姫路・第二海軍衣糧廠』二六頁。
(53)　JACAR C13120864300「府県別陸軍監督工場名簿　昭和一七年五月　陸軍省整備局工政課／本文（一）」；JACAR C13120864400「府県別陸軍監督工場名簿　昭和一七年五月　陸軍省整備局工政課／本文（二）」；JACAR C13120864500「府県別陸軍監督工場名簿　昭和一七年五月　陸軍省整備局工政課／追加分」；JACAR C13120864600「音別陸軍管理工場名簿　府県別陸軍監督工場名簿（削除ノ部）（追加ノ部）（訂正ノ部）」。

これらの名簿には「監督部隊名」として運輸・燃料・衛・兵・航・需・糧・製絨・被・獣が記されており、このうち「被本」「大支」「広支」のみを抽出した。

第七章　戦時経済統制下の業態と取引状況

本章は藤本仕立店の業態調査と実績調査をもとに、戦時期における同店主要品目の仕入・製造・販売の状況を明らかにする。これら諸調査の対象期間はほぼ一九三七年から三九年までに収まるため、日中戦争勃発直後の衣服産業を具体的に知ることができる。以下では統制関連の業態調査・実績調査・出資調査等を単に「統制関連調査」と称す。

戦時経済統制下の調査書類の内容はほとんど知られていないが、序章に述べたとおり藤本仕立店店主の政吉は一連の調査報告書類の控を記し保存していた。もともと調査書類は提出分と控分との二部を配布するのが通例であった。しかし、戦前または戦時の転廃業、控書未記入、戦災焼失等の理由から、ほとんどその書式しか知られておらず、一連の史料はきわめて貴重である。

戦時経済統制が強化されるとともに、一九四〇年夏季から都道府県、統制団体・配給会社・統制会社は、組合、企業、個人業者に対して物資配給と企業整備に関する査定を目的とした業態調査・実績調査・出資調査等を頻繁に行なうようになった。

毛織物業界を事例に統制関連調査の動向をまとめた高橋久一〔一九七四〕によると、一九三八年・三九年は実績主義に基づく自主配給統制期であり、統制会・統制会社による一元的な配給統制がみられた国家的な配給統制期は四〇年以降である。自主配給統制期には三六年～三八年の毛織物仕入実績・販売実績・組合別販売実績などの実績調査が行なわれた(1)。

衣服産業においても組合主導で実績調査が行なわれたが、それらは一九三七年～三九年を対象とし、調査実施期は一九四〇年夏季以降のことであった。織物業よりも衣服産業の方が規制や統制が遅れがちであったことがわかる。

第一節　統制関連調査の概要

(1)　調査類の概要

表1(章末)は藤本家文書から作成した統制関連調査である。調査は概ね組合単位か府県単位に行なわれ、最終的には

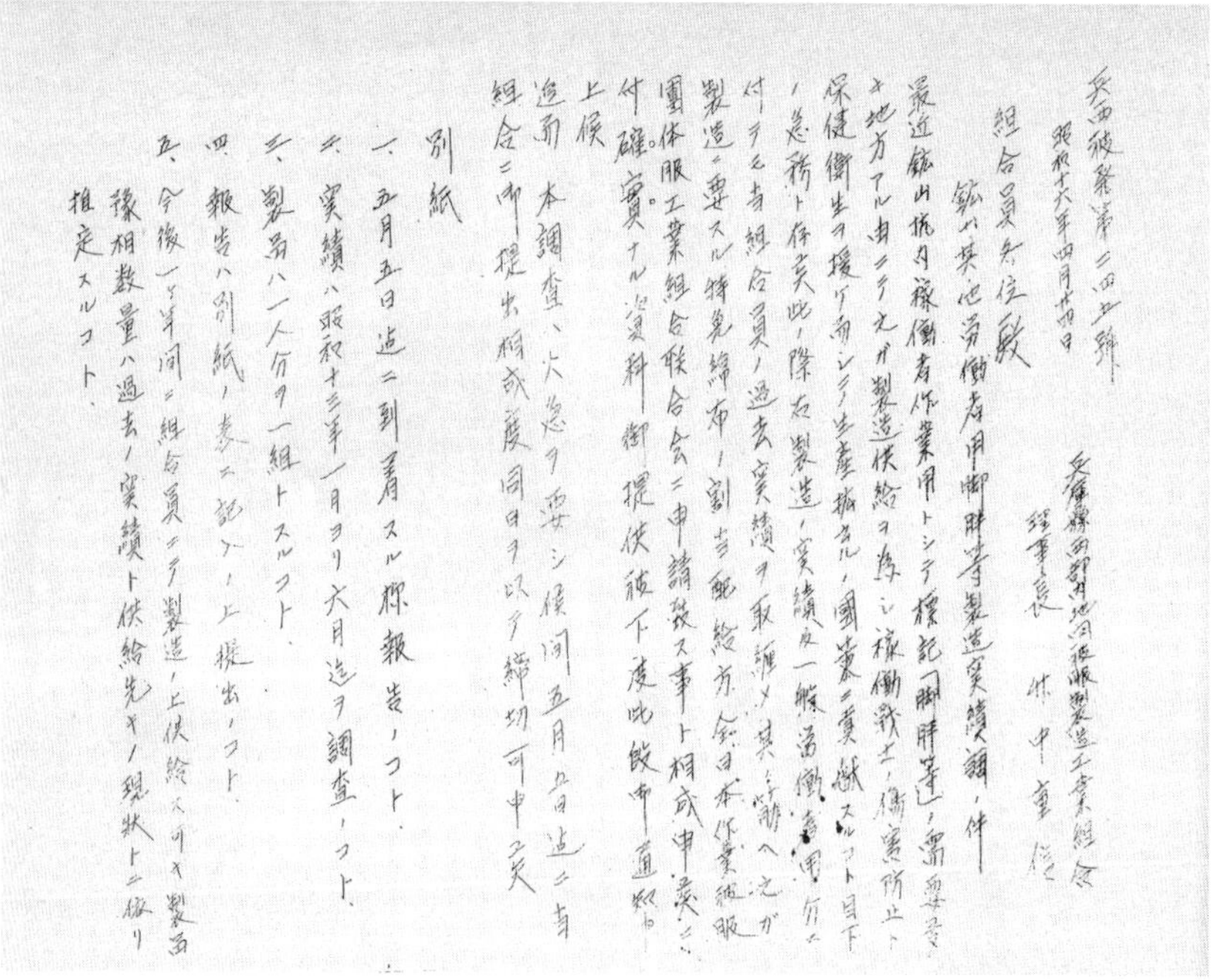
兵西被発第二四五号
昭和十六年四月廿四日
兵庫県西部地方被服製造工業組合
理事長　竹中重信
組合員各位殿
鉱山其他労働者用御脚絆等製造実績調ノ件
最近鉱山坑内稼働者作業用トシテ標記(脚絆等)ノ需要多キ地方アル由ニテ之ガ製造供給ヲ為シ稼働戦士ノ傷害防止ト保健衛生ヲ援ケ而シテ生産拡充ノ国策ニ貢献スルコト目下ノ急務ト存候此ノ際右製造ノ実績及一般当衛生用方ニ付テモ当組合員ノ過去実績ヲ取纏メ其ノ筋ヘ之ガ製造ニ要スル特免綿布ノ割当配給方全日本作業被服団体服工業組合聯合会ニ申請致ス事ト相成申候ニ付確実ナル資料御提供被下度此段御通知申上候
追而本調査ハ火急ヲ要シ候間五月五日迄ニ当組合ニ御提出相成度同日ヲ以テ締切可申ニ候
別紙
一、五月五日迄ニ到着スル様報告ノコト
二、実績ハ昭和十三年一月ヨリ六月迄ヲ調査ノコト
三、製品ハ一人分ヲ一組トスルコト
四、報告ハ別紙ノ表ニ記入ノ上提出ノコト
五、今後一ケ年間ニ組合員ニテ製造ノ上供給スベキ製品様相数量ハ過去ノ実績ト供給先キノ現状トニ依リ推定スルコト

図1　統制関連調査の一例

出典：藤本家文書「鉱山その他労働者用脚絆・手甲製造実績調の件通知並報告書」。

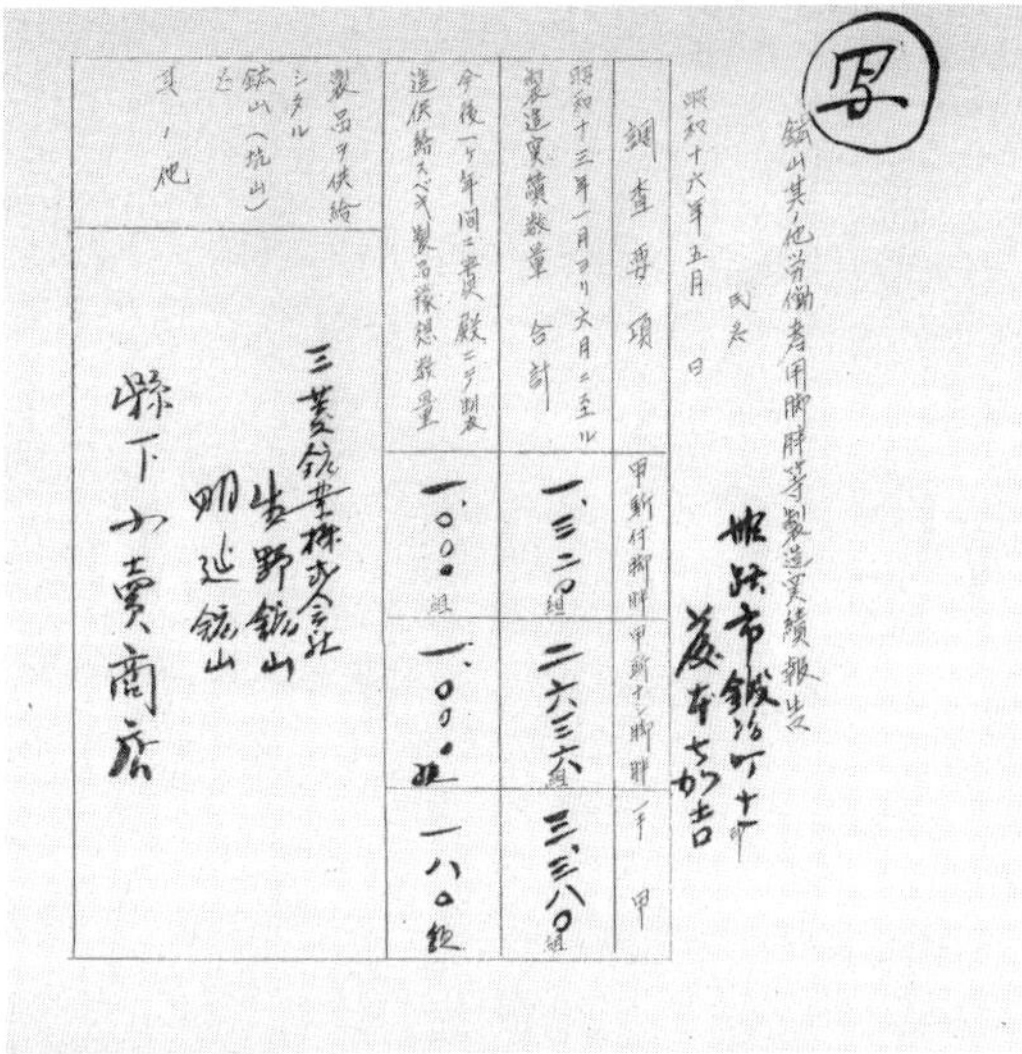
写
鉱山其ノ他労働者用脚絆等製造実績報告
昭和十六年五月　日
姫路市鍛冶町十四
藤本ちか吉

調査事項	甲新付脚絆	甲新ナシ脚絆	千甲
昭和十三年一月ヨリ六月ニ至ル製造実績数量 合計	一、三二〇組	二六三六組	三、三八〇組
今後一ヶ年間ニ貴殿ニテ製造供給スベキ製品概想数量	一、〇〇〇組	一、〇〇〇組	一八〇〇組
製品ヲ供給シタル鉱山（坑山）名 其ノ他	三菱鉱業株式会社 生野鉱山 明延鉱山 県下小売商店		

図２　統制関連調査の一例（続き）

出典：図１に準ずる。

全国単位の工業組合・商業組合またはその連合体に提出された。

統制関連調査の種類は、業態、実績（仕入、製造、販売）、出資に大別される。このうち、仕入調査には衣料品販売実績だけでなく原布利用の実数量調査も含まれる。販売調査は、仕入や製造の有無から商品調達形態を問う場合と、卸売販売や小売販売のように販売形態を問う場合、および双方の混合した場合に分けられる。既述のとおり統制関連調査は一九四〇年夏季から増加し、その多くが調査対象年を三七年から三八年または三九年までとしている。そのため「実績調べ合計は帳簿なき故、見込で計算する事」(2)と記されているが、このことから、多くの業者が過去の帳簿類を残していなかったと想定される。(3)全国規模でなされた調査がこのような制限のうえで成り立っていたことには留意したい。

（2）　調査の流れ

たとえば、藤本仕立店が一九四一年四月二四日に依頼された製造実績調査（5。以下、数字は表1と対応する）は、特免綿布割当配給の申請を目的に、兵庫県西部内地向被服製造工業組合が調査を行なったものである。同工業組合が組合員から調査表を収集し、全日本作業被服団体服工業組合連合会に提出する。その後、同連合会または上位の配給会社が査定を行ない、特免綿布の配給先業者を決定する。

また、一九四一年に依頼された卸販売実績(21)は、中央製造配給統制会社の出資資格審査を目的に、兵庫県内地向布帛製品工業組合連合会が調査したものである。藤本仕立店が兵庫県西部内地向被服製造工業組合へ提出し、同工業組合で収集された調査表は、さらに兵庫県内地向布帛製品工業組合連合会へ提出される。そして、同連合会または全国規模の上位組織が中央製造配給統制会社出資の資格を審査する。

(3) 調査書の一例

統制関連調査の一例を史料1に掲げた。

史料1　統制関連調査の書式例（既成洋服卸販売実績予備調査(16)、一九四一年一〇月一〇日）

昭和十六年十月十日

兵庫県既成洋服卸配給組合
理事長　田中静三

各組合員殿

既成洋服卸販売実績予備調査ノ件

拝啓　愈々御隆昌奉大賀候
偖而、陳者既ニ御承知ノ如ク、既成洋服部門ノ配給機構ニ関シ先般一応再編成ヲ了シ候モ、近ク再度ノ改編ニ直面致候ニ就、今後ノ整備ニ善処スベキ資料トシテ的確ナル実績額御報告賜リ度、左記ニ依リ期日内ニ必ズ御申告相成度此段及御照会申上候也。

敬具

記

一、実績申告期間　昭和十二年一月一日ヨリ昭和十四年六月末日ニ至ル二ヶ年半

二、実績価格ノ基準　卸売最終価格

三、〆切期日　昭和十六年十月二十日

四、満関支ニ就テ　内地ヨリ除外シ、参考トシテ欄外ニ御記入置被下度

以上

所属組合名　兵庫県服装雑貨卸商業組合

住所　姫路市鍛治町十

氏名　藤本春治

〔別紙〕実績調査申告書

昭和　年　月　日

兵庫県知事　坂千秋殿

昭和十三年　小売業者仕入額（卸業者卸売額）調査表

種別	金額	摘要
綿スフ織物		
絹人絹織物		
毛織物		
労働作業衣類	八二、四五四	

学童服	四〇、五一五	
既成服	二三、四四八	
注文洋服		
中等学生服		
莫大小		
足袋		
タオル		
服装雑貨（布白巾雑品）	一一五、五三五	
縫糸		
手編毛糸		
製綿		
合計		

注意事項

一、小売業者ハ単位組合毎ニ、百貨店卸商ニ在リテハ各個毎ニ報告スルコト。但シ、莫大小、足袋及タオルニ付テハ統合体毎ニ報告スルコト。

二、小売業者ノ実績ハ小売ノ為メ仕入レタル金額、卸商ノ実績ハ小売業者ニ卸売シタル金額ヲ記入スルコト。

三、前記ノ種別ニ分類シ難キ場合ハ、数種ヲ合算シタル金額ヲ記入シ差支ナシ。

四、本調書ハ昭和十六年十月二十八日迄ニ提出スルコト。

五、虚偽ノ報告ヲ為シ期日迄ニ提出セザルトキハ、地方配給統制会社ノ出資ヲ失格スルコトアルベシ。

六、特別ノ事情（水害、出征等）ノアル場合ハ、実績期間ヲ昭和十二年ヲ以テナスモ可、但シ其ノ理由ヲ明記スベシ。

（出典：藤本家文書「既成洋服卸販売実績予備調査」）

調査概要、調査報告書、注意事項と続いている。「〔別紙〕実績調査申告書」の直前に線が引かれており、ここから左の部分が兵庫県既成洋服卸配給組合または組合傘下の業者によって切り取られ、最終的に兵庫県知事の坂千秋へ集められる。実績内容は一九三七年一月一日から三九年六月三〇日までのものである。組合へ提出する締切は一九四一年一〇月二〇日、兵庫県知事への提出締切は同年同月二八日である。「記」の「四」は、戦時期、輸出リンク制に関連して第三国輸出が奨励されたことを示す。(4) 藤本仕立店は戦時経済統制が想定した「円ブロック」圏やそれ以外の第三国等の国外へ輸出していない。

調査書下方の「注意事項」の「二」をみると、「小売業者ノ実績」と「卸商ノ実績」とが明確に区分されていることがわかる。藤本仕立店は卸売と小売を兼ねていたため、仕入額と卸売額のいずれを書くべきか判断が難しい。この区分は卸売商と小売商を兼ねる複合的な商業者にとって（また工業者にとっても）しばしば問題を生んだ。卸売商と小売商との区別を求められたことにより生じた藤本仕立店の混乱は前章第二・三節にも触れたとおりである。

第二節　主要品目にみる業態

(1)　学生服

第四章で述べたように藤本仕立店の仕事着や柔道着の販売圏には三菱鉱業株式会社や各小中学校などの組織が含まれていた。一九二〇年代末に同店は学生服を取り扱い始めたと考えられるが、一括大量販売の指向は学生服にも向けられた。「学童服仕入販売実績調査表並覚控」(3)によると仕入先は大阪市と岡山県児島地域の二地域

表2　学生服・セーラー服の仕入先(1937年・38年、円単位)

	業態	仕入先		1937年		1938年	
		住所	姓名	着数	金額	着数	金額
学童服	生	岡山県琴浦町	岡田熊一郎	—	—	5,845	18,273
	〃	〃	背板兄弟商会	—	—	3,269	8,144
	〃	〃	山中商店	—	—	1,500	3,306
	〃	〃	日本被服株式会社	—	—	500	586
	〃	岡山県児島町	中村正雄	—	—	955	1,288
	〃	備後蘆品郡上戸手	信岡商店	—	—	209	752
	卸	大阪市此花区上福島	越後屋商店	—	—	1,245	1,531
	〃	大阪市東区本町２丁目	松政三郎	—	—	70	165
			合計	—	—	13,593	34,045
綿スフ織物学生服	生	岡山県琴浦町	岡田熊一郎	12,511	18,290	1,345	2,286
	〃	〃	背板兄弟商会	—	—	3,269	8,144
	〃	〃	山中商店	—	—	1,500	3,306
	〃	〃	日本被服株式会社	—	—	500	586
	〃	岡山県児島町	中村正雄	—	—	955	1,288
	〃	備後蘆品郡上戸手	信岡商店	—	—	209	752
	卸	大阪市此花区上福島２丁目	越後屋商店	—	—	1,245	1,531
	〃	大阪市東区谷町３丁目	松政三郎	—	—	70	165
			合計	12,511	18,290	9,093	18,058
セイラー服	生	岡山県田ノ口港	岡田熊一郎	2,160	1,620	—	—
	〃	岡山県琴浦町下村	明石歓太郎	720	591	—	—
	〃	大阪市東区鎌屋町１丁目	阪井康七	—	—	1,173	1,279
			合計	2,880	2,211	1,173	1,279

出典：藤本家文書「学童服仕入販売実績調査表並覚控」。
注：「業態」のうち「生」は生産者で「卸」は卸業者。調査年の範囲は各年１月１日から12月31日まで。

に大別される。

①仕入

表2は藤本仕立店の学生服仕入先一覧である。岡山県の仕入元はすべて「生産者」で、琴浦町をはじめとする岡山県児島郡に集中している。大阪市内の仕入先は阪井康七を除きすべて「卸業者」である。

仕入先のうち『全国工場通覧』（一九四一年版）で確認できた業者を詳述する。「学童服」「綿スフ織物学生服」「セイラー服」のいずれにも記される味野町の岡田熊一郎は「岡田ゲートル工場」として一九三九年に創業した業者である。(5)

「学童服」「綿スフ織物学生服」に記される業者は背板兄弟商会（背板兄弟商会加工部、一九二六年創業）(6)、山中商店（合資会社山中商店、一九〇六年創業）(7)、日本被服会社（日本被服株式会社、一九三〇年創業）(8)、中村正雄（中村被服工場、一九二五年創業）(9)、信岡商店(10)、越後屋商店(11)、松政三郎(12)である。このうち背板兄弟商会は、背板富士太郎が兄の松太郎と共同経営していた、小倉帯を主に扱う織物問屋・染料製造業者を前身として、共同出資で設立した学生服製造業者である。(13)また、備後蘆品郡上戸手の信岡商店は広島県の織物業者である。(14)山崎・阿部〔二〇一二〕によると「戸手村」の「信岡織物工場」は(15)、戦時期に衣服産業へ進出した。

「セイラー服」のみに記される明石歓太郎（岡山県田ノ口港）は「明石商店」（一九三二年創業）(16)である。同商店は一九〇一年に明石役造の操業した腿帯子《たいたいっ》製造業を起点に、真田帯、前掛地、巻ゲートル等を作っていた。(17)学生服に着手した三二年からしばらくは尾崎兄弟商会の委託で組縫を行なったが、三四年から学生服の製造販売を開始した。(18)阪井康七（大阪市東区鎌屋町）は大阪市内の生産者であるが『工場通覧』からは確認できない。(19)

前章第一節(3)に述べたように岡山県児島地域では一九二〇年代または三〇年代以降に新設された工場が多いが、この趨勢は右にみた学生服仕入先の創業年からも確認できる。

表3　学生服の販売地域(1938年、金額降順、金額単位は円)

学童服

市郡	金額	着数	軒数	着/軒
加西郡	6,218	1,942	3	647
朝来郡	4,860	1,884	21	90
作用郡	4,408	1,328	2	664
揖保郡	3,359	1,487	10	149
神崎郡	2,150	871	11	79
加東郡	1,845	559	1	559
加古郡	1,716	561	5	112
赤穂郡	1,556	714	10	71
印南郡	1,540	726	3	242
姫路市	985	413	7	59
飾磨市	925	348	6	58
飾磨郡	428	181	3	60
合計	29,990	11,014	82	134

綿スフ織物学生服・セーラー服

市郡	金額	着数	軒数	着/軒
朝来郡	6,466	2,961	22	135
加西郡	5,739	2,491	4	623
揖保郡	4,469	2,117	11	192
印南郡	1,992	1,015	5	203
赤穂郡	1,909	1,107	10	111
神崎郡	1,898	903	11	82
作用郡	1,769	951	2	476
加東郡	1,750	815	1	815
姫路市	1,600	811	8	101
加古郡	1,502	589	5	118
飾磨郡	1,150	673	3	224
飾磨市	965	393	6	66
多可郡	203	80	1	80
合計	31,412	14,906	89	167

出典：藤本家文書「学童服仕入販売実績調査表並覚控」。

②製造

藤本仕立店における学生服の自家生産については、「小学生服卸売業者調査ノ件」(6)から一九三八年一月から六月までの情報を得られる。この半年間に同店は「男児学童服」二一九五着、「女児学童服」四六三二着(合計で六八二七着)を製造した。一方で、同期間の仕入は岡山県や大阪市の業者から、男児用一七、八八〇着、女児用五六七三着であった。したがって、三八年上半期の自家生産比率は、男児用で約一一%、女児用で約四五%、合計で約二二%となる。

③販売

表3に示したように、一九三八年の販売先は学童服で八二軒、学生服・セイラー服で八九軒である。この年、店頭小売販売はされていない。販売先の業態はすべて小売業者であり、卸売業者はない。販売先は柔道着と異なり学校ではなく、個人名や商店名で記された小売店である。これら顧客のなかには、黒川孫太郎(但馬新井駅前)、朝日頼之助(同)、松浦

重之助（但馬竹田町）ら従来からの仕事着顧客の名前を確認できるが、過半は新たに取引を始めた顧客である。

表3によると、軒数が小さい地域ほど一軒あたり販売着数が多い傾向にある。学生服は学校付近の小売業者へ一括して販売されたため、販売地域に小売業者が少ない場合は、学生服購入客は少数の小売業者へ集中したのであろう。

姫路市内の販売先に有本甚之助と有本キク（姫路市二本松）が記載されている。一九三八年に藤本仕立店は甚之助に学童服八二着（一五三円）、キクに学生服・セイラー服九四着（一六四円）を販売した。第一章三節に触れたとおり、有本キクは「有本（ヌイヤ）」であろう。有本は同店からシンガー社製ミシン44-13型（本縫一本針）を三四年と三六年に一台ずつ借りているから、甚之助とキクは小売商を営みながら受託生産も行なっていたことになる[20]。

（2）仕事着——厚地既製服——

一九四二年に作成された「業態調査に関する通知並提出書控」(28)からは一九三八年に藤本仕立店が取り扱っていた「全布帛製品類」の具体的な品名がわかる。このなかから主に仕事着と呼べるものを列挙すると、作業ズボン・作業シャツ・労働服・続服・青年訓練服・学童服（男児用）・ジャンパー・胸当付ズボン・ゲートル（綿紡式、毛紡式）・股引（含モンペイ）・脚絆・腹掛・学童服（女児用）・手甲である[21]。

次に、「厚地既製服業態調査書並仕入実績調査表」(17)から得られる一九三九～四〇年の仕入先情報を表4、自家生産比率を表5、販売先情報を表6に掲げた。この調査の対象となったのは「団服」「ズボン」「シャツ類」「作業服」の四品目であり、右の仕事着にほぼ対応すると考えられる。

合計	
着数	金額
900	4,775
100	610
2,120	12,202
2,078	11,929
5,198	29,516
1,152	3,835
20	168
1,326	4,302
207	868
330	848
1,524	3,392
120	280
961	2,689
1,053	4,266
120	230
128	270
76	156
540	1,693
11,400	33,103
18,957	56,100
760	2,660
67	176
80	420
2,201	4,372
885	1,532
1,181	2,090
120	200
300	288
8,299	17,434
13,893	29,172
1,305	7,569
36	188
70	270
86	748
240	1,428
240	1,656
3,491	24,184
5,468	36,043
18,248	64,181
25,268	86,650
43,516	150,831

①仕入

姫路市福中の不二屋店と宍粟郡山崎町の高野商店を除けば四品目とも備前と大阪市から仕入れていることが分かる。

仕入先の業態は「備前」の業者のすべてが生産者、大阪市の業者は生産者と卸業者に分かれる。岡田熊一郎は藤本仕立店が学生服も仕入れていた業者で、前項に述べた。『全国工場通覧』（一九四一年版）によると、備前味野町の石井金子は「石井金子工場」で一九二一年に創業している[22]。琴浦町の角南勝太郎は特定しにくいが、角南と称す裁縫工場六軒はいずれも琴浦町に存在し、創業は三三年から三九年の間である[23]。大阪市内の業者で生産者にあげられているのは、井上重吉・井上重商店（大阪市港区北境川町、一九一七年創業[24]）、丸友商店（大阪市備後町）、山中清三郎（大阪市東区御蔵跡、一二年創業[25]）の三者である。

②製造

表5は表4をもとに一九三九年と四〇年の自家生産比率を求めたものである。着数でみると団服は約四五％減少し、四〇年には二〇％弱を自家生産するに留まった。また、作業服は約三二％の減少、ズボンは約一一％の減少、シャツ類は約三％の減少となっており、厚地既製服全体で自家生産比率が減少した。

③販売

表6から一九三九年・四〇年の動向を確認しよう。販売圏は兵庫県西部に集中している。販売先は三九年に一

表4　厚地既製服仕入先一覧（1939年・40年）

種類	業態	買入先		1939年		1940年	
		住所	店名	着数	金額	着数	金額
団服	生	備前味野町	岡田熊一郎	900	4,775	—	—
	〃	備前琴浦町	角南勝太郎	—	—	100	610
	卸	姫路市福中	不二屋店	—	—	2,120	12,202
	—	—	自家製品	1,578	8,679	500	3,250
	合計			2,478	13,454	2,720	16,062
ズボン	生	備前琴浦町	角南勝太郎	798	2,295	354	1,540
	〃	備前琴浦町	河合忠栄	—	—	20	168
	〃	備前赤崎町	中村若商店	—	—	1,326	4,302
	〃	備前味野町	石井金子	207	868	—	—
	〃	大阪市港区北境川	井上重商店	330	848	—	—
	〃	大阪市備後町	丸友商店	1,524	3,392	—	—
	卸	大阪市上福島中3	石黒商店	120	280	—	—
	〃	大阪市東区御蔵跡	山中清三郎	402	1,309	559	1,380
	〃	大阪市東区本町4	柿久	—	—	1,053	4,266
	〃	大阪市此花区上福島	伊藤速商店	—	—	120	230
	〃	大阪市此花区上福島	マルボシ	128	270	—	—
	〃	大阪市此花区上福島	サカネ商店	76	156	—	—
	〃	大阪市東区農人橋	柴屋商店	—	—	540	1,693
	—	—	自家製品	6,700	18,010	4,700	15,093
	合計			10,285	27,428	8,672	28,672
シャツ類	生	備前味野町	岡田熊一郎	760	2,660	—	—
	〃	大阪市港区北境川町	井上重吉	67	176	—	—
	卸	大阪市上福島4	富田商店	80	420	—	—
	〃	大阪市港区田中町	岡本省吾	—	—	2,201	4,372
	〃	大阪市東区御蔵跡	山中清三郎	—	—	885	1,532
	〃	大阪市東区東久宝寺町	阿部慶商店	1,181	2,090	—	—
	〃	大阪市北福島東町	中左利三郎	120	200	—	—
	〃	宍粟郡山崎町	高野商店	300	288	—	—
	—	—	自家製品	4,030	7,900	4,269	9,534
	合計			6,538	13,734	7,355	15,438
作業服	生	備前琴浦町	岡田熊一郎	—	—	1,305	7,569
	〃	大阪市東区御蔵跡	山中清三郎	—	—	36	188
	〃	大阪市港区北境川	井上重吉	70	270	—	—
	卸	大阪市東区本町4	柿久	86	748	—	—
	〃	大阪市上福島	イカリヤ商店	240	1,428	—	—
	〃	姫路市福中	不二屋	—	—	240	1,656
	—	—	自家製品	1,872	11,232	1,619	12,952
	合計			2,268	13,678	3,200	22,365
仕入合計				7,389	22,473	10,859	41,708
自家生産合計				14,180	45,821	11,088	40,829
総計				21,569	68,294	21,947	82,537

出典：藤本家文書「厚地既製服業態調査書並仕入実績調査表」。
注1：金額の単位は円。
　2：業態のうち「生」は生産者、「卸」は卸業者。

表5　厚地既製服の自家生産比率

（%単位）

品目	1939年		1940年	
	着数	金額	着数	金額
団服	63.7	64.5	18.4	20.2
ズボン	65.1	65.7	54.2	52.6
シャツ類	61.6	57.5	58.0	61.8
作業服	82.5	82.1	50.6	57.9
全体	65.7	67.1	50.5	49.5

出典：藤本家文書「厚地既製服業態調査書並仕入実績調査表」。

一九軒、四〇年に一一四軒である。このうち卸売業者数は両年ともに一軒のみである。販売先は学生服と同様に、個人名や商店名で記された小売店である。これら顧客のなかには、朝日頼之助（飾東郡新井村）、太田垣商店（養父郡広谷）ら従来からの仕事着顧客が一部に記されているが、大半が新たに取引を始めた顧客である。

着数、軒数、一軒あたりの販売着数に一九三九年と四〇年とで大差はないが、両年の売上で約二五、〇〇〇円の差が発生している。この増加額は姫路市の二三、

表6　厚地既製服販売地域（1939年・40年、金額降順、円単位）

1939年

市郡	売上額	着数	軒数	着/軒
赤穂郡	12,905	5,161	19	272
揖保郡	9,665	3,648	15	243
養父郡	6,862	2,961	12	247
朝来郡	5,526	2,078	16	130
加西郡	5,288	2,553	7	365
姫路市	4,523	1,679	12	140
神崎郡	4,058	1,791	15	119
飾磨郡	3,282	1,307	11	119
加古郡	2,756	1,044	5	209
印南郡	2,717	1,142	4	286
飾磨市	928	346	2	173
多可郡	353	132	1	132
合計	58,863	23,842	119	200

1940年

市郡	売上額	着数	軒数	着/軒
姫路市	27,626	9,702	13	746
朝来郡	11,452	2,750	17	162
赤穂郡	9,639	2,703	20	135
揖保郡	8,558	2,362	16	148
加西郡	7,758	2,098	7	300
養父郡	4,636	1,374	9	153
加古郡	3,839	811	6	135
飾磨郡	3,400	699	8	87
神崎郡	3,206	902	14	64
飾磨市	1,237	296	1	296
印南郡	1,200	317	2	159
多可郡	686	165	1	165
合計	83,237	24,179	114	212

出典：藤本家文書「厚地既製服業態調査書並仕入実績調査表」。

一〇〇円の増加にほとんど重なり、先述の卸売業者一軒の取引規模である。この業者は姫路市河間町の橘善吉で、藤本仕立店は三九年には三六着（六六円）を販売しただけであるが、四〇年には七四七六着（二〇、二四四円）を販売した。物資不足を見越したまとめ買いであろう。また、前項でみた有本キク（姫路市二本松）に同店は一九三九年に二〇〇着（四五五円）、四〇年に一〇三着（五七五円）を販売した。

販売先からの入金は一九三九年と四一年に偏り、四〇年の収入は極めて乏しかった。(26) 表6にある四〇年の販売金額は、掛売の習慣と販売先の業態悪化から同年の間に回収できず、四一年に大きくずれ込んだ。一九三九年・四〇年の利益を確認する。表4の「自家生産合計」は製造費用である。表6の各年の金額合計から表4の「総計」の合計（すなわち「仕入合計」と「自家生産合計」）を差し引いた金額は、三九年でマイナス九四三一円、四〇年でマイナス七〇〇円となる。仕事着の多くを占める厚地既製服部門での赤字は同店にとって深刻な事態であった。

④統制対策

卸売業者への販売と小売業者へのそれは、その比重によって配給査定が異なったようである。一九四〇年または四一年に行なわれた「卸商組織表並卸業者に対する販売実績調控」(26)は三七年の一年間の販売実績を調査したもので、甲（卸売業専業者）と乙（卸売業・小売業兼業者）の二種に分けて申告することを要求している。藤本は甲乙二種ともに、それぞれ記載内容の異なる書類を二種類ずつ、合計で四種類作成した。この四種の調書を比べると、いずれも商業者名と販売内容は一致するが、内訳が異なっている。この事情を史料2から検討しよう。

史料2　対商業者販売実績調書の記載方法

コレハ全日本作業被服団体服工連へ提出スルモノニシテ、五月二十日上京ノ際持チ来ル。A（甲多シ乙少シ）トB（乙多シ甲少シ）、コノAB二通ノ内、何レカ有利ナル方提出スル為、二通作成セルモノナリ。大体、前ニ提出ノ十三年一月六日迄ノ製造実績ノ約一倍半トシテ作ル。コレハ十二年度故十三年度ヨリハ生地廻リ良キ為ナリ。コレハ作業服太番手ノミ。コノ表ニヨリ製造セシモノヲ販売シタ事ニナリ、之ニ依リ五分〇銭ハ呉レル事トナル。即チ製造シタモノヲ全部五分〇銭ニテ中央へ買上ゲル。又、其他仕入取扱品ハ又別ニ卸商組ノ方カラ買上ゲル事トナル。

（出典：藤本家文書「卸商組織表並卸業者に対する販売実績調査調控」）

史料2は「卸商組織表並卸業者に対する販売実績調査調控」に記された政吉の覚書である。A・Bの二種類を作成し、Aには甲（卸売業専業者）との取引件数を多く、乙（卸売業・小売業兼業者）を少なく記し、Bはその逆である。この操作によって、卸売業専業者と卸売業・小売業兼業者の取引比率を変えたのである。結局どの組合せで提出したのか、またこの対策の効果は確認できないが、経営縮小を余儀なくされた状況のなかで、書類上で対卸売業専業者取引を強調するか、あるいは対卸売業・小売業兼業者取引を強調するかに、見誤れない判断が迫られていたことがよくわかる。

やや時期が下るが、一九四二年八月頃に行なわれた卸販売実績「既成服卸販売実績申告控」(32)では学生服、作業被服及団体服、毛織物既製服、毛織物学生服を対象に「販売実績ハ卸販売ノミテ記入シ、小売販売ノモノハ之ヲ記入セザルモノトス」と調査母体から指示が記されていることから、小売販売が実績に算入されなかった調査もあった。

(3)　仕事着ほか――既成洋服――

前項に取りあげた品目と一部が重なるが、「仕入明細表並既成洋服仕入実績申告書」(12)から「既成洋服」と称された品目について検討する。この調査は仕入と製造が調査対象で販売は対象外である。この申告書を必要とする調査の目的と主体は不明であるが、一九四一年六月三〇日に姫路繊維製品小売商業組合からの依頼で、調査対象年は三七～三九年上半期である。調査対象となった品目を列挙すると史料3のとおりである。

史料3　既成洋服仕入実績調査の対象品目（一九四一年）

三揃背広服、背広上衣、背広上下、オーバー、礼服、詰襟上下服、ズボン、団服、軍服、レインコート、労働上衣（ジャンパー）、トンビ、筒コート・角袖コート、大人マント、厚司、外套、婦人コート、労働半ズボン、スキー服、作業服。

（出典：藤本家文書「仕入明細表並既成洋服仕入実績申告書」より抜粋。注：「筒コート・角袖コート」は原文では「筒。角袖コート」）

①仕入

詰襟上下服、団服、労働上衣（ジャンパー）は、これまで述べてきたような大阪市と岡山県児島郡の業者から仕入れている。それ以外には、三揃背広、ヲーバー、厚司、外套、レインコート、婦人コートを仕入れている。これらの仕入情報を品目別にまとめると、次のようになる。

三揃背広は若林商店（大阪市東区糸屋町）から一五点（調査対象年合計、以下も同様）、ヲーバー（オーバー）は若林商店、坂井康七商店（大阪市東区鈴屋町）、井上清商店（大阪市東区谷町）から一八八点、厚司は若林商店、小西商店（大阪府中河内郡松原村阿保）、山中商店（大阪市南区御蔵跡町）から一三七四点、外套は若林商店、坂井康七商店から一〇八点、レインコートは若林商店から一二点、婦人コートは伊藤速雄（大阪市此花区上福島南）、谷健商

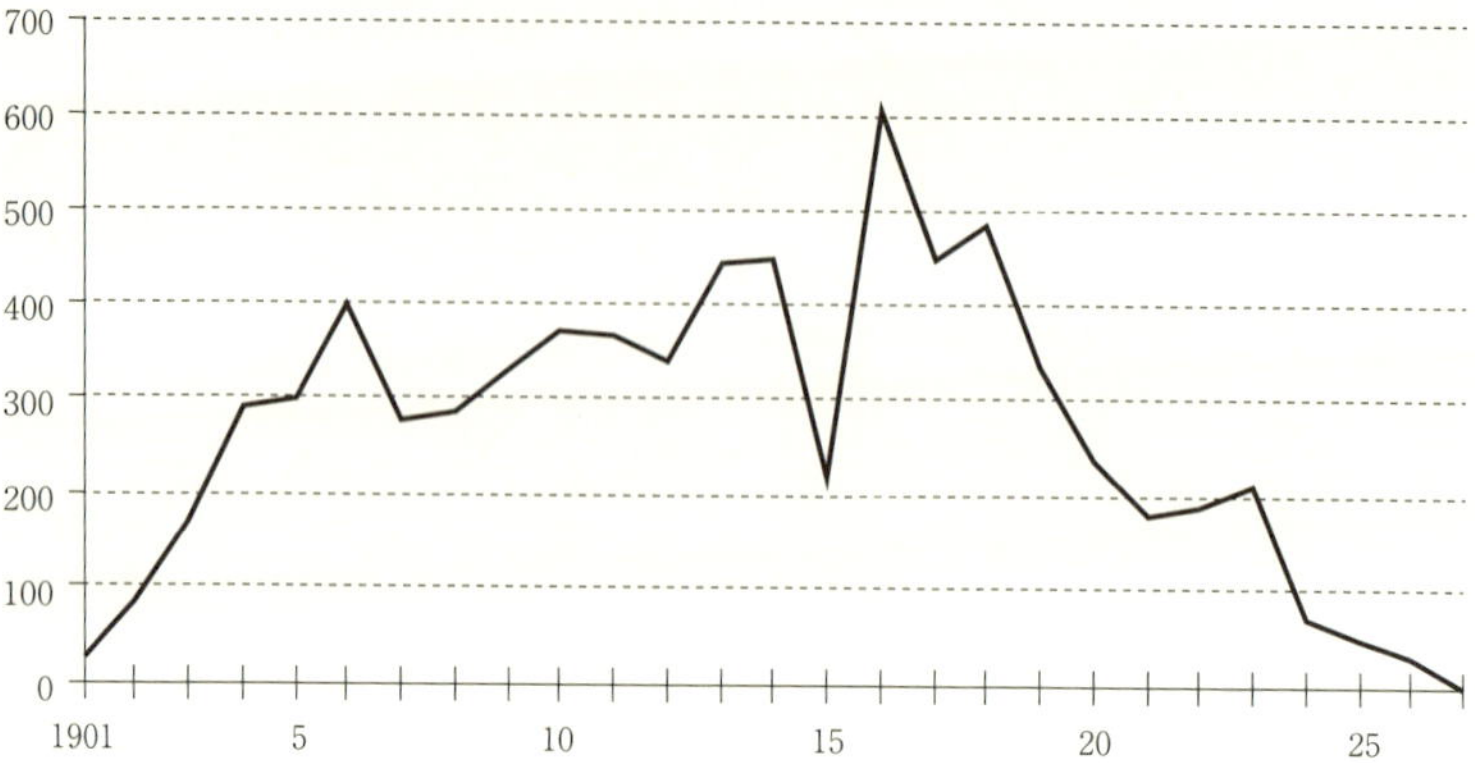

図3　厚司出荷点数の推移（1901年～27年）

出典：藤本家文書「大福帳」。

店（名古屋市西区御幸本町通）から二八七点であった。労働上衣（ジャンパー）は若林商店、坂井康七商店、伊藤速雄から二五八点である。大阪府中河内郡の小西商店と名古屋の谷健商店を除いて、これらすべての商品を大阪市内の業者から仕入れている。

仕入先のうち大阪市南区の山中商店（山中清三郎）が一九一二年創業の工場であったことは前項に述べた。大阪市東区の坂井（阪井）康七商店は学生服の生産者でもあった。それ以外の大阪府内の仕入先と名古屋市西区の谷健商店は『全国工場通覧』（一九四一年版）で確認できない[27]。それらの業者は商業者であるか、あるいは登載基準を満たさない職工数規模の工場であったことになる。

②製造

これらの品目を藤本仕立店は戦時期に製造していなかったと思われる。第Ⅰ部で確認したように、一九〇〇年代から二〇年代半ばにかけて記された出荷記録である「大福帳」からはコート類や外套が出荷されたことは確認できるが、その出荷はコート類が三回で八点、外套が一回で一点にすぎない。これに対し、背広とヲーバー（オーバー）は「大福帳」に記録がなく出荷されていない。すなわち、これらは戦前から仕入販売に特化していたと判断できる。厚司は、創業時から長期にわたり出荷されていた品目である。しかし、図3に示すように一九一八年以降に出荷が減少し、二七年に出荷されなくなった。厚司の仕入点数は三七年に三軒から五一六点、三八年に二軒から七五〇点、三九年に一軒から一〇八点であった。

（4）　柔道着

柔道着は自家生産によって一九一〇年代から藤本仕立店の主力品目となった。戦前期の仕入情報は皆無であり、自家生産比率が一〇〇％であったと考えられる。柔道着は四一年にほぼ製造を停止し、小量を仕入れるようになった。

①仕入

戦時下に柔道着の調達と販売は急激に縮小した。一九四〇年は小量の製造を行ないながら、松沢金次郎と田中荘介（東京市渋谷区幡ヶ谷本町）から仕入れた。四一年一月になると製造がほぼ停止し、三月には手刺・機械刺の柔道着セットを四度にわたり田中から購入したのを最後に仕入も中断した。その後四二年五月に仕入は再開し、翌四三年四月一二日まで取引は続いた。この間の仕入先は東京柔剣道衣工業組合（東京都渋谷区代々木新町）であった。(28)

②製造

一九三八年六月二九日に公布・即日施行された「綿製品ノ製造制限ニ関スル件」によって材料綿布の入手は困難になり、藤本仕立店は四〇年一二月までスフ織物を代用して少量の製造を行なった。

この間の事情を示すのが史料4「柔道衣用綿布配給申請陳情書」である。この陳情書は、一九四一年七月三〇日に兵庫県知事坂千秋に宛てられた。同年初頭から藤本は取引校に柔道衣を製造販売できない状態にあった。それまで東京市内・大阪市内の柔道衣関連の工業組合への参加を打診し、柔道衣組合には全国連合会がないため県内工業組合へ参加するよう促されたが、兵庫県内の柔道衣製造業者は藤本のみのため、工業組合は存在しなかった。ところが、東京・大阪・京都・名古屋・四国には柔道衣の単一組合が存在し、特に東京や大阪の組合は柔道衣用布を大量に確保し、他の既製服にも利用しているとの噂があった。

史料4　柔道衣用綿布配給申請陳情書（一九四一年七月二〇日）

弊店ハ明治二十五年三月ニ柔道衣ノ製造並ニ販賣ヲ目的トシテ開業致シマシテ、其製品ヲ主トシテ兵庫県下或ハ他府県ノ一部ノ学校、武徳会支部其他官公衙ニ納品シテ来マシタガ、昭和十三年六月ニ統制管理令ガ施行サレタル為、其使用原布ガ全然入手出来ナクナリ、今日ニ至ルマデ休業ヲ続ケテ居リマス。

勿論、昨年十二月中旬マデハ、スフ織物ノ代用ニテ極ク僅少ヅツ製造シテ細々乍ラ余命ヲ綱（ママ）イデ参リマシタガ、本年初メカラハ、其スフ織物モ入手出来ナクナリ、現在デハ全ク困リ果テ、オリマス。

最初ノ内ハコレモ世間一般デアルカラ仕方ガナイト思ツテオリマシタガ、本年四月各学校カラ新入学生用トシテ註文ヲ承ケマシタガ、只ノ一着デスラ納入スル事ガ出来ナカツタ学校モ出来、学校当局ヨリ大変オ叱リヲ受ケ、非常ニ恐縮致シマシタ次第デ、今日ニ至ルモ未ダ柔道衣ナシデ授業サレテオリ再三請求ヲ受ケテ其答弁ニ困ツテオル次第デス。

ソモ〳〵柔道衣ノ製造元ハ全国デ東京、大阪。京都。名古屋、四国ノ順位デ皆ソレ〴〵単一組合ガアリ相当成績ヲ上ゲテオルト聞キ及ンデオリマス。独リ兵庫県下ニハ取次ギ販売店コソアリマスガ、製造スル工業家ハ弊店以外一軒モナイノデアリマス。

従ツテ弊店ノ作ツタ柔道衣ハ県内ニハ相当供給サレテオル訳デ一度弊店ノ柔道衣ガ品切レルト実績無キ為他府県カラハ絶対ニ入手出来ズ一般ニ御迷惑ノ事ト存ジテオリマス。

コノ事ハ今日ニ及ンデ慌テテ初メタノデハ決シテゴザイマセン。過グル年全国ニ組合結成ノ気運ガ表ハレカケタ当初ニ於テ、県庁ヘモオ尋ネニ参ツタリ、又東京、大阪方面ノ単一工業組合ヘモ加入方ヲ依頼シテミマシタケレ共、

全国連合会ガ無イカラ各地区ノ単一工業組合ニ加入シナサイト申シマスシ、本県下ニハ同業者ガ一人モ無イカラ如何トモ出来マセン。目前ニ新学期ヲ控ヘテ只今カラ作ツテオカネバ間ニ合ヒ兼ネマス品デアリマスシ、全ク困ツテオリマス。聞ケバ東京大阪ノ柔道衣単一組合ヘハ柔道衣用布ガ相当配給サレテ或地方ノ如キハ一時ハ原布ノ配給ガ多スギテ其用布ガ他ノ既製品ト化シテオツタトノ風説サヘアルトノコトデス。独リ兵庫県ノミ不自由ヲシテオル状態デアリマスカラ、何卒右柔道着用布ヲ御配給下サレン事ヲ切ニ御嘆願致シマス。

若シ万一直接生地ヲ配給シガタキ様ナレバ如何ニスレバ我等ノ念願ガ達シラレマスヤ良キ方法ヲ御教示下サイマス様、重ネテ御依頼申上ゲマス。

左ニ三ケ年ノ納入先ト納入数ノ実績ヲ掲ゲ、御参考ニ供シマス。

（実績一覧省略）

謹ンデ

右ノ通リ陳情ニ及ビマス。

昭和十六年七月三十日

兵庫県姫路市鍛治町十一

柔道衣製造元

藤本政吉（印）

兵庫県知事
坂千秋殿

（出典：藤本家文書「柔道衣用綿布配給申請陳情書（控）」）

柔道着が一九一〇年代以降の同店主力商品の一つであったことは繰り返し述べてきた。「大福帳」から分かる一〇年代・二〇年代の年間最大出荷点数は一九〇〇点ほどで（一六年・一七年、柔道着と柔道又の合算）。いわゆる撃剣着（剣道着）の最大点数は二二五点（二二年）であった。また、史料4の陳情書に付された販売実績（第四章表4）では三七年・三八年とも二〇〇〇点ほどを納品しており、一〇年代・二〇年代の販売点数（出荷点数）と大差がない。三八年「六月ニ統制管理令ガ施行」されたが、柔道着納入の多くは春季に行なわれるため、この管理令の影響が強く出るのは三九年である。実際、第四章表4からは三九年に販売先学校数も販売点数も減少し始めている。その後は史料4のとおり、綿織物をスフ織物で代用しつつも配給量は減少の一途をたどり、四一年四月には「只ノ一着デスラ納入スル事ガ出来ナカツタ学校モ」あった。

他方、一九四二年一月一七日締切の「製造能力調査ノ件」には「最近一ヶ年製作数量」として機械刺柔道衣二〇八〇枚、柔道長又四八六〇枚、柔道帯一三、〇〇〇本、剣道衣三五〇枚、剣道袴六二〇枚が計上されている。この調査に指定される「最近一ヶ年」は四一年のことで、この数通りなら例年販売してきた二〇〇〇点を上回るほどに回復したことになる。つまり、陳情書を記した四一年七月末以降に藤本仕立店は柔道着用織物を配給されたのである。また、同調査には四二年の柔道着・剣道衣の製造能力として「従業人員」に一三人、「機械設備外」にミシン一一台が記入されている。

また、四一年一一月一四日に提出された「布帛製品業態調査」(22)には「ミシン機台数」に四二台と記入され、従業者数は男性六人、女性三八人（合計四四人）であった。したがって、四〇台を超えるミシンのうち、柔道衣・剣道衣関連の製造に一一台のミシンを当てる余裕があった。とはいえ「売原簿」に挟まれた田辺又右衛門の書簡からは一九四二年[29]に再び柔道着用原布の入手が困難になったことが分かる。

史料5　田辺又右衛門から藤本政吉宛の書簡（一九四二年六月一八日）

（一部破損）の候と相成りました。

（一部破損）は其後お変りございませんか。お伺い申しあげます。

私方日頃丈夫で暮しております故、御安心下さいませ。

扨《さ》て先達て柔道衣を御無理申しましてさっそく御送り下され誠に有難う存じました。本日代金百七円と前の残金二十三円五銭と今度の分五分引しまして五円三十五銭差引百円六十五銭〆百二十四円七十銭御送り致しますます故、御しらべ下さいませ。

又、大の柔道衣、配給になりましたらお送り下さいます様、お願ひ致します。

気候不順の折から御身御大切に。

可しこ

田辺　内

六月十八日

藤本様

（出典：藤本家文書「売原簿」）

③販売

第四章にみたように一九一〇年代・二〇年代における柔道着の販売先は主に関西圏の学校、警察、道場、企業であった。それが、「製造能力調査ノ件」によると、四一年頃の販売先は兵庫県内一円、大阪府・岡山県・山口県・新潟県・和歌山県・滋賀県の一部に広がっていた。しかし、史料5にみたとおり、四二年には再び配給状況が悪化し、顧客の注文に円滑には応じられなくなっていた。

統制関連調査には取引業者間の証明が必要な場合もあった。藤本家文書「柔道着販売証明書」によると、「扇谷三太郎商店」（富山市袋町）が一九四二年一二月一四日付で書簡（史料6）を藤本仕立店に送付した。この書簡からは戦時統制前に藤本が富山県内の商店にまで柔道着を販売していたことが分かる。書簡内容によると、富山県武道具小売商業組合設立のため、扇谷三太郎商店が実績査定を受けることとなった。そこで扇谷は藤本に取引証明書の発行を依頼したのである。この依頼書に対する藤本仕立店の証明書には、一九三六年七月からの一年間に、柔道衣二八〇枚、柔道股二二〇枚、帯一五〇本を扇谷商店へ「販売セシ事ヲ証ス」[30]とある。

史料6　柔道着販売証明書（一九四二年）

（前略）陳者、今般富山県武道具小売商業組合設立せられ候処、自一九三六年七月至一九三七年七月間の実績調査の必要相生じ、此の期間に於ける貴店よりの購入概算別紙の通りに有之候間、是が証明相願度此段及御願候也　敬具。

追而　証明願書四通作製茲許同封致置候間、三通へ貴店証明印御捺印の上御返送相成度、一通控として貴店に御留置被下度候。

（出典：藤本家文書「柔道着販売証明書」）

表1に掲げた調査目的には「布帛製品関係業者に関する調査報告控」（13）のような布帛配給機構の整備、「既成洋服卸販売実績予備調査」（16）のような既成洋服部門の配給機構の改編、「実績調査書」（20）のような地方配

給統制会社の設立が散見される。組織編成の際に業態調査や実績調査がしばしば必要とされたのであろう。

小括

藤本仕立店は、戦時期に商品調達における自家生産比率を下げて仕入の比重を高めた。それまで同店の販売圏は兵庫県だけでなく岡山県・大阪府をはじめとする関西圏へと拡大していたが、統制下のもとで販売先はほとんどが兵庫県内に縮小した。

一九四二年の業態調査で、四種の統制会社のうち、第何類の会社へ加入を希望するかを選択するにあたり、藤本は第一類の「労働作業服」を選定した。その希望理由としてはこの第一類が開業以来の専業である点を強調した[31]。また、前年一九四一年四月に兵庫県西部内地向被服製造工業組合が行なった脚絆実績調査をも考慮するならば、仕事着が軍需品に成りえたことは同店にとって大きな収入源となるはずであった。しかし、戦時下の品目区分からみて細分化されていた藤本の業態は複雑なものであった。そのため、円滑な配給はさらに困難であった。

また、姫路市および兵庫県の衣料品関係の組合化は隣接府県よりも後発であったこと、兵庫県単位での組合化がほとんど実質的な効果をえなかったことが起因し、軍需衣料品製造という大規模な少品種大量生産は県単位で失敗したといわざるをえない。

なお、この結果は戦後の兵庫県衣服産業の展開に大きな影響を与えた。最後にこのことを戦後「工業統計表」から確認しておきたい。

表7　戦時・終戦直後の4府県衣服産業の出荷額合計（円単位／1945年・46年）

	1945年	1946年
大阪	75,447,049	76,794,735
兵庫	5,221,381	6,650,232
岡山	6,405,173	12,599,566
広島	3,881,404	1,919,245

出典：商工省調査統計局「昭和20年工業統計表下巻」1948年、通商産業大臣官房調査統計部「昭和21年工業統計表下巻」1949年。

注：衣服産業としてあげたのは1945年版では「紡織品」中の「其ノ他紡織品」中の「裁縫品」、これに対応する1946年版は「紡織工業」中の「衣服其ノ他ノ裁縫品」。メリヤスは両年とも算入していない。

表8　4府県衣服産業の品目別出荷額の傾向(1946年)

			大阪	兵庫	岡山	広島
衣服其ノ他ノ裁縫品	洋服	男子学童服			68,816	
		女子学童服			33,750	
		男子中制服	5,849,859			311,553
		女子中制服	122,600			
		男子オーバー				
		女子オーバー				
		男子作業服	1,832,295	1,226,310		18,079
		女子作業服				
		男子子供服			375,936	1,700
		女子子供服	936,333		211,488	
		男子オーバー	188,454	3,000		46,054
		女子オーバー				
		男子既成服	105,960	205,600	85,910	472,654
		男子オーバー				3,966
		男子レインコート				
		女子既成服				5,809
		女子オーバー				509
		女子レインコート				2,319
		その他の洋服	2,506,459	170,370	246,610	101,804
	中衣及肌着類	ワイシャツ	1,337,200	173,909		2,700
		大人用シャツ	1,338,460		176,600	154,723
		小人用シャツ	629,497	63,500	8,200	
		その他	1,297,110	12,000	67,776	17,572
	足袋	男子用足袋	25,812,279		5,750,796	
		女子用足袋	1,403,852		2,215,505	10,775
		小児用足袋			764,511	
	前掲以外の布帛縫製品	天幕				
		雨衣			871,584	
		シート				
		その他の帆布製品	7,005,943	1,461,270	39,000	277,063
		ハンカチーフ				
		エフロン類				
		ゲートル類				
		その他縫製品	23,706,137	3,334,173	1,607,284	182,243
合計			74,072,438	6,650,132	12,523,766	1,609,523

出典：商工省調査統計局「昭和20年工業統計表下巻」1948年、通商産業大臣官房調査統計部「昭和21年工業統計表下巻」1949年。

注1：表7に準ずる。

2：「衣服其ノ他ノ裁縫品」のうち「和服」は少額なのですべて無視した。したがって表7の出荷額合計と表8のそれとでは「和服」に区分される数値の分、合計がずれている。「和服」には「男子着物」「女子着物」「小児着物」「其ノ他ノ和服既成服」が含まれる。4府県が関与したのは大阪府の「小児着物」192,912円、「其ノ他ノ和服既成服」5,711,297円、広島県の「其ノ他ノ和服既成服」309,720円のみ。

まず、衣服産業の年間出荷額は表7のとおりである。

一九四五・四六年を比較すると出荷額順位に変化はない。両年を比べると、大阪府と兵庫県は漸増、岡山県は倍増、広島県は半減となった。岡山県の出荷額は兵庫県に対してより大きなものとなったが、この結果は第六章でみたような学生服が起因となったのだろうか。一九四六年の四府県の品目別出荷額を次に比較する（表8）。出荷が兵庫県になく岡山県にある品目は男子学童服、女子学童服、男子子供服、女子子供服、大人用シャツ、男子用足袋、女子用足袋、小児用足袋、雨衣と種類が多い。戦前・戦時をつうじて岡山県の学生服生産は確実に伸びていき、子供服や雨衣などの部門でも生産を強化し始めたことがうかがえる。

表7では兵庫県の低位以外に広島県の低位も目立つ。広島県は男子中制服、男子作業服、男子既成服などが四府県でそれなりの比率を占めているが、いずれも男子用に偏っており、戦時期に陸軍被服廠の下請を行なった継続かと考えられる。

以上みてきたように、一九三〇年代に明らかになった四府県衣服産業における兵庫県の相対的低位は、戦後になっても打開される展望はもてなかった。四府県のなかで優位な立場にあったといえる品目は男子作業服に留まる。この部門は藤本仕立店が約半世紀にわたり取り扱ってきたものであった。しかし、その同店も一九五〇年頃に廃業した。兵庫県および姫路市の衣服産業が地域社会に貢献した時代は終わりを迎えることとなった。

(1)　高橋久一「戦時期企業整備の諸問題――中小企業問題について――」神戸大学経済経営研究所『経済経営研究』第二四号（Ⅱ）、一九七四年、一七一頁。
(2)　藤本家文書「布帛製品実績提出控」。
(3)　一般に、戦時期の企業の実績調査には「配給統制に対する思惑や店員に対する暖簾分けなど」の諸問題が累積しており、調査に「正確を期することは容易ではなかった」とされる（高橋「戦時期企業整備の諸問題」一七一頁）。

（4）繊維産業への輸出入リンク制導入は以下に詳しい。渡辺純子『産業発展・衰退の経済史――「一〇大紡」の形成と産業調整――』有斐閣、二〇一〇年、五九～六〇頁。

（5）商工省編『全国工場通覧二三　昭和一六年版③』柏書房、一九九三年、一二七頁。工場主は岡田熊太郎。

（6）商工省編『全国工場通覧二三』一二九頁。

（7）商工省編『全国工場通覧二三』一二八頁。

（8）商工省編『全国工場通覧二三』一二七頁。

（9）商工省編『全国工場通覧二三』一二八頁。

（10）商工省編『全国工場通覧二三』に未登載。

（11）商工省編『全国工場通覧二一　昭和一六年版①』（柏書房、一九九三年）に未登載。

（12）商工省編『全国工場通覧二三①』に未登載。

（13）角田直一『児島機業と児島商人』児島青年会議所、一九七五年、一四八～一五〇頁。

（14）山崎広明・阿部武司『織物からアパレルへ』大阪大学出版会、二〇一二年、二七一頁。

（15）山崎・阿部『織物からアパレルへ』二七一頁。

（16）商工省編『全国工場通覧二三』一二九頁。

（17）角田『児島機業と児島商人』一六四・一六五頁。

（18）角田『児島機業と児島商人』一六五頁。

（19）商工省編『全国工場通覧二三①』二四〇～二五二頁。

（20）『全国工場通覧』（一九四一年版）で確認できないことからも（商工省編『全国工場通覧二三　昭和一六年版②』柏書房、一九九三年、五二～五五頁）、有本は従業員二人ほどの小売商・受託生産者であった。

（21）山崎・阿部の取りあげた佐々木商店が一九四〇年時点で取り扱っていた民需衣料品は調達法も含めて次のとおりである。モンペイ・モモヒキ・ネルシャツを仕入れ、自社工場ではナフキン・モモヒキ・セーラー服・スカートなどを製造し、学生服・セーラー服・着物・文化コートなどを委託生産していた。山崎・阿部『織物からアパレルへ』二七二頁、二八一頁、二八四・二八五頁。本書第Ⅰ部第三章補章に述べたように戦時衣料区分は戦後に継続される部分があり、藤本仕立店と佐々木商店とも共通する衣料品名が確認される。

(22) 商工省編『全国工場通覧一三』一二七頁。

(23) 商工省編『全国工場通覧一三』一二八頁。

(24) 商工省編『全国工場通覧一二』一二四〇頁。

(25) 商工省編『全国工場通覧一一』一二四六頁。

(26) 第六章第三節に前述。

(27) 商工省編『全国工場通覧一一』、商工省編『全国工場通覧一一　昭和一六年版②』柏書房、一九九三年。

(28) 以上、当段落は藤本家文書「買原簿」。

(29) 書簡の記された年は不詳であるが一九四二年と判断した。書簡を記した日は六月一八日である。年代判定の理由は、「売原簿」に挟まれた田辺書簡の代金情報（史料5）と「売原簿」の記載内容とが一致していること、「売原簿」が三八年から四二年を範囲としていること、三八年から四〇年までの柔道着販売点数は減少するものの確認できること、四一年四月に取引先の学校に納品できない状態にあったこと、陳情書が四一年七月三〇日に記され配給再開は同年八月以降であること、以上から三八年から四一年までとは考えられない。

(30) 藤本家文書「柔道着販売証明書」。

(31) 藤本家文書「業態調査に関する通知並提出書控」。

表1　藤本家文書にみる衣服産業に対する統制関連調査(調査年月日順)

No.	史料名	調査年月日	調査種類	提出先	調査主体	調査目的
1	原布使用実績申告記入上の注意	1939年12月8日	原布使用実績、ミシン1台単位の1日生産高	兵庫県西部内地向被服製造工業組合	全日本作業被服団体服工業組合連合会	—
2	卸売高調査	1940年7月15日	卸販売実績	姫路市長	(繊維製品配給統制筋)	繊維製品配給統制実施上の参考
3	学童服仕入販売実績調査表並覚控	(1940年10月)	仕入実績	学生服卸組合	—	—
4	学童服仕入販売実績調査表並覚控	(1940年10月)	販売実績	学生服卸組合	—	—
5	鉱山その他労働者用脚絆・手甲製造実績調の件通知並報告書	1941年4月24日	製造実績	兵庫県西部内地向被服製造工業組合→全日本作業被服団体服工業組合連合会(前者が調査し、後者へ配給依頼を行う。)		特免綿布割当配給の申請
6	小学生服卸売業者調査ノ件	1941年4月29日	卸販売実績	兵庫県西部内地向被服製造工業組合	全日本作業被服団体服工業組合連合会	—
7	厚地既製服業態調査書並仕入実績調査表	1941年4月	仕入実績	—	—	—
8	営業調査申告書並販売調査申告書	1941年5月13日	営業実態	姫路繊維製品小売商業組合	—	—
9	営業調査申告書並販売調査申告書	1941年5月13日	販売実績	姫路繊維製品小売商業組合	—	—
10	学童服仕入販売実績調査表並覚控	(1941年6月)	仕入実績	学生服卸組合	—	—
11	学童服仕入販売実績調査表並覚控	(1941年6月)	販売実績	学生服卸組合	—	—

12	仕入明細表並既成洋服仕入実績申告書	1941年6月30日	仕入実績	—	—	—
13	布帛製品関係業者に関する調査報告控	1941年7月15日	業態、ミシン、販売実績	兵庫県服装雑貨卸商業組合→兵庫県知事	—	布帛配給機構整備
14	原布用実数量申告書	（1941年9月）	原布用実数量	姫路被服工業組合	特免作業被服団体服組合	—
15	原布用実数量申告書	（1941年9月）	原布用実数量	—	—	—
16	既成洋服卸販売実績予備調査	1941年10月10日	卸販売実績	兵庫県既成洋服卸配給組合→兵庫県知事	—	既成洋服部門の配給機構改編
17	厚地既製服業態調査書並仕入実績調査表	1941年10月	販売実績	—	全日本作業被服団体服卸商業連盟	—
18	厚地既製服業態調査書並仕入実績調査表	1941年10月	業態	—	兵庫県作業被服団体服卸商業連盟	—
19	布帛製品実績提出控	（1941年10月）	卸販売実績	兵庫県服装雑貨卸商業組合	日本纖維雑貨卸商連盟会	—
20	実績調査書	（1941年10月）	卸販売実績	卸商連盟	兵庫県内地向布帛製品工業組合連合会	地方配給統制会社の設立
21	布帛製品卸販売実績調査表	1941年11月1日	卸販売実績	兵庫県西部内地向被服製造工業組合	兵庫県内地向布帛製品工業組合連合会	中央製造配給統制会社の出資資格審査
22	布帛製品業態調査	1941年11月1日	業態	兵庫県西部内地向被服製造工業組合	—	商工省の再編成通達
23	厚地既製服業態調査書並仕入実績調査表	1941年	業態	—	全日本厚地既製服卸商連盟	—
24	厚地既製服業態調査書並仕入実績調査表	1941年	販売実績	—	—	—
25	原布使用実績表	（1940年か41年）	原布使用実績	兵庫県内地向布帛製品工業組合連合会	—	—

26	卸商組織表並卸業者に対する販売実績調査調控	（1940年か41年）	卸販売実績	—	全日本作業被服団体服工業組合連合会	—
27	製造能力調査ノ件	1942年1月13日	製造能力	兵庫県武道具工業組合（理事長赤松喜一郎）	全国剣道具柔道衣工業組合連合会	軍受注と割当製作
28	業態調査に関する通知並提出書控	1942年1月14日	業態、製造販売実績、仕入販売実績	兵庫県西部内地向被服製造工業組合→日本特免作業被服製造株式会社	日本特免作業被服製造株式会社	全布帛製品業績調査委員会連合協議会提出用
29	企業許可令第七条に依る報告書（下書）	（1942年1月）	業態	兵庫県知事	—	—
30	中央会社地方会社出資者調査に関し御照会の件	1942年3月9日	出資先会社	兵庫県学童服卸配給組合	中央会社	転廃業資金確定等
31	組合員の営業種類転廃業者等回答依頼書	1942年3月11日	営業種類・転廃業者	兵庫県学童服卸配給組合・兵庫県労働作業衣卸商組合・兵庫県既成服卸商組合	兵庫県・地方配給会社	—
32	既成服卸販売実績申告控	（1942年8月）	卸販売実績	兵庫県既製服卸商組合	—	—
33	卸業者に対する販売実績調	—	卸販売実績	兵庫県西部内地向被服製造工業組合	全日本作業被服団体服工業組合連合会	—
34	繊維雑貨卸売高調査報告書控	—	卸販売実績	姫路市役所	—	—

出典：藤本家文書。

注：不詳は「—」。「調査年月日」の（　）は筆者の推定で、根拠は締切が調査依頼より1週間以内のものが多い点。「調査主体」（　）は藤本家文書からの補足。

第八章　資産の動向

藤本仕立店は一九世紀末の創業以来、足袋や仕事着の製造販売を行ない、一九一〇年代・二〇年代に柔道着や学生服を導入することで販路を拡張してきた。三〇年代末からは戦時経済統制の影響で経営難に陥った。その打開策が、一つに配給制下の自家生産比率を下げ仕入を強化するという業態転換であり、二つに、工業組合結成、商業組合加入、合資会社化、有限会社化という経営体転換であった。しかしながら、これらの対応だけで繰り返される配給途絶を乗り越えたとは説明できない。戦時期の厳しい経営状況を乗り越えた要因は、創業から三〇年代までに同店が蓄積してきた資産にも求めることができる。

第一節　「棚卸」の構造と費目

(1)　「品物直分簿」から「棚卸」へ

序章に触れたように同店の帳簿のひとつである「棚卸」は「品物直分簿」を前身とする。「品物直分簿」は一八九四年三月から一九〇七年二月まで収支や在庫品などが記載され、その間に「大福帳」「棚卸」「注文帳」その他の帳簿へと分化していった。「品物直分簿」は記載内容が数度変化し、未記入月も若干ある。一八九七年から

表1　一九〇六年度「棚卸」の例

三壱	摘要	金額	
明治四十年三月	市中貸〆	拾九円。	七八八
	勧商場貸〆	八十六円。	十五六
	生野貸計	四弐壱、	十七八
	但馬貸計	三五四、	八二五
	龍野貸計	一壱四、	四八七
	上郡貸計	八六、	九八二
	加古川貸計	〇〇七、	三五〇
	支店物品	弐七四、	五〇〇
	誂半手ヲヒ一本迄ノ〆	三八一、	一五五
	ゴム足袋九半一足迄ノ〆	九九、	一五〇
	改良白縞極大シャツ二打迄ノ〆	三八五、	四〇〇
	シン切十三本迄〆	三六〇、	二七五
	甲馳及ビ糸代	弐〇、	〇〇〇
	糸代	一五、	〇〇〇
	計	弐九〇五、	一二二
	内諸方品物借	三〇〇、	〇〇〇
	内品物及ビ貸引〆分	二九〇、	五〇〇
	内本店ノ借リ	四二六、	九弐〇
	差引	一八八七、	七〇弐
	頼母子講積立及ビ掛込金	一五〇、	〇〇〇
	現在金	五一〇、	〇〇〇
	債券	九〇、	〇〇〇
	家屋及ビ建具價	弐七五九、	〇〇〇
	器械物價格	一三五、	〇〇〇
	惣計	五五三一、	七〇弐
	一ヶ年利益(卅九年四月四十年三月)	一五一壱、	九四〇

出典：藤本家文書「棚卸」。
注：書き出しの「三壱」は三月一日の意。

「小売貸」、「棚卸」、「棚落シ」といった文字を確認できる。一九〇四年三月一日付で初めて「ミシン代五ツ」が計上され、その金額は五〇円であった。この頃から「現在金」、「親睦講」、「債券」、「自転車」の項目も記されるようになった。

「品物直分簿」の記載が終了した翌月（一九〇七年三月）に「棚卸」が記載されはじめた。「棚卸」は毎年三月から翌年二月までの決算を記した帳簿で、毎年度三月時点での資産一覧である。

（2）「棚卸」の構造

①構造

表1は一九〇六年度（一九〇六年三月～〇七年二月）の「棚卸」である。「市中貸〆」から「加古川貸計」までが地域単位に区分した売掛金の未回収分である。次いで「支店物品」は支店への物品貸与算定額、「誂半手ヲヒ一本迄ノ〆」から「糸代」までが在庫品[1]で、以上の合計が二九〇五円一二二銭となる。このうち、取引業者から借りた品物代金が「内諸方品物借」、地域単位の売掛金未

回収分の一割相当分が「内品物及ビ貸引〆分」、本店から借りた品物代金または現金が「内本店ノ借リ」[2]として差し引かれ、「差引」一八八七円七〇二銭となる。そして、この「差引」に、「頼母子講積立及ビ掛込金」から「器械物価格」までが加算され、「惣計」五五三二円七〇二銭となる。「一ヶ年利益」は前年度総計より一五一一円九四〇銭の増収であったことを示す。

以上のことから、「市中貸〆」から「糸代」まで、そして「頼母子講積立及ビ掛込金」から「器械物価格」までが資産、これに対し「内諸方品物借」、「内品物及ビ貸引〆分」、「内本店ノ借リ」が負債として処理されたことが分かる。

②費目の補足

年度によるが、地域別の売掛金未回収分に続いて「阿部商店貸」「高岡達太郎貸」などの商店名や個人名が記されることがある。これは比較的金額の大きい未回収金額を示す。負債のうち「内品物及ビ貸引〆分」は、売掛金未回収分が将来的に回収されない場合の損失分を一割とみなしたものである。一九一〇年代になると「取立不能貸金」の項目が稀に確認される。なお、物品の金額表示は同店が独自に行なった自己評価額であることは留意する必要がある。以上の構成をもとに同店の資産の推移をまとめたのが図1である。

第二節　費目の動向

(1) 全体動向

図1によると、二〇世紀前半に藤本仕立店は順調に資産額を伸ばしている。一九〇六年度から一〇年代半ばにかけて「製品出荷額」の資産に対する比率は過半を占めているが、一〇年代後半から総体的な比重が低下し、二〇年代半ばまでおよそ三割に留まる。この頃までは「製品出荷額」と資産は比例的であるが、徐々に有価証券と

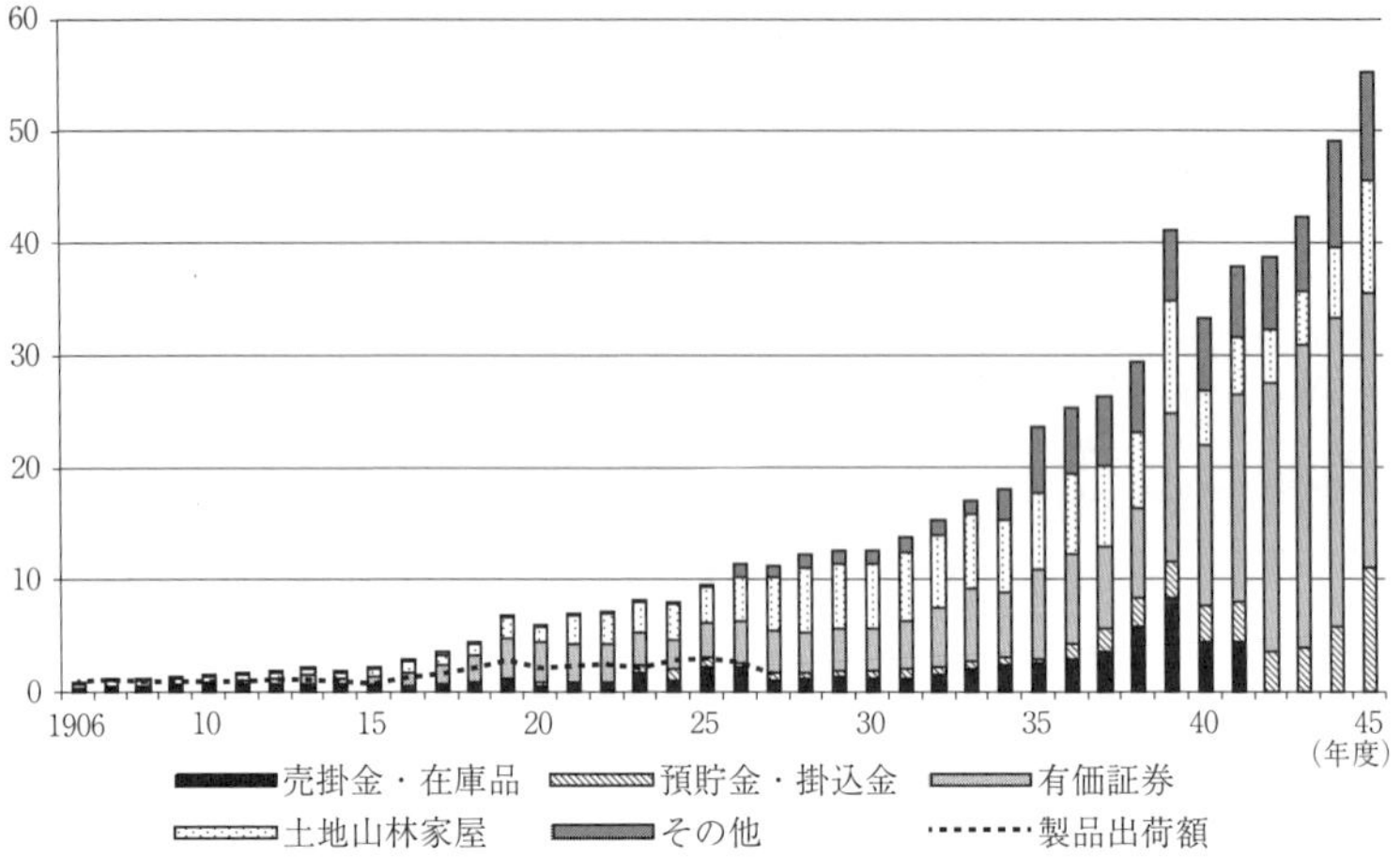

図1　藤本仕立店の資産推移(1906年度〜45年度、万円単位)

出典：藤本家文書「棚卸」、「大福帳」。
注1：「棚卸」の以下の費目は各年3月から翌年2月までの数値。「売掛金・在庫品」には売掛金、在庫品、支店物品、貸金、「預貯金･掛込金」には現在金、預貯金、頼母子講掛込金、生命保険掛込金、「有価証券」には債券、株券、証券、「設備」には電話、ミシン、自転車、「その他」には設備、書画骨董、生命保険等を含む。
　2：「製品出荷額」は「大福帳」の各年1月から12月までの数値(記載終了の1927年は8月まで)。

土地山林家屋の資産価値が上昇していく。

図1の約四〇年間で、資産費目の構成は変化している。戦時期の有価証券は配給確保の関係で、半強制的に購入させられた。以下では、藤本家の意向が反映しやすい一九三〇年代までを中心に動向を追う。まず、裁縫業関係の資産が大半を占める「売掛金・在庫品」と「預貯金・掛込金」の比率は一九〇六年度時点で総資産の五三%を占めたが、一二年度には四〇%を切り、その後は、二〇年代前半に三〇%前後を占めた以外は概ね一〇%台に留まった。日中戦争勃発後の三八年度から四一年度にかけて二〇%台まで上昇したが、これは「土地山林家屋」等の収入比率が低下したことによるもので、戦時統制下の事業拡大を示すものではない。

一九一四年度・一五年度は裁縫業関係資産、株券・債券等の「有価証券」時価・収入、「土地山林家屋」時価・収入の三項目がそれぞれ一：一：一となり、以後、戦間期には「有価証券」時価・収入や「土地山林家屋」時価・収入が裁縫業関連資産を上回るようになった。まず、「有価証券」時価・収入は、一九〇六年度時点では一％を占めたにすぎないが、一一年度に一四％、一二年度以降は二〇％～六〇％台を推移し、二三年度まで資産の最大項目となった。次いで、「土地山林家屋」時価・収入は〇六年度で既に四一％を占めており、二三年度までは資産の最大項目となり、二〇％～三〇％台を推移した。「有価証券」時価・収入が「土地山林家屋」時価・収入を再び上回るのは三五年度以降のことであるが、戦時期の四一年度・四二年度頃の有価証券の保有構成には「兵庫県繊維製品代行店株」や「満洲電業株」等の代行店株または植民地企業株等が含まれるようになる。四四・四五年度は預貯金・掛込金の比率が上昇している。

上述のように、第一次大戦勃発時までは裁縫業を中心とした資産、二三年度までは「有価証券」時価・収入、二四年度から三四年度までが「土地山林家屋」時価・収入、三五年度以降に再び「有価証券」時価・収入と、資産構成の中心は変化した。

(2)　設備

「棚卸」に記された設備は主に裁縫機械（ミシン）と電話で、一時的に自転車も含まれる。一九〇六年度から一七年度までは器械（ミシン、裁断機、アイロン等）のみが計上され、電話は一八年度に初めて記載される。ただし「棚卸」には一七年度の欄に「外ニ電話一ケ」（金額は無記入）と注記されていることから、この年度に電話が設置されたのであろう。翌一八年度から器械と電話は併載され、三六年度から三九年度までは一括して計上された。電話は全期間を通じて一個と明記されているが、器械台数が明記された年度は少ない。

他史料と突き合わせると自家設置のミシン台数は次のような状況となる。藤本家文書「棚卸」「布帛製品業態調査」「合資会社藤本商店社員総会関連文書」「裁縫機調査登録書」[3]から確認される台数は、一九〇四年頃の五台、三九年の四台、四〇年の九台、四一年の四二台、四五年度の三七台、四八年度の三七台（他に、動力台テーブル付、モーター、裁断器、アイロン）である。四一年の急増は、委託生産者に貸与していたミシンを統制対策として同年一一月までに回収したためである。

（3）預貯金・掛込金

すでに図1で確認したとおり、有価証券や土地山林家屋に比して預貯金・掛込金の割合は低かった。図2は預貯金・掛込金の構成比率を時系列に並べたものである。藤本仕立店は、一九〇〇年代から頼母子講を活用していた。そして、「不動銀行」（以下、不動貯金銀行）が一九一三年九月に定期積金貸付を開始してから[4]は、同行の定期貯金を利用するにようになった。

不動貯金銀行は一九〇〇年九月に設立され、財閥や特定グループの支援をもたない零細銀行であった[5]。日露戦後には地方都市の市街地へ代理店網を拡大し、主に中小商工業者から定期積金を吸収するようになった[6]。一〇年には当時としては珍しい、不動産（特に家屋）担保を中心とした不動産抵当貸付（三年積金貸付）を東京市内から導入し、以後、同行の貸出額は急増したという[7]。二三年九月の関東大震災をきっかけに一時は定期積金貸付を中断するが、二六年一月に再開した[8]。二九年六月末時点の兵庫県における同行の預金シェアは四七・九％を占めた[9]。藤本仕立店にとって、地方都市市街地の中小商工業者を対象とする同行の定期貯金政策は利便性の高いものであったため、その後、三六年度まで同店の預貯金は不動貯金銀行のみであった。

同行への貯金を継続しつつ、藤本仕立店は一九三七年度から神戸銀行へ、四〇年度から姫路信用組合へも貯金した。三七年度から三九年度にかけて、神戸銀行への預貯金は不動貯金銀行へのそれを上回り、四〇年度に姫路

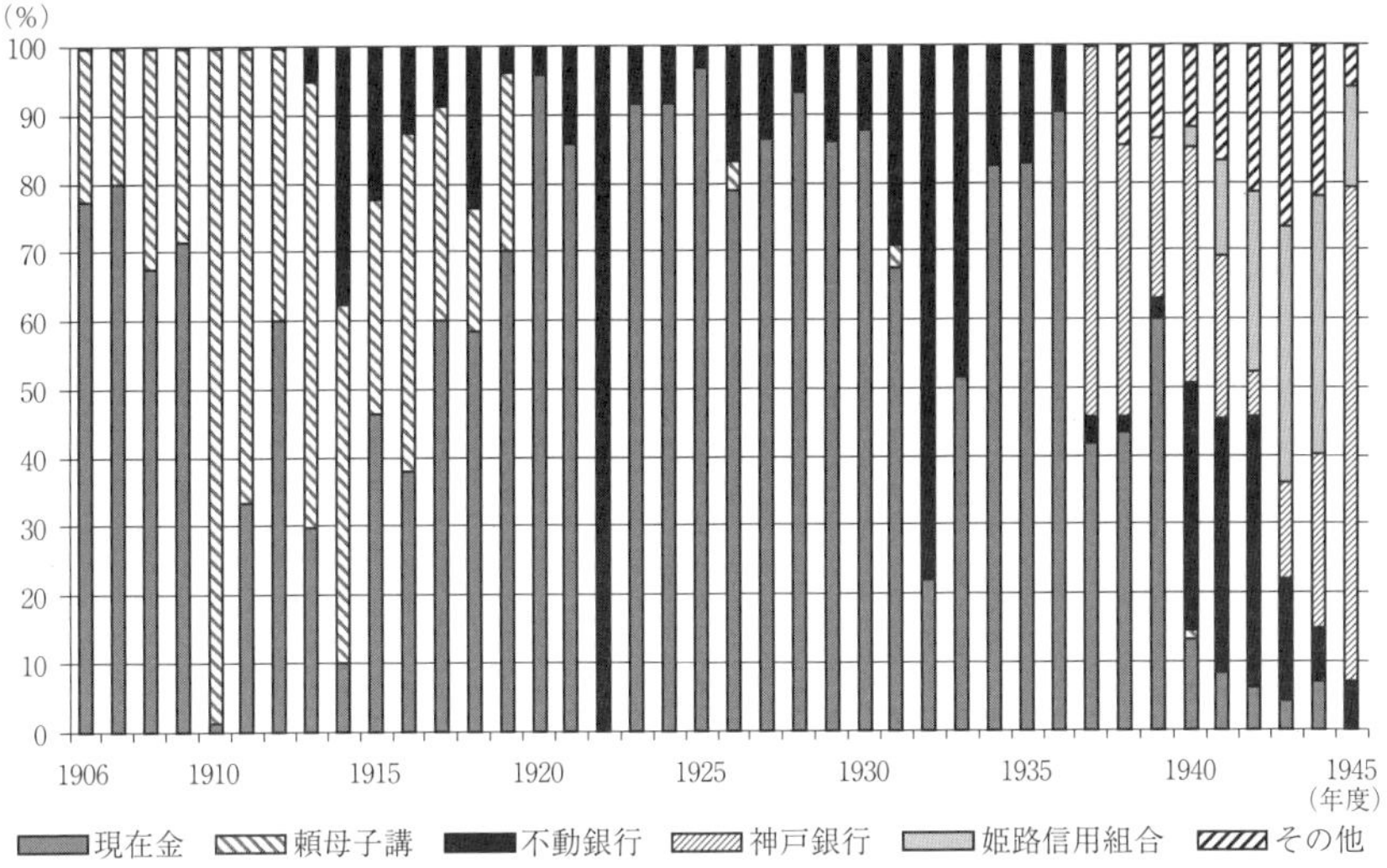

図2　預貯金・掛込金の構成(1906年度〜45年度)

出典：藤本家文書「棚卸」。

注：「頼母子講他」には「頼母子講積立及ビ掛込金」「親茶会積立金」「親睦講掛込金」「組合掛込金」、「不動銀行」には「不動銀行定期預金」「ニコニコ貯金」「出世貯金」、「その他」には「姫路相互信用組合定期預金」「国民貯金及ビ其他貯金」「三和信託預金」「三和銀行野里支店貯金」「国債貯金」「御成婚記念貯金」「郵便局貯金」「生命保険掛込金」を含めた。

信用組合への預貯金が始められ、四二年度までは同組合預貯金の比率が高まるとともに不動貯金銀行の比率も一時的に高まった。

一九二七年から全国の銀行は、一県一行主義を中心とした政府の合同推進策のもとで行数を大きく減少させ、三七年までに貯蓄銀行は一一三行から七二行へ、普通銀行は一二八〇行から三七七行となった。これらの銀行は合同とともに預貸率が減少し、特殊銀行とともに証券投資へ重点を置くようになった(10)。三七年時点で兵庫県下の普通銀行数は全国最多であったが、四五年には二行に統合された(11)。そのうちの一行が三六年一二月に七行の統合を経て設立した神戸銀行であり、七行には姫路市に本店を構えていた三十八銀行と姫路銀行が含まれた(12)。

藤本仕立店による神戸銀行と姫路信用組合への預貯金で特徴的なのは、従来一名につき各一口座を開設していたが、一九四四

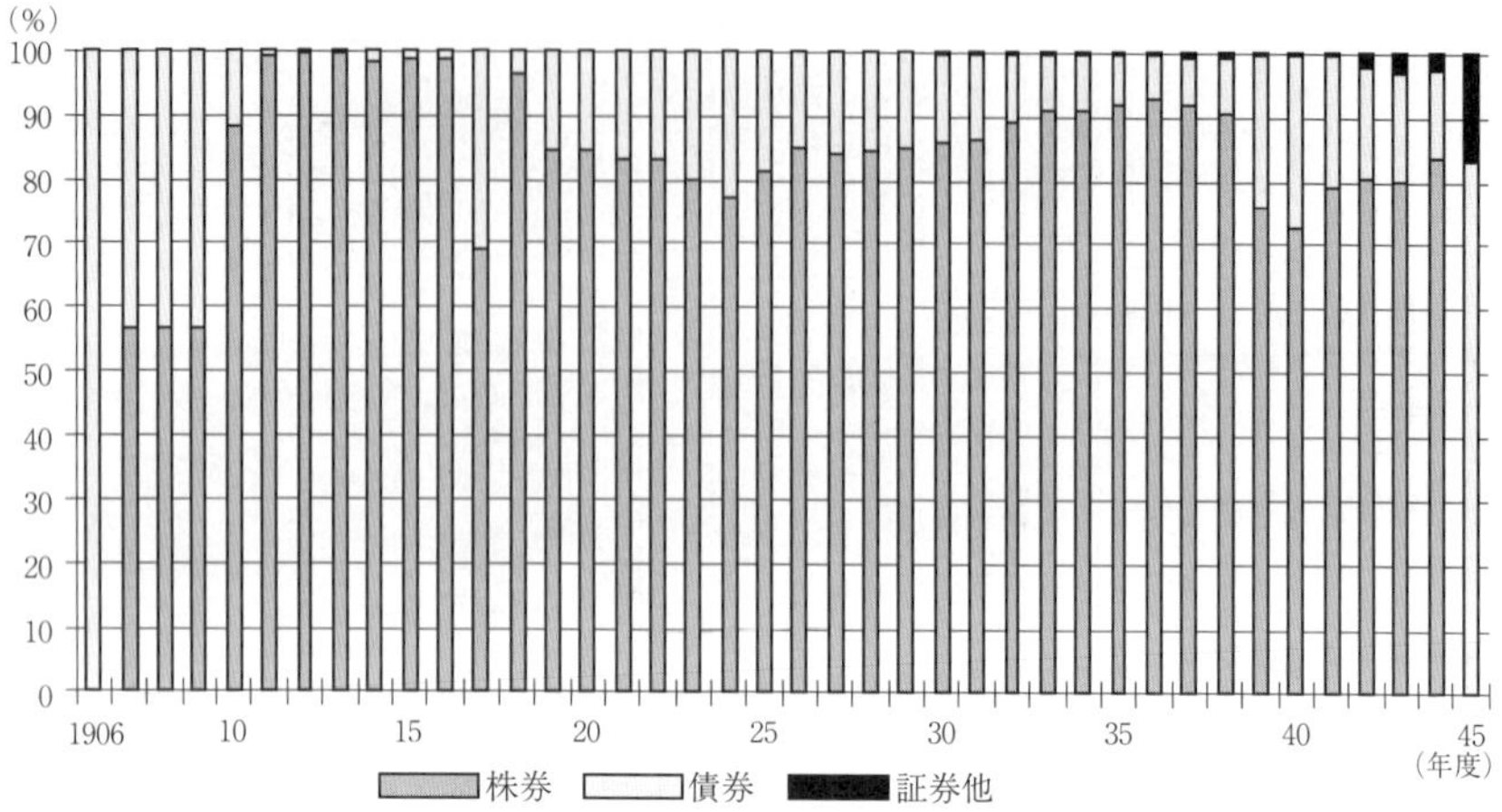

図3　有価証券の構成(1906年度〜45年度、時価ベース)

出典：藤本家文書「棚卸」。
注：「証券他」には「出資証券」「投資証券」「保証金」「利子」「権利」「受益権」を含む。

年度のみ複数の家族名義口座が確認されることである。神戸銀行の場合、嘉吉、弥栄、祥二が一口座、ますが二口座、姫路信用組合の場合は、政吉、ユキ、ますが一口座、嘉吉が二口座である。四五年度になると口座の分割はなくなった。

(4) 有価証券

藤本仕立店は一九一一年から二〇年までの一〇年間に所得税が九円一六銭から四九円六六銭へ増加し、それとともに保有株式は九〇株から四九〇株へ増大したが[13]、株式売買は活発ではなく、売却されたのは日中戦争・太平洋戦争の終結以後のことであった。また同家は他社の経営には関与していないので、投機的ではなく資産株の要素が大きい。

図1に確認したとおり、有価証券時価は一九二〇年まで緩やかに上昇し、以後三二年までは横ばいであった。図3は有価証券の構成比を示したものである。一九〇六年度から〇九年度を除けば全期間を通じて時価の七割以上を株券が占めた。

有価証券のうち株式の構成を保有株数から示したのが図

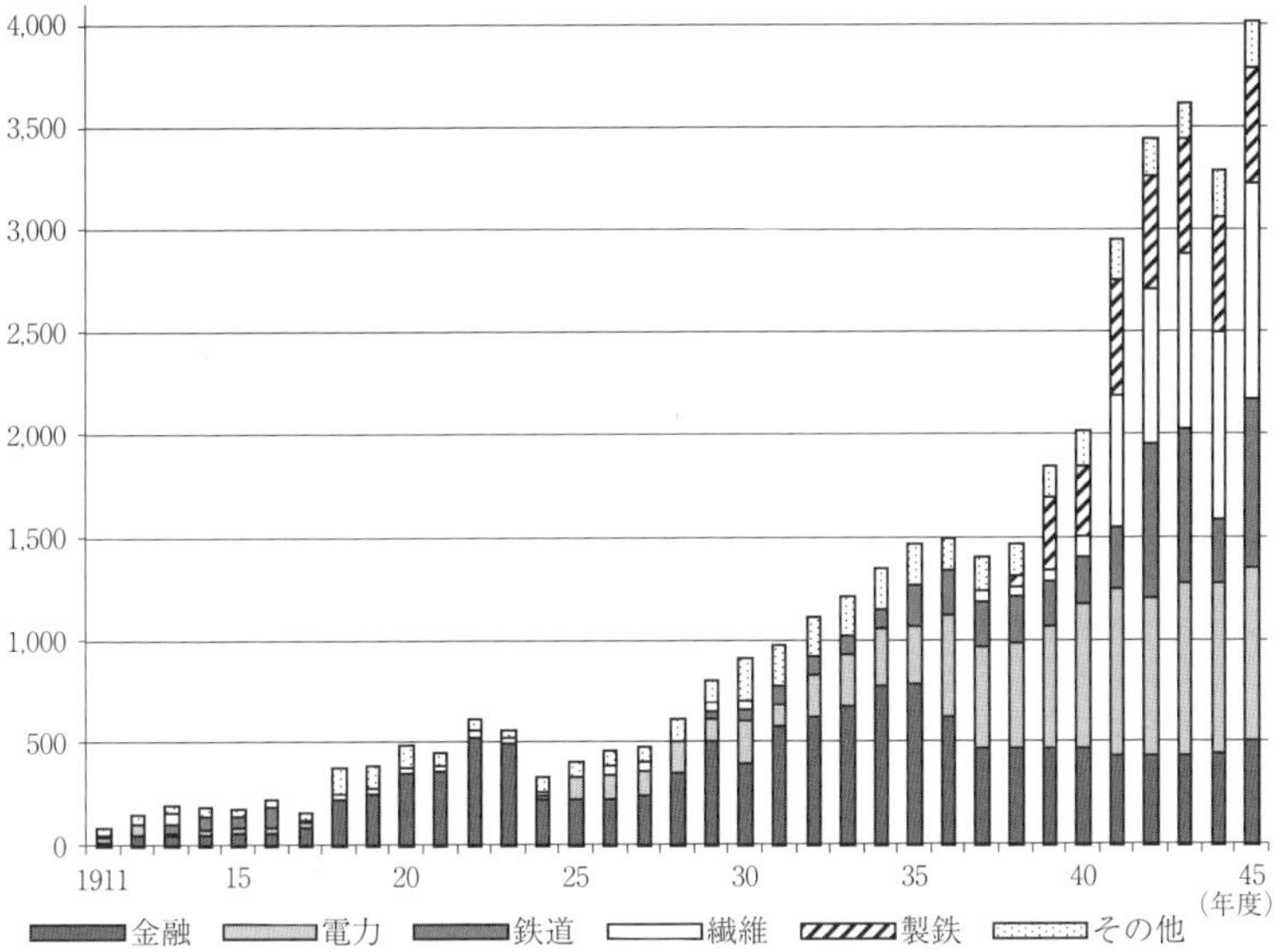

図4　保有株式の変遷（1911年度～1945年度、単位は株数）

出典：藤本家文書「棚卸」より作成。

4である。藤本仕立店は一九一一年度から四五年まで一貫して金融機関の株式を多く保有し、電力会社の株式は三六年度に保有数を急増させた。

「棚卸」に株数が初めて記載された一九一一年度の内訳は金融（姫路銀行）・電力が各二〇株（鬼怒川水電一〇株、神戸電燈一〇株）、鉄道が一〇株（神戸電気鉄道）、その他が四〇株（日本製糖三〇株、山陽醤油一〇株）であった。保有株式数が五〇〇株を超えた二二年度では、金融で五二八株（保有数降順に、三十八銀行、三十四銀行、朝鮮銀行、証券信託）、繊維で三〇株（姫路製紐）、その他で六〇株（大日本製糖、日本石油）である。

二四年度に金融機関の株式保有数が減少したのは第三十八銀行の経営不振による。「棚卸」には「本（二三：筆者注）年株券価格下落ニテ三〇〇〇余円引下タリ、但シ三十八銀行、石油株、朝鮮銀行」(14)とあり、このうち三十八銀行株の二七〇株を売却した。同銀行は二〇年に多額の滞貸金を生じ、二一年末で普通預金業務の兼営廃止を決定し、二四年下半期決算でようやく滞賃金を消却した(15)。

藤本仕立店は二七年に共同信託、二八年に兵庫県農工銀行の株券を初めて購入してから、再び金融機関株式の保有数が増加する。

一〇〇〇株を超えた三二年度をみると、金融で六二五株（兵庫県農工銀行、三十四銀行、三十八銀行、共同信託、朝鮮銀行）、鉄道で九〇株（阪神急行電鉄）、電力で二一〇株（中国電気、宇治川水電）、その他が一九〇株（大日本製糖、日本石油）であった。三九年からは製鉄の保有数が増大する。製鉄は日本製鉄のみで三八年度に五〇株が初めて購入され、三九年度から三五〇株、四一年度から五六〇株となった。四〇年代には金融に代わって鉄道の保有数が中心になっていく。四一年度は山陽電気鉄道、京阪電気鉄道、阪急電鉄の三社の株式を合計三〇〇株保有していたが、四二年度は山陽電気鉄道株を四五〇株新たに購入し、鉄道合計で七五〇株を数えた。

繊維では、四〇年度に日満亜麻績株と昭和毛糸紡績株の各五〇株を保有していたが、四一年度には日満亜麻積の新株をさらに五〇株購入し、兵庫県繊維製品配給統制株式会社株を五〇〇株購入した。翌四二年度になると兵庫県西部作業衣団体服株式会社株を一一〇株、四三年度は兵庫県西部作業衣団体服製造配給代行株を二一六株、四五年度は日本繊維工業株式会社株を一七〇株購入した。このように繊維関係では所属組合の株式を購入することで生地配給や代行業務を確保しようとしていたことが明確になっているが、出資が必ずしも業務の継続を約束したわけではない点は第五章と第六章でみたとおりである。

しかし、ここで注意したいのは、繊維関係についてみれば、投資目的の株式保有ではなく生地配給や代行業務を確保しようと企図した保有であった点である。ここに投資目的とも資産目的とも異なる保有意義、すなわち現業継続という目的があったのである。このことは第三節で取りあげる裁縫業収入が藤本家全体の現金収入において大きな比重を占めたことに繋がっていく。

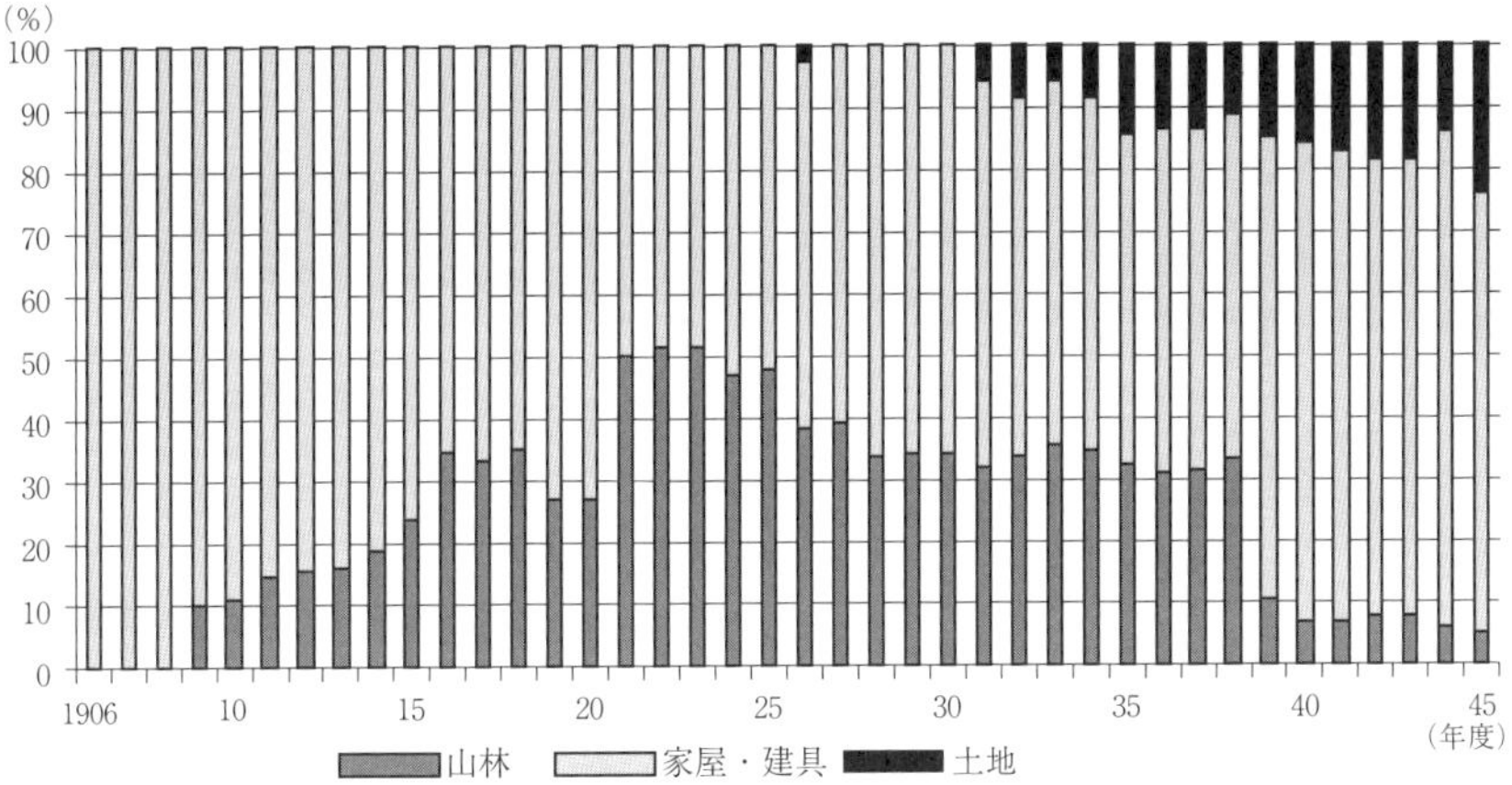

図5　不動産の構成（1906年度～45年度、時価ベース）

出典：藤本家文書「棚卸」。
注：「家屋」には「新築当時出金セシ家屋建具価格」「借家」を含む。

（5）山林・家屋・土地

図1にみた「土地山林家屋」は「家屋及ビ建具価」、「新築当時出金セシ家屋建具価格」、「鍛治町十番地住宅価格」、「山林所有価」を集計したものである。「棚卸」ではすべて「時価」として計上されている。

これを山林・家屋・土地の資産比率で示したのが図5である。一九〇六年度から〇八年度までは家屋のみが計上されている。翌〇九年度からは山林が計上され、二〇年代前半には当該資産の約半数を占めるようになった。二〇年代後半からは再び家屋が資産の過半を占めるようになり、三一年度からは土地も計上される。なお、一九二六年度にも土地が計上されているが、その理由は現状では不明である。

「家賃集金簿及田地貸付」からは、これら不動産の一部が貸家経営や地主経営に利用されたことが分かる。藤本家の所在地と同じ鍛治町で土地購入と貸家経営が一九一五年四月に開始され（同町六八番地）、同年五月、六月に新たに一軒ずつが増加した。最初の貸家経営に関する費用は「買入価格金二八〇円也。登記、世話料、其他費用二〇円也、増設家屋一棟価格一五〇円、計四五〇円也」[16]とある。同様に初期費用は、同年五月に開始された貸家の場合（鍛冶町四六番地）で一六五一円、六月開始の貸家の場合（鍛冶町四七番地）で一四四七円六〇銭であった。

地主経営は城東町五軒屋と飾磨郡水上村で行なわれ、五軒屋では二件が一九三二年・三六年に開始された。

①山林経営

「山林所有価」は一九〇九年度から計上された。同年で五三三円三三銭三厘が計上されている。以後、一九一四年度に一〇〇〇円、一五年度に一七二五円、一六年度には三三九七円五〇銭とおよそ倍増した。その後も「山林所有価」は増加を続け、一九年度には五〇〇〇円、二一年度に一三、二〇〇円、三一年度には二二、一〇〇円に達し、三八年度の二三、〇〇〇円が最大となった。しかし、翌三九年度に五四〇〇円に急減した。

戦時期に木材は軍需用として大量に伐採され、山林は荒廃していた(17)。戦時経済統制の進行とともに所有山林の荒廃が進み資産価値が下落したと考えられる。藤本家の「山林所有価」の急減した一九三九年には三月一七日付で「森林法」が改正された。この頃には外国産木材が輸入制限されており、改正理由は民有林の保全と増強を図るためとされた(18)。そして、市町村単位での組合化が導入され、全民有林の施業が進むはずであったが、藤本家の山林経営に森林法改正の効果は確認できない。

②貸家経営

藤本家が貸家経営を始めたのは一九一五年のことである。その一つである姫路市鍛冶町四六番地家屋に関する「借家契約取替証書」を史料1に掲げた。

史料1　契約取替証書（一九一五年六月一五日）

契約取替証書

姫路市鍛治町四十六番地
一、木造瓦葺二階建本家　一棟
此建造物内附属品
附属品ノ表示
一、表上下共鉄窓二ケ所　家附
一、仝入口ノ戸　仝上
一、二階袋戸棚襖四枚　仝上
一、嵬不入　一ケ所　仝上
但
一、井戸車一個　仝上
一、井戸屋形板石八枚　仝上
一、上雪隠便所小戸一枚　仝上
一、裏屋敷外□戸一切　外ニ沓脱石一個　仝上
以上建屋附ニ属
一、畳建具一切　借家人持
一、井戸側石四枚仝四ツ石四本　借家人持
一、約□二個　借家人持
一、書縁障子上下五枚　借家人持
一、入口玄関掛障子一枚　借家人持

一、梯子段下ノ小戸一枚　借家人持
一、峃不入戸二枚　借家人持
一、裏口上□間硝子小戸二枚　借家人持
一、上雪隠附属ペンキ焼物三組　借家人持
一、井戸屋形硝子小障子四枚　借家人持
一、走リ石但足附一組　借家人持
一、三ツ組煉瓦□一ケ所　借家人持
一、座敷先キ植木並ニ石頭一切　借家人持
一、裏座敷畳建具取替　借家人持
　以上借家人持
一、此証書二通ヲ□□シ相互ニ一通宛ヲ保存シ置キ後日ノ証トナス。
一、借主ハ右附属物品ヲ家明渡ノ際、家附ノ分ニシテ紛失破損等有之時ハ原形ノ如ク修繕スルカ若クハ相当ノ代償ヲ以テ弁償スルコト。
一、借主ヨリ相係ル家ノ構造ハ明渡ノ節以前ノ通リニ取直スカ又ハ双方ノ協議ノ上示談スル事。

大正四年六月十五日　姫路市鍛冶町十番地
家主　藤本政吉（印）
仝市仝町四十六番地
借主　捍部芳太郎（印）

（出典：藤本家文書「借家契約取替証書」）

藤本家が経営した貸家はすべて姫路市内にあり、一九一六年に三軒、翌一六年に二軒、二〇年代に三軒を展開した。同家貸家経営の一覧を表2にまとめた。

表2　貸家一覧

住所	貸家開始年
鍛冶町46番地	1915年6月
鍛冶町47番地	1915年5月
鍛冶町68番地(表ノ家)	1915年4月
鍛冶町68番地(裏ノ新屋敷)	1916年12月
坊主町18番地	1916年9月
同心橋東詰(西側家)	1927年2月
同心橋東詰(東ノ家)	1927年8月
西呉服町7番ノ3	1929年2月

出典：藤本家文書「家賃集金簿及田地貸付」。
注：貸家の記載は出典史料の記載順。

「家賃集金簿及田地貸付」をもとに貸家経営のあり方を追ってみよう。借家の開始月は家賃が割り引かれている。姫路市鍛冶町四六番地家屋は史料1の通り捍部という者に貸し出され、一九一五年六月に最初の家賃五円二五銭が支払われた。「家賃集金簿及田地貸付」によると捍部は二三年五月まで契約し、翌六月からは矢野という人物が新たな借主となった。この集金簿は一九六〇年一二月までを対象にしたもので、矢野は同月まで少なくとも三七年半の期間にわたり藤本家から借家したことがわかる。

同市同町四七番地家屋の最初の家賃は一九一五年五月に萩原定吉が支払った三円で、それ以後、家賃は七円五〇銭であった。一八年八月からは賃借人が溝田一に代わり、三八年四月まで借家された。その後、三九年三月から六〇年一一月まで富永喜三郎が借家した。

これら二軒以外の家屋は出入りが多い。鍛冶町六八番地「表ノ家」は買受価格、口銭料、登記料、世話料、増築家屋一棟価格等で初期費用が四五〇円であった。この家屋は「裏ノ新屋敷」と記されるように表家と裏家の二軒が貸し出された。一九二八年八月に修繕費一九〇円が支払われている。表家の貸出は一九一五年四月からで、すべての貸家のなかで最も早い。貸出期間は四五年六月までで、借主は小林ふくから矢野善寛まで一一名に及んだ。この貸家は同年同月を最後に「家屋疎開ノ為メ家屋取コボタル。空地トナリ其儘矢野氏ニ貸ス」とあり、同

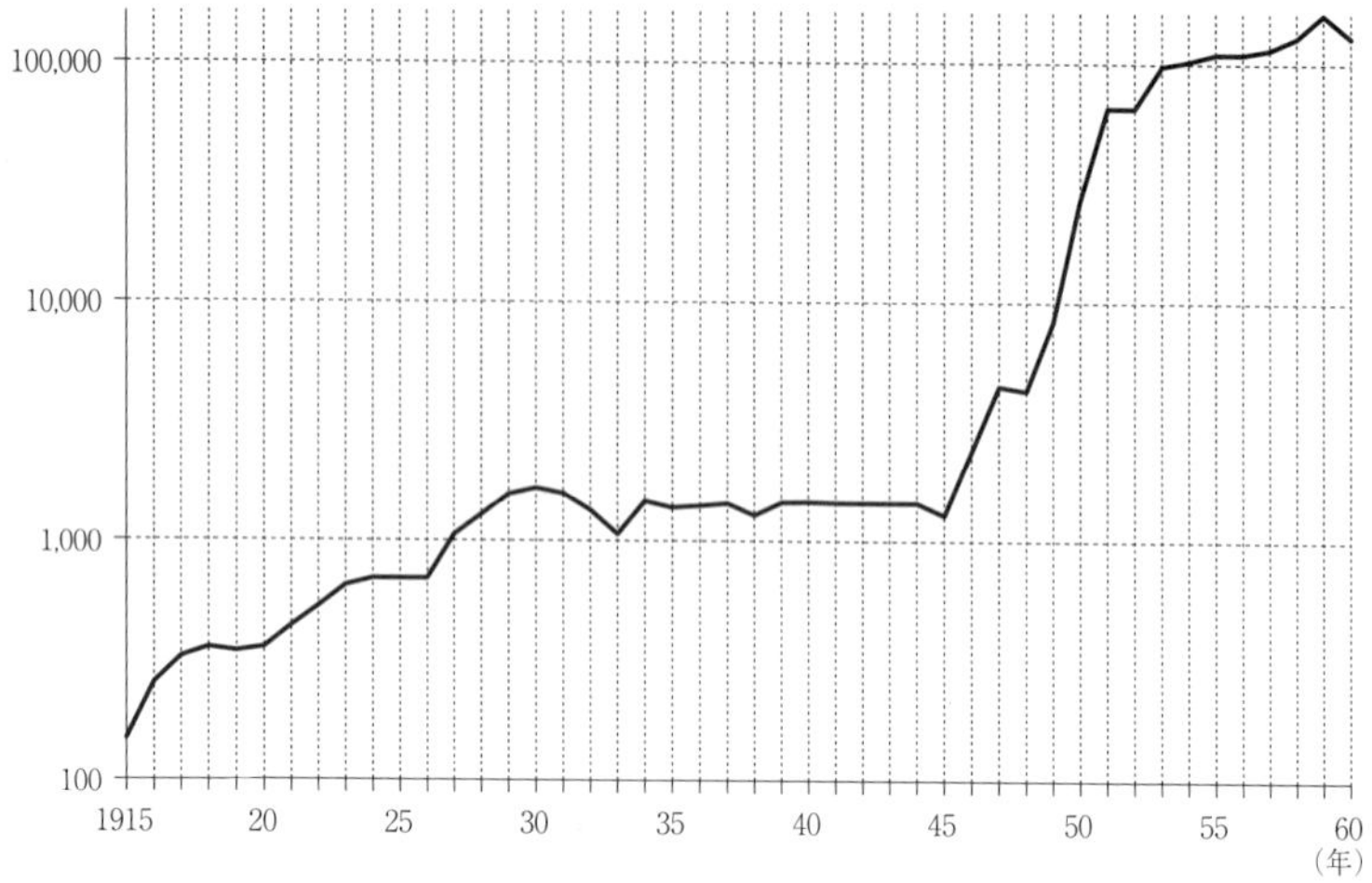

図 6　家賃収入（1915～1960年、円単位）

出典：藤本家文書「家賃集金簿及田地貸付」。

年七月からは空地を矢野善寛に貸すようになった。

裏家の貸出は一九一六年一二月に始まり、二一年一〇月に終了した。一七年六月から二一年一〇月まで表家を借りていた久松治作が二〇年二月から二一年一〇月まで、「表裏ニテ一ヶ月五円定メ」とあり裏家も借りていたことがわかる。これを機に藤本家は鍛冶町六八番地の表裏二軒を単独の借主に貸すようになる。例外的だが、三〇年三月から三六年六月まで六八番地家屋を借用した中里は三五年一月に家賃を滞納しはじめ、三六年三月に支払った家賃一〇円を除いて実に一七ヶ月間も滞納し続けた。

次に、「坊主町一八番地」の家屋は買入価格九五〇円、登記料二八円三〇銭の初期費用を要し、一九一六年九月一三日に買入登記を済ませたものである。同月から貸し出し、一九年五月二〇日午後三時、当時の借主であった「山田氏ヨリ出火、家屋・建具・畳共消失」され、翌六月二一日に姫路市役所へ二〇〇〇円二四銭で売却された。

「同心橋東詰（西側家）」と「同心橋東詰（東ノ家）」はいずれも一九二七年から五六年四月まで貸し出された家屋である。西側家も東ノ家も「藤本はつニ贈与セシニヨリ三一年五月分ヨリ家賃はつ収得」と記され、五六年五月からは親族である藤本はつ（春治の妻）が家賃収入を得るようになった。

「西呉服町七番ノ三」は四七坪の「惣二階建家屋」で、一九年二月に貸し出された。この家屋の家賃は当時三〇円から四〇円ほどを上下しており藤本家の貸家で一番高かった。ちなみに二番目に高額なのは「鍛治町四六番地」で三〇円であった。「西呉服町七番ノ三」は四五年七月四日に戦災焼失し、跡地は四六年五月から角谷利雄に貸し出され六〇年一二月まで借家していることが確認される。

最後に、表3で取りあげた貸家八軒の家賃収入を図6に示す。一九二〇年代後半から四五年までの家賃収入は千円を越える程度であった。この金額を、もう一つの現金収入である裁縫業の規模と次節で比べてみたい。

③土地経営

藤本家が土地（農地）貸与を始めたのは一九三〇年代のことである。

地主経営は城東町五軒屋と飾磨郡水上村で行なわれた。五軒屋では二件が一九三二年・三六年より貸し出され、一方の耕地面積は不詳（小作料は一ヶ月に二斗）、もう一方は一反一五歩（小作料は一ヶ月に一石二斗）であった。また、飾磨郡水上村では三二年一月に開始され、一反一四歩（小作料は一ヶ月に一石六斗）[19]であった。

第三節　戦時経済統制を乗り越えた財源——裁縫業と貸家経営の比重——

図7を見ると、注にも記したが、「裁縫業収入」のうち一九一五年から二七年までは「大福帳」の製品出荷額で、三九年から四五年までは「現金帳」の収入と支出の差額、すなわち収益を示している。そのため一五〜二七年の収益は図の数値よりも低くなる。これをふまえると、戦時期の裁縫業収益は一概に大きく低下したとはいえないが、戦時期の営業内容は第六章でみたとおり不安定であった。

現金収入の二大部門である裁縫業と貸家経営を比較した結果、戦時期においても裁縫業収入の資産価値への貢献は意外に高い。戦時経済統制下の藤本仕立店を支えたのは副業の貸家経営ではなく本業の裁縫業であったと考えられる。とくに一九四〇年から四二年にかけての収益が大きい。本章図1や第六章でみたように、この三カ年に在庫品が取引先に売り払われ、それまで滞りがちであった売掛金を回収し終えた。これが配給途絶による断続的操業のなかで本業の現金収入をもたらしたのである。

小括　長期操業の要因

(1)　長期操業の要因

一般に二〇世紀前半の仕立業・裁縫業、足袋製造業、メリヤス業などの業種のうち、足袋業や帽子業の一部には大規模化する傾向がみられたが、それらは需要創出に成功した事例であって、工場数からみれば少数である。これに対し藤本の場合は概ね自宅にミシンを漸増させながら一九〇〇年頃には委託生

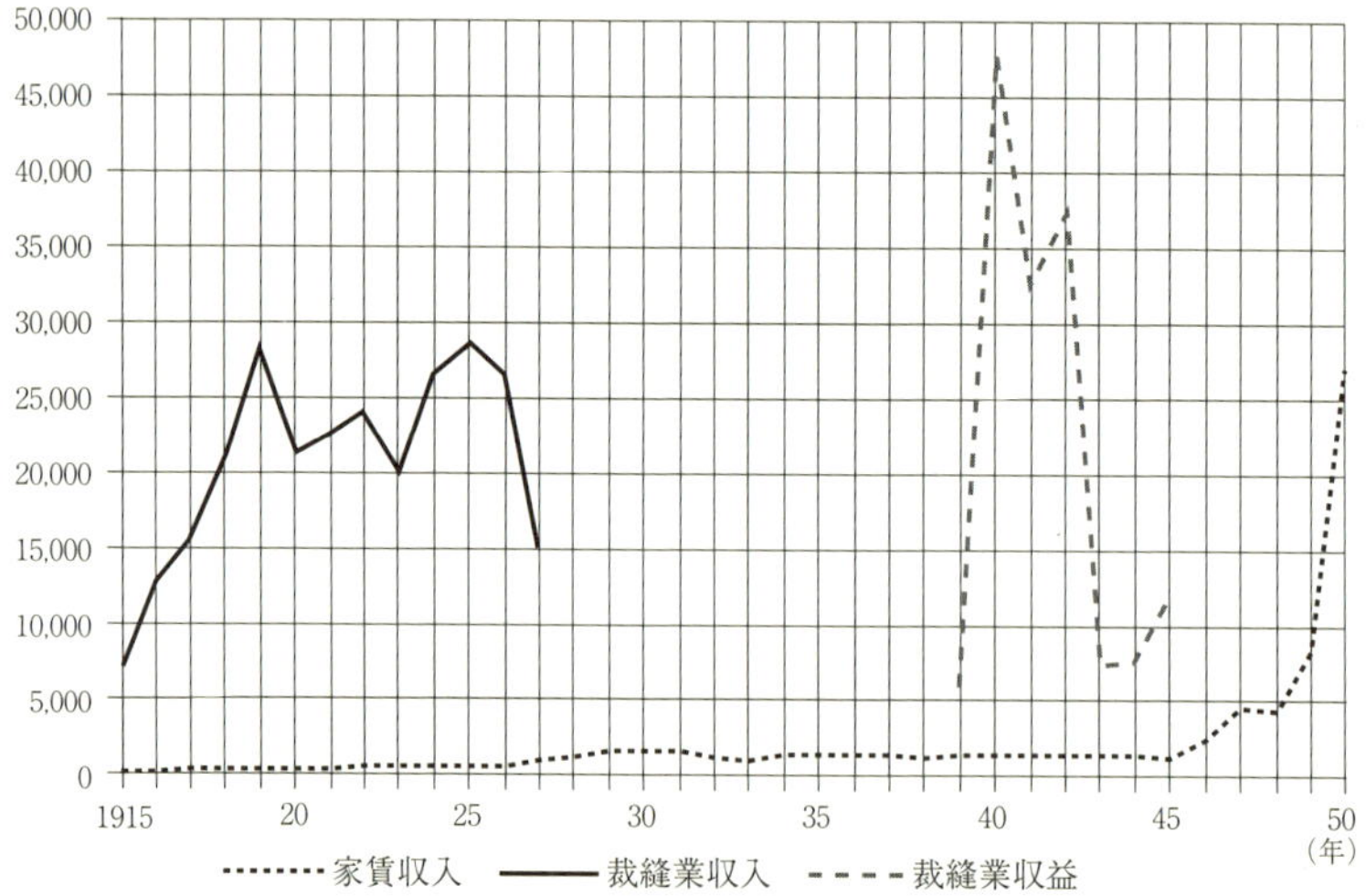

図7　裁縫業と貸家経営による収入または収益の比重(円単位)

出典：藤本家文書「棚卸」「大福帳」「現金帳」。

注：「裁縫業収入」のうち1915年から27年までは「大福帳」の製品出荷額。支出額は不明で差し引いていない。39年から45年までは「現金帳」の収入と支出の差額。

産を導入し、受託者へミシンを配置していった。三〇年代には委託生産を一層強化させたが、四二年には戦時経済統制対策の一環でミシンを自宅へ回収し有限会社化した。生産体制において藤本仕立店は小規模工場から分散型生産組織を経て中規模工場へと変容したのである。

同店は、自家生産・委託生産・仕入の三種類の商品調達方法を採っていた。販売には卸販売と小売販売の双方があった。自家生産と委託生産いずれによっても対応不可能な品目については、仕入販売を導入することによって代替し、多品目生産にとどまらず多品目販売をも可能にした。以上、藤本の経営体制は、自家生産と、委託生産の二つの生産体制を土台に、同業者や学生服製造業者からの仕入も導入した複合的なものであった。

藤本の経営体制は、製造卸、製造小売、仕入卸、仕入小売の四種にまたがったものであったが、趨勢としては、創業当初の製造販売［自家生産＋委託生産］から、二〇年代後半の［仕入販売増加＋卸商的側面強化］へと変化した。一括大量販売は主として柔道着、一部の仕事着、そして学生服であったが、柔道着は自家生産、仕事着は自家生産と委託生産、学生服は自家生産と仕入に基づいていた。この経緯から、藤本の経営体制において商人的側面が強まっていったことが指摘できる。

（2）商業施策

中込省三は、「製造卸が問屋制度をすててみずから製造加工にのり出したとしても、大半は失敗におわったであろう」(20)と述べた。自家に生産機能をもたず商品調達を委託生産に特化する製造卸企業が、委託生産を止めて自家生産へ転換すると倒産するという指摘である。第Ⅰ部第四章でみたように、戦前期の衣料品および関連品の市場形成は不安定であり自家生産に頼る経営の危険性は高く、商人的側面を強化する方が長期営業に向いていた。

藤本においては、不安定な市場の下で銀山および学校という大量販売を保証する団体顧客と契約を交わす商業戦略が、資産蓄積に結び付き、長期経営を保証した主因であったといえる。

また、学生服の仕入販売では同時に受注も強化しており、個人顧客および学校顧客と学生服製造業者との仲介役として機能した。仕入販売部門の拡大は、顧客からの信用の増大によって維持されるものであった。この拡大方法は設備投資を必要とせず、通信費程度に費用を抑えられるという利点も有し、藤本はあくまでも自宅工場の拡大や別工場の設置（親族に一軒屋で作業させたことは一時的にあるが）には着手しなかった。図1が示すように、藤本の資産の蓄積は、一九二〇・三〇年代に山林・家屋の所有と株券・債券を土台として拡大し、四一年以降は配給会社株の保有を軸に後者へ比重を移した。

（1）毎年、六つほどの品目に対して「迄ノ〆」という文字が確認される。年によって「迄ノ〆」という文字の付された品目が異なることから、これは在庫品の棚段単位の記載と考えられる。在庫品には出荷待ち商品、売れ残り商品、および材料の三種があったと考えられる。

（2）藤本仕立店店主政吉の父が経営していた糸吉呉服店のこと。

（3）この史料は「布帛製品関係業者に関する調査報告控」に含まれている。

（4）今城徹「戦前期における不動貯金銀行の経営活動——中小商工業金融との関係を中心に——」『地方金融史研究』第四〇号、二〇〇九年五月、一七頁。

（5）浅井良夫「不動貯金銀行の発展構造」『一橋論叢』第八五巻一号、一九八一年一月、四〇頁。

（6）浅井「不動貯金銀行の発展構造」四三頁。

（7）浅井「不動貯金銀行の発展構造」四四頁。

（8）今城「戦前期における不動貯金銀行の経営活動」一七頁。

（9）浅井「不動貯金銀行の発展構造」五九頁。

（10）以上、玉置紀夫『日本金融史』（有斐閣、一九九四年、一九四・一九五頁）、白井博之「戦時体制下における普通・貯

蓄銀行業の集中・合同について」（『甲子園短期大学紀要』第二八号、二〇一〇年三月、五六頁・五九頁）。

(11) 由里宗之「戦中期銀行合同過程における神戸銀行の店舗展開（前編）――店舗網競合状況から窺われる「余りにも濃厚な地域的限定性という矛盾」――」『総合政策論叢』第二巻、二〇一二年三月、六五頁。なお、戦時期銀行合同における神戸銀行の設立および他行との関係については、同論文以外に、由里「戦中期銀行合同過程における神戸銀行の店舗展開（後編）――店舗網競合状況から窺われる「余りにも濃厚な地域的限定性という矛盾」――」『総合政策論叢』第四巻、二〇一三年三月、同「戦時期における兵庫県下三銀行の合併中止の経緯とその後の神戸銀行との合併交渉過程――「兵庫県下における『地方銀行』の存続を」という企図の挫折――」（『総合政策論叢』第五号、二〇一四年三月）に詳しい。

(12) 由里「戦中期銀行合同過程における神戸銀行の店舗展開（前編）」六五頁。なお、資本金のうち、旧七行の持寄高は三十八銀行が一位で八五〇万円、姫路銀行が五位で一一二万五千円であった（神戸銀行史編纂委員会編『神戸銀行史』一九五八年、三七・三八頁）。

(13) 以上、藤本家文書「諸納税簿」、同「棚卸」。所得税は所得税附加税（県税・市税）を除いた数値。

(14) 藤本家文書「棚卸」。

(15) 三十八銀行編『三十八銀行五十年誌』一九二八年、七頁・四九頁。

(16) 藤本家文書「家賃集金簿及田地貸付」。

(17) 大澤正俊「森林所有権理論の法構造と展開」『横浜市立大学論叢社会科学系列』二〇一六年、第六七巻一・二号、四頁。

(18) 加藤成一「戦時・戦後の森林法・森林組合制度の改正について――現代森林組合の基礎構築過程――」『林業経済研究』第九九号、一九八一年、八・九頁。

(19) 藤本家文書「家賃集金簿及田地貸付」。

(20) 中込省三『日本の衣服産業――衣料品の生産と流通――』東洋経済新報社、一九七五年、二〇一頁。

終章　近代日本の衣服産業と藤本仕立店研究の意義

藤本仕立店は一九世紀末に創業し、当時は新産業であった衣服産業を営んだ。新産業ゆえに同店は確固たる経営体制を採らず、いわば近代の過渡的形態を示した。終章では、本書の結論を明確にするために、序章に提起した課題を第一節で再検討し、第二節で経済史および文化史の研究史上の問題点を指摘する。

第一節　課題の再検討

本書はまず、和服の商品生産に注目した。それまで家で非商品として作られてきた衣服と同じものが、幕末開港期以降に商品生産されるようになった。衣料品の非商品生産と商品生産が拮抗しはじめた時期は二〇世紀転換期のことで、その後、戦時期にかけて全国規模で衣服の商品化は比率を高め、戦時経済のもとでほとんどの衣服は商品生産された(1)。

次いで、藤本仕立店の経営体制と取扱製品を詳しく述べ、当時一般的であった小規模裁縫業者の経営展開を描いた。同店は自家生産を中心に、受注数が過剰の場合は委託生産を利用して製品の量的拡大や多品種への対応を行なった。衣服の商品化が進行するなか、同店は創業以来さまざまな仕事着を取り扱い、一九一〇年代になると当時では新しい柔道着に注目し、学校教育や柔道ブームに便乗して主に近畿圏の学校に向けて製造販売していった。一九三〇年代には学生服の仕入販売をはじめた。しかし、戦時期になると経営は停滞した。経済統制のもとで仕事着の受注は途切れがちになり、柔道着は製造販売を停止した。それまで仕入販売に特化していた学生服は仕入先を大阪府と岡山県に大きく依存したままであったが、これ以上の詳細は不詳である。

以上の確認をふまえ、本書第三の課題である衣服産業の成立期について言及しておきたい。序章に取りあげたとおり、衣服産業の開始をどう捉えるかについて、従来の研究史では幕末開港期という説と一九七〇年代という説に二分されてきた。

後者は衣服産業ではなくアパレル産業という言葉を用いる傾向にあるが、その根拠は一九七〇年代に日本国政府の白書類などが刊行されたことであり、学術的に業界の実態を検討したものではない。また、同年代に既製服産業が全国的に展開した点を指摘する論者が多い。しかし、かつての男性用スーツや女性用ドレスなど、既製服の種類によっては採寸などの調整箇所が残る場合や、時代や消費者によっては生地選択などの注文要素が生じる場合がある。すなわち、既製と注文とは相関関係にあり、単純に一つの衣服を「注文服」や「既製服」と二分して捉えることはできない。そして、序章に述べたとおり、戦前の日本帝国政府は「裁縫業」という区分を設けて衣料品部門を認知し、またメリヤス業部門や皮革業部門などで帽子や靴などの雑貨類を把握していた。政府の認知を根拠として一九七〇年代に衣服産業（アパレル産業）の成立を求める論点からは、逆説的に戦前期にこの産業が成立していたことを認めることも可能になる。

それでは戦前期のいつ頃に衣服産業が形成されたかが問題となる。この問題は同時に、前近代において足袋などの雑貨類が部分的に商品化されていた点を産業化と認めるか否か、という問題も並べて考える必要がある。

もし仮に、商品化は産業化とは異なるとして前近代の衣服や雑貨類の部分的商品化を産業化と認めなければ、衣服産業の成立を一九世紀中期から二〇世紀中期の間に位置づけることができる。この一世紀間で衣服産業は比較的継続的な展開を示したからである。そのうえで、政府の認知をもとに産業の成立を認めるならば、大蔵省『外国貿易概覧』のミシン輸入と洋服・洋傘工場への利用に関する言及に依拠する場合は一八九二年、(2)『工場統計表』『工業統計表』の前身である『工場統計総表』(3)の「裁縫品」の登載に依拠する場合は一九〇九年となる。このように、政府の認知によって成立期を確定する場合、依拠する統計を何にするかによって成立期は左右される。以上述べてきたように、既製服や注文服の観点から、および政府の認知から衣服産業の成立を論じることはできない。

そこで注目したいのは、補論1で述べたように、近代日本の衣服産業の展開においては、毛から天然四繊維（絹毛綿麻）へと商品素材が多様化したことが大きな画期であったことである。この点をふまえて、本書は衣服産業の成立を幕末開港期の一九世紀中期にもとめ、その展開をおおむね、毛織物素材が中心であった一九世紀後半の黎明期、綿織物をはじめとする天然四繊維へ素材が広がった二〇世紀前半の拡大期、ナイロンやポリエステルなどの化学繊維が混紡されるようになった二〇世紀後半の発展期と分ける。すると本書に取りあげた藤本仕立店は衣服産業の拡大期に活躍したと位置づけることができる。とはいえ本書では、時期区分を過度には重視せず、厳密化もしない。

成立期や時期区分を問う観点は、成立前と成立後などの二項対立に基づいているからである。日本経済史研究や日本文化史研究は二項対立に強く依存し、次のような問題や障壁を生み出してきた。

第二節　先行研究の二項対立と日本一元化に対する批判

本書第Ⅰ部冒頭で、二点の研究を事例に和洋を二項対立的にとらえる研究の限界を述べた。それらを本節

（1）・（2）で再びとりあげ、本書の結論とする。次いで、（3）で一九八〇年代頃から日本経済史研究が重要な論点として繰り返し取りあげてきた在来産業論について、衣服産業からみた批判を行なう。

（1）　藤本仕立店から見直す生産体制論

第I部冒頭に触れたように、佐々木淳は分散型生産組織を日本独自なシステムだと繰り返し強調した。この考え方にはマルクス主義の工場制一辺倒に対するアンチテーゼがある。すなわち、マルクス主義と工場制と欧州を同義的に理解し、これらを批判的にとらえ、分散型生産組織と日本の独自性とを結びつけて考えた。

しかし、欧州にも中国にも分散型生産組織や問屋制家内工業を確認でき、他方で日本にも工場を無数に確認できる。このような短絡的な事実誤認が一九九〇年代以降、佐々木にとどまらず日本経済史研究史上で全面的に発言力をもった背景には、マルクス主義の理論的影響力が大きかったこととその衰退がある。

本書第一章で明らかにしたように、藤本仕立店は創業当初から職工五名程度の零細工場（集中型生産組織）を拠点とし、同時に委託生産（分散型生産組織）も導入していた。同店は時間とともに工場制へ移行したわけではない。その点ではマルクス主義的な発展段階論を示す事例とはならない。とはいえ、佐々木の示した二項対立でも説明ができない。

一方、斎藤修は、近代日本の綿織物業において工場制が展開するとともに問屋制が補完的に進展した点を重視した。そして近代化や工業化の過程で「内製か外注か」（工場制か問屋制か）の選択の余地があった点に注目した。斎藤は生産者が集中作業場化（工場化）に向かう必然性はないと捉え、「内製か外注か」は「産業発展のなかでくり返し現れる選択の結果としての側面」(4)をもつと述べた。

ところが、斎藤は問屋制に向かう必然性もない点には触れず、問屋制は既存のものと位置づけた。「内製か外注か」の選択肢を重視する以上、外注（問屋制）を既存のものと位置づけるだけでなく、生産者が拒否する可能性も検討するべきであろう。

また斎藤は、工場制と問屋制が同一の事業者に併存する事例を認めなかった。阿部武司は問屋と委託受託関係にあった賃織業者として工場を取りあげた。[5]この関係を斎藤は「新問屋制」[6]と称し、工場という言葉を使っていない。問屋とは取引形態を示す商業者であるが、「新問屋制」の受託者は少なくとも工場とよぶべき生産者である。斎藤が織物工場を新問屋制に組み込んで工場の存在を認めない点も、佐々木と同様にマルクス主義と工場制と欧州を同義的に考えた結果、すなわちアンチテーゼのように思われる。

本書で取りあげた藤本仕立店の生産体制が創業当初から混在的であった点からわかることは、集中型生産組織が敷地の問題や都市過密の問題などにより小規模な場合は、分散型生産組織と連動しやすいことである。また、補論1にとりあげたように、足袋の大規模工場ですら産地の一部職工を下請として利用し、分散型生産組織を展開した事例もある。

このように見てくると、家、工場、問屋を厳密に区分することは難しい。[7]研究の都合上、職工数の大小、居住空間の有無、雇用関係・取引関係の有無を指摘する程度にとどめるのが無難であろう。藤本仕立店の事例が示す、より重要な問題は、敷地面積や従業員数を増やさずに自家生産と委託生産の組み合わせによって生産量を増大させた点にある。第一章では、工場の操業面積を拡大しない場合や拡大しにくい場合に、委託生産によって量的補完を行ないえたことを確認した。また第Ⅱ部では、軍需衣料品の場合は大規模工場ですら供給不足に陥りやすいため、協力工場や内職者をつうじて量的補完を行なっていたことをみた。

（2）東アジア的視野から見直す衣服文化史

第二章冒頭に触れたように、井上雅人は一九〇九年に刊行された秦利舞子の著書から平肩接袖のシャツを取りあげ、和服要素に洋服要素を加えた衣服だと捉えた。その前提として井上は近代日本で西洋化[8]がすぐさま進行した訳ではないという観点に立っている。しかし、広く日本の衣服史が述べるように、すでに一九世紀末にはさまざまな制服が洋服の形で導入されていた。そのうえ、平肩連袖や平肩接袖は日本に限らず中国その他の地域に前近代から広く確認される。平肩連袖（または平肩接袖[9]）は洋服に存在しないから和服特有のものだという井上の論点には無理がある。

　和洋という言葉は研究上で大きな弊害となる。これまで述べてきたように、和洋の二項対立に大きな限界がある点は日本経済史研究と日本文化史研究に共通して確認される。これらの研究分野では、西洋を中心にして和を考える傾向にあった。しかし近代には和洋という言葉だけでなく和漢洋という言葉

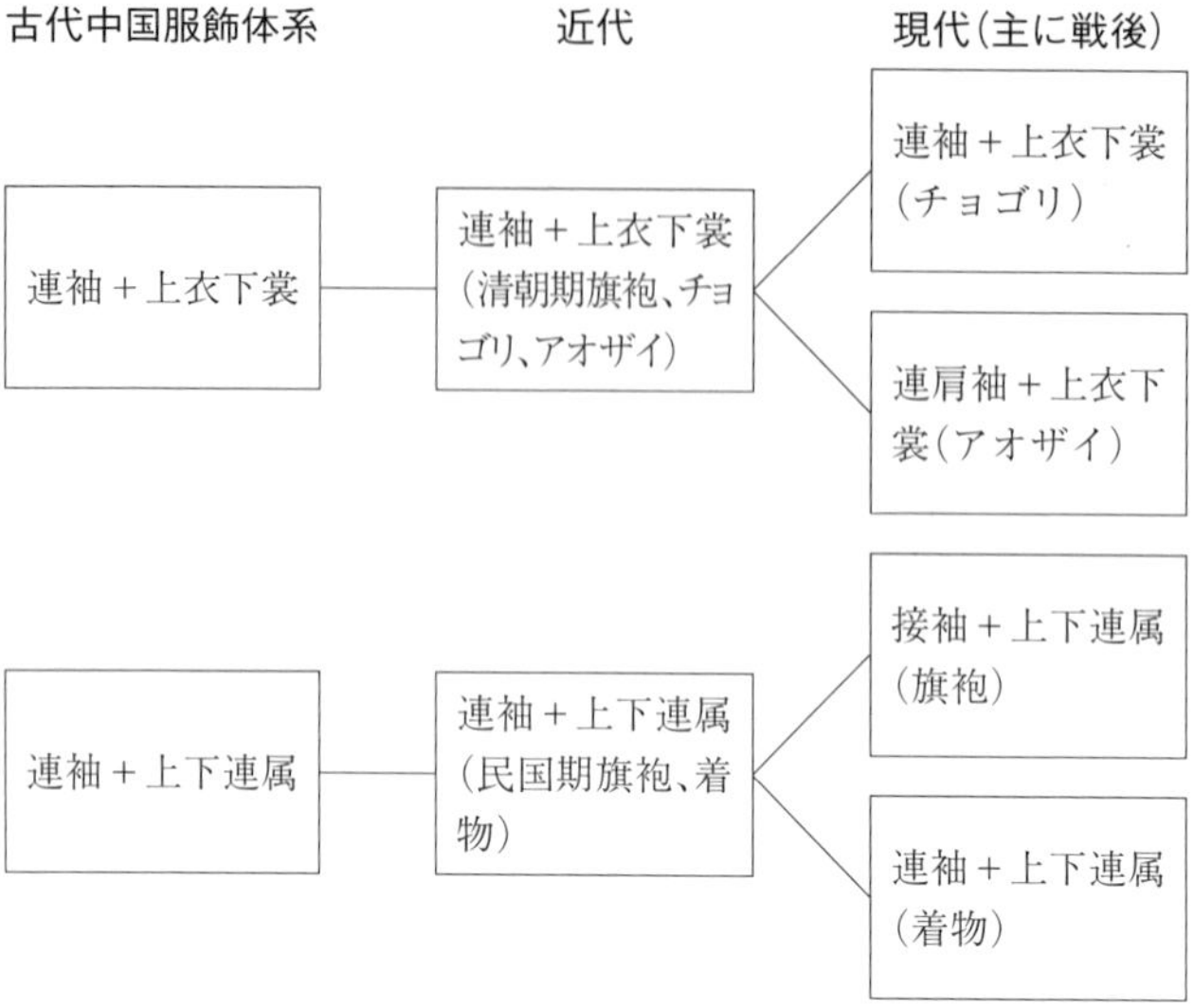

図１　袖のあり方とワンピース・ツーピースの区別からみた東アジア民族衣装の方向性(いずれも前方開放衣)

出典：筆者ウェブサイト「モードの世紀」内「東アジア民族衣装の展開：袖と衣裳からみた古代中華圏の影響」をもとに作成。

注１：「連袖」は該当英語なし。平肩連袖か平肩接袖かは問わない(本章注９参照)、「連肩袖」は「Raglan Sleeve」、「接袖」は「Set-in Sleeve」。

２：「上下連属」はワンピース、「上衣下裳」はツーピースのことで、上衣はジャケット、下裳はスカートまたはパンツ。

もあったことを想起すべきである。西洋性の否定が日本性を導出したように見えても、その日本性は、前近代に経済的にも文化的にも日本を包摂してきた中華性であることが多い。

図1は袖のあり方とワンピース・ツーピースの区別の二点からみた東アジア民族衣装の変貌の方向性である。チョゴリは朝鮮の民族衣装のうち丈の短いジャケットで、チマというスカートと併用する。アオザイはベトナムの民族衣装で、クワンという丈の長いパンツと併用する。旗袍は中華圏の民族衣装で、今ではスカートやパンツと併用しない（清朝期はパンツと併用）。着物は日本の民族衣装で、旗袍と同じくスカートやパンツと併用しない。本図から、連袖とワンピース形式の二点において、古代中国の衣服形態を維持してきたのが実は和服（着物）だったことがわかる。いずれの衣装も前方開放衣なので着用時に何らかの形で衣服を閉じる必要がある。その方法は、チョゴリと着物が一貫して帯や紐、旗袍とアオザイが一貫してボタンであった。

以上、西洋に欠落する側面を日本独自のものと捉える観点の限界、および日本独自のものと捉える観点における中華性の欠落を述べた。次項では在来産業論をとりあげ、この論のもつ近代、在来、新在来という区別が曖昧である点を述べ、二項対立の限界をさらに明らかにしていく。

（3）衣服産業から見直す在来産業論

日本経済史研究において衣服産業をはっきりととりあげたのは在来産業論が最初である[10]。この論は近代化・工業化を国家規模の経済から捉えようとした巨視的で画期的な試みであり、近代化する日本経済に前近代的な産業部門や職業が大きく貢献したとみた。しかし、近代化のもとでさまざまな産業や職業は在来産業論の規定を遥かに凌ぐ複雑なものとして現れた（表1の検討として後述）。そのため、さまざまな産業や職業が生産する商品は近代、在来、新在来という三種の区分で明確に区別できるものではない。在来産業論の限界は近代と在来という比較不可能な項目を二項対立として提起した点にある。

中村隆英〔一九八五〕は最初の国勢調査である一九二〇年統計から「職業」に注目し、それらを近代産業、旧在来産業、新在来産業の三種に区分した。[11]このうち近代産業であると中村が区分した方法は次のとおりである。一九二一年『工場統計表』の従業員五人以上工場の従業者数、つまり工場労働者数と、一九二〇年国勢調査の職業者数とが近しい場合は近代産業である。[12]また、中村は在来産業を「旧在来産業」と「新在来産業」の二種に区分し、その根拠を外来の素材や技術の有無においた。[13]職業分類別に産業の特徴を規定した中村の区分を衣料品・関連品に限定してまとめると表1になる。

表1　在来産業論において職業分類別に規定された衣料品・関連品（1920年頃）

産業分類	職業分類	産業特質
繊維工業	メリヤス、メリヤス品製造	近代産業
被服、身の廻り品製造業	和服裁縫	旧在来産業
	洋服裁縫	新在来産業
	帽子製造	近代産業、新在来産業
	シャツ、手套、股引、脚絆、足袋類製造	新在来産業

出典：中村隆英『明治大正期の経済』東京大学出版会、1985年、207〜208頁。

この表をみると、「帽子製造」のように近代的な機械制大工場に代表されるフェルト帽子を近代産業とし、膨大な問屋制家内工業に支えられた麦稈帽子・模造パナマ帽子など、対極的な展開を示した部門を新在来産業と位置づけた。いずれの帽子も新商品ゆえ適切な判断である。[14]

また、中込省三が述べたように「明治以降、冬には足袋をはく風習が全国的に普及してから、足袋製造業が全国に勃興した」[15]点をふまえると、前近代からの伝統衣装と思われがちな足袋が新在来産業に区分されているのも妥当である。

しかし、不適切な面もある。中村は洋服（おおむねスーツ）について「その技術を導入したのちは、多くは在来産業が生産と流通を担当する分野となった」[16]と指摘した。洋服を在来産業が担ったと中村が理解したのは、洋服と和服を並行的に製造した工場や問屋を念頭に置いたからである。そのような工場は開港地横浜に集中していた。もし中村が、横浜とは対照的に、専業的に洋服を製造した開港地神戸の工場を念頭においていれば、[17]洋服裁縫は近代産業となるだろう。

また、「和服裁縫」の生地に新素材である毛織物を利用した場合やそれらの一部を洋裁技術で処理したりミシンで製作したりした場合、和服裁縫は新在来産業になる。田村均〔二〇〇二〕は幕末開港期以降、男性の儀礼用羽織や火事装束、女性の半襟や帯などに毛織物がしばしば用いられた点を明らかにした。戦後になると和服の一部にポリエステルが使われるようになる。在来産業論は産業分類や職業分類に商品の特質を盛り込んだ点に無理があった。

在来産業論がこの商品特質を和洋の二項対立として理解する傾向は根強い。たとえば「学生服や労働者の菜っ葉服のようなミシン製品（中略）が家庭生活に入ってきて、（中略）伝統的な和服地（中略）にとってかわってゆく」[18]という説明である。ここではミシン製品と和服生地とが対立項として理解されているが、衣服と衣服生地とを対立させている点で間違っており、和服（着物）がミシンを一切用いないという先入観に縛られている点でも間違っている。ミシンを導入した足袋を新在来産業とみなすならば和服裁縫も同様に考えるべきである。

また、中村は「サラリーマンが増加して洋服が普及し、羽織袴は減ってゆく。婦人の洋服も珍しくなる。このような状況が発生したのは、一九二〇―三〇年代であった。それは、内需向の在来産業の市場を縮小せしめ、目立たない形で転換がはじまった」[19]と述べるが、ここでいう洋服はスーツのことで、幕末開港期に西洋から入ってきた衣料品である。他方で近世に武家服制の中心であった長裃や裃が廃止され、羽織袴の簡素な組み合わせが公服に指定されたのは一八六二年、スーツ導入と同じ幕末期のことである。[20]スーツという組み合わせ衣服を製造販売する職業が近代産業または新在来産業と呼べるならば、羽織袴という新出の組み合わせを製造販売する職業も内需向とはいえても在来産業とはいえないのではないか。

これまで述べてきたように多くの歴史研究は西洋を中心に歴史を理解し、和洋という二項対立に囚われてきた。本節で一例に挙げた在来産業論は古典的な研究が描いてきた近代紡績業像のアンチテーゼとして成立した。そもそも近代紡績業はマルクス主義が重視した産業の一つであった。在来産業論は隣接する織物業を取りあげ、分散型生産組織（問屋制家内工業）の意義を重視した。そして、紡績業という近代産業と織物業という在来産業の両輪によって、二〇世紀第1四半世紀に日本の繊維産業が発展したとみたのである。

しかし実のところ、この両輪は均等ではない。すなわち、紡績業が存在しなければ、原料調達の面で織物業は成立しない半面、織物業が存在しなくても紡績業は輸出という手段で存命しえたし、実際に一九〇〇年頃には紡績兼営織布も含めて輸出を主力とした。

おわりに

本書は、兵庫県姫路市に二〇世紀前半の約半世紀間、縫製業を営んだ藤本仕立店の経営動向を詳しくみた。小規模な一裁縫業者の残した資料に基づきながらも、当時の経済史的観点や文化史的観点をさまざまに取りあげた。たとえば、中華文化圏や経済圏に包摂されてきた袖付けや生産体制の複合性、そして、グローバル経済圏やアメリカ経済圏に包摂されたミシンや製造品種の多様性、そして、スポーツの普及による柔道着や戦時体制下の軍服などの画一的衣服である。[21]
このような世界的趨勢のなかで、藤本仕立店は戦前期に姫路の仕立屋、戦時期は兵庫県の裁縫業者として自営業活動のみならず組合活動にも積極的に関わった。経済統制による配給制度は兵庫県のような後発地域には円滑に機能したとはいいがたいが、同店の経営は同時代を代表する経済活動であったと強調できる。

すなわち、中国を中心とした衣服文化圏のもとで前近代的な衣服を多く取り扱い、アメリカを中心としたミシン普及のもとで近代的なミシンを駆使し、広域の文化圏や経済圏のもとで、グローバル社会の一環にローカル社会が組みこまれていたのであった。もちろん、すでに二〇世紀前半に海外で経営活動を行なった会社もあったが、日本帝国内で経済活動を行なっていた企業や業者もまた、グローバル経済をローカルやナショナルな規模で担ったのであった。

このような西洋諸国と後続諸国にとっての二〇世紀前半は、グローバル化の開始や拡大の時代ではなく、すでにグローバルとなった経済社会や文化社会をナショナリズムとして表現した時代であった。このような時代を論じるには、従来の発展段階論や在来産業論よりも広い視野や時代の速度に敏感な発想が必要とされる。

繰り返し述べてきたように、日本性を導出するための二項対立的な議論には、日本的とされるものに含まれる西洋性の無視や中華文化圏の無視という問題が生じる。二項対立は錯綜する事象を分析する糸口としては便利であるが、ひとたび方法として定着してしまうと、二項自体の意味変化や二項相互の時間的な関係を見失う難点がある。

特定の産業や文化を分析対象に取りあげ、新出か既存かの観点から考察し、機械化、輸出化、経営発展など、近現代における何らかの発展要因を抽出する研究は後を絶たない。しかし、一九七〇年代における高度経済成長の終了や一九九〇年代におけるバブル経済の崩壊を考慮すれば、これまで日本経済の発展要因とみなされてきた事柄が、実は研究上の思い込みにすぎなかったという場合もあるかもしれない。地理的にも時間的にも広い視野が今後の歴史研究には求められる。

（1）　一九四〇年七月に商工省は日本綿縫糸製造配給株式会社を設立し、家庭用綿縫糸の配給統制を実行した（日本繊維製品小売商業組合聯合会調査課編『繊維製品配給統制要攬』日本繊維製品小売商業組合聯合会、一九四一年、七四・七五頁)。これを機に非商品といえども家内衣服生産は法的に大きな規制を加えられた。

(2) 大蔵省主税局『外国貿易概覧』一八九三年、五〇〇頁。

(3) 農商務大臣官房統計課編纂『工場統計総表』一九一一年。

(4) 斎藤修『プロト工業化の時代――西欧と日本の比較史――』日本評論社、一九八五年、二六六頁。

(5) 阿部武司『日本における産地綿織物業の展開』東京大学出版会、一九八九年、一三六～一四〇頁。

(6) 斎藤修「在来織物業における工場制工業化の諸要因――戦前期日本の経験――」『社会経済史学』第四九巻六号、一九八四年三月、一一七頁。

(7) 生産主体を示す項目名を分解することから斉藤の不備を補おうとしたのが谷本雅之である。谷本は『第二二次・農商務統計表』(一九〇五年時点)において織物業生産者が工場・家内工業・織元・賃織業に分類されている点に注目し、これらの区分を営業の独立性、就業形態、生産組織の観点からより厳密な区分を試みようとした(谷本雅之『日本における在来的経済発展と織物業――市場形成と家族経済――』名古屋大学出版会、一九九八年、二六三～二六六頁)。『第二二次・農商務統計表』の示す機業戸数の全国平均は、工場が〇・七%、家内工業が三〇・九%、織元が三・二%、賃織業が六五・二%で(同前書、二六四頁)、工場と家内工業はいずれも独立営業をしており、前者が職工一〇人以上、後者が職工一〇人未満で区別されている。

阿部武司は上記四区分のうち独立営業の織元と従属営業の賃織業に注目し、両者によって構成される六八・四%の比率をもって綿織物業においては問屋制家内工業が多かったと捉えた(阿部武司「綿工業」西川俊作・阿部武司編『日本経済史四・産業化の時代(上)』岩波書店、一九九〇年、一九三頁)。この認識をふまえながら、谷本は「実際の労働現場として「賃織業」との共通性が想定される、『家内工業』の存在にも着目」(谷本『日本における在来的経済発展と織物業』二六五頁)する。そして、全国平均でみた「家内工業」の一戸当り平均織工数が一・七人であることから、「その生産現場は、平均織工一・三人の「賃織業」とそれほど異なっていたとは思われない」(谷本同前書、二六五頁)点を根拠に、「賃織業」と「家内工業」の双方を広義の家内工業として一括した。

すなわち、「賃織業」と「家内工業」はいずれも「家族従業による工業生産への関与」(同前書、二六五頁)のある生産主体という点で、広義の家内工業に一括できると捉えた。そして『第二二次・農商務統計表』の「家内工業」のうち平均二人未満の「家内工業」だけを抽出し、一戸当り平均職工数の大きい四府県（三・二人〜六・三人）を、家族以外の他人も含む「家内工業」という根拠から小工場とみなして除外し、この広義の家内工業の比重を機業戸数で九二％強、織工数（職工数）で七〇％台前半と捉えた（同前書、二六五頁）。

この論理からは、確かに一九〇五年時点の織物生産の直接的な担い手として広義の家内工業形態の就業者が中心的であったという論点は導出されるが（同前書、二六六頁）、「その多くが織元のもとに編成され、生産活動に従事している」（同前書、二六六頁）との論点は説明できない。この論点はむしろ、阿部前掲論文がすでに指摘していた独立営業の織元と従属営業の賃織業の合計比率に対する理解である。家内工業が織物生産の中心的な担い手であった点を強調する谷本の立場は、生産工程を外部化した主体として問屋を捉える傾向（谷本同前書、二六六頁・三五一頁）にも示され、「集中作業場とは異なる経営形態の「問屋制」」（谷本『日本における在来的経済発展と織物業』二六六頁）と捉え、問屋制を「生産過程の外部化」と明記した。しかし、生産過程をもたない問屋と生産過程しかもたない工場との二分法は、以下に述べる点から現実的ではない。

谷本と同様に橋野知子は『府県統計書』を取りあげ『農商務統計表』と同じ区分に注目した。そして、工場・家内工業・織元・賃織業の四区分が職工数規模と原料所有という「全く独立した二つの基準に依拠」（橋野知子『経済発展と産地・市場・制度——明治期絹織物業の進化とダイナミズム——』ミネルヴァ書房、二〇〇七年、一七四頁）しているとし、「各グループ間における移動の可能性」（同前書、一七四頁）を指摘した。たとえば、職工数が変化することによって「工場」と「家内工業」が流動的になる点、問屋の力織機設置や職工数変化によって「織元」が「工場」や「家内工業」に転換する点が想定された（同前書、一七四頁）。織元（問屋）が生産過程を内部化する可能性を示唆した点で、橋野は谷本よりも一層四区分の決定困難性を示している。谷本は時間的に工場に先行する家内工業を純粋な家族経営と捉えた。たとえば一戸当たり平均二人未満の「家内工業」だけを『農商務統計表』の「家内工業」から抽出した作業からは、家内工業に夫婦その他の家族性をもたせようとした意図が読み取れる。しかし、このような家族的工業形態は、谷本が分析の中心におく小農家族経営よりも少人数家族の多い都市型小工業を示しているとはいえまいか。谷本のいう広義の家内工業概念には織物業という産業に就業形態を読もうとした点に無理があったといえよう。

紡績業における寄宿舎と経営家族主義を工場による居住空間や家族類似関係の導入と捉えるならば、生産労働を行なう家と工場との区分は一層曖昧になる。現実は研究史と異なり、「ミシン持つ店は〝工場〟である　裁縫の乙女も新解釈は職工　洋裁屋にも工場法」(『神戸新聞』一九三六年六月二八日付、閲覧先は神戸大学附属図書館新聞記事文庫)に示されたとおり、一九三六年工場法改正はミシン一台を所有する縫製場所を工場法適用範囲に入れたように工場概念はきわめて変動的である。

(8) 本章前項ではヨーロッパを示す「欧州」という言葉を実態的な意味に用いた。本項からは欧州にアメリカも含んだ対東洋や対日本の概念的な意味で「西洋」を用いる。

(9) 平肩の連袖や接袖とは異なり、洋裁技術の代表例であるセットイン・スリーブは下方に向く。本章にとりあげた平肩連袖を平肩接袖と呼ぼうとも、セットイン・スリーブの接袖とは意味が異なる点に留意したい。衣服を考察する場合には布幅や袖付の意義を考慮する必要がある。第二章小括で既述のように、中国や日本の織幅は律令体制のもとで調布として厳格に規格化され、調布および商布は中国で四八センチ、日本で三六センチとされてきた。日本の場合、この幅は小幅と称して現代でも使われている。西欧では、大丸弘によると、毛織物貿易の進展とともに一四世紀頃から欧州半島規模で織幅の規格化が進み、手動織機の横糸を二人がかりで一八〇センチ幅の織物に織ったという(大丸弘「西欧型服装の形成――和服論の観点から――」『国立民族学博物館研究報告』別冊四号、一九八七年二月、一二〇頁)。

この違いをふまえると、布を継ぎ足して衣服を作る東洋的なタイプと、布を裁断して衣服を作る西欧的なタイプに大別できる。この違いは一四世紀後半に形成された。欧州で豊富に生産されてきた毛織物は、天然繊維の中で最大の厚さと硬さをもち、これを縫製することは比較的困難であった。したがって一四世紀に布幅は一八〇センチと広く採られ規格化もされてきたと考えられる。そして、一三七五年にイギリスで鋼鉄針が開発されてからは、型紙や裁断が重視されるようになり、一部の衣服制作においてテーラリング(仕立)の裁縫技術が発達していく(大丸「西欧型服装の形成」四四頁。能沢慧子「モードの社会史――西洋近代服の誕生と展開――」有斐閣選書、一九九一年、一〇頁・一一頁、四三頁)。

(10) 一九六〇年代に二重構造論に立脚していた段階では中村隆英は衣服産業を軽視していた。中村は、斎藤万吉による農家経済調査をもとに、塩、酒、衣類、醤油、味噌、家具什器等の品目を消費財として想定した(中村隆英「国内市場の発展と二重構造の成立」玉野井芳郎・内田忠夫編『二重構造の分析』東洋経済新報社、一九六四年、一七七〜一七八頁）。次いで、大島隆男の推計に依拠して国内消費額の伸びを一人当たり繊維消費量の推移から示し、織物の生産と需給均衡を分析した（同書、一八〇〜一八一頁）。このように、中村も消費財の「衣類」を織物と同定していた。

(11) 中村『明治大正期の経済』一八六〜二一一頁。

(12) 他の詳細な規定は中村『明治大正期の経済』一九〇〜一九一頁を参照のこと。

(13) 中村『明治大正期の経済』一九〇頁。

(14) フェルト帽子大規模工場が閑散期の夏季に麦稈帽子や模造パナマ帽子を製造する場合もあった。詳しくは岩本真一『ミシンと衣服の経済史――地球規模経済と家内生産――』思文閣出版、二〇一四年、二六二頁。

(15) 中込省三『アパレル産業への離陸――繊維産業の終焉――』東洋経済新報社、一九七七年、四〇頁。

(16) 中村『明治大正期の経済』一八二頁。

(17) 洋服業における横浜と神戸の違いは岩本『ミシンと衣服の経済史』一九二〜一九六頁に詳しい。

(18) 中村『明治大正期の経済』一八三頁。

(19) 中村『明治大正期の経済』一八三〜一八四頁。

(20) 桜井秀『日本服飾史』雄山閣、一九二四年、三五一・三五二頁。大丸弘・高橋晴子『日本人のすがたと暮らし――明治・大正・昭和前期の身装――』三元社、二〇一六年、二九一〜二九三頁。

(21) 軍服の万国共通性は、近年豊富になった映像資料から確認できる。また、一九一〇年代の国民的武道の形成は中国でもみられた。後者については、岩本『ミシンと衣服の経済史』二五四頁を参照。

【参考文献】

一　未刊行史料

藤本家文書（藤本祥二氏文書）

本文書の一覧は「姫路市史編集資料目録集　三六」（一九九〇）に収録されている。この目録集の表題を本書は踏襲したが、一部に独自に筆者が記した場合もある。それらは（　）内である。併記した数字は史料番号。煩雑になるので年代は記していない。

「大福帳」二
「注文帳」四
「当座帳」六・七
「職型仕事帳並仕事数控帳」（仕事数控帳）八
「金銭出入帳」一一
「判取帳」一二
「現金帳」一三
「磯吉出入帳」一四
「製造帳」一九
「品物直分簿」二〇
「棚卸」三二
「ミシン購求に付契約書」三五

「家賃集金簿」（家賃集金簿及田地貸付）三六
「借家契約取替証書」三七
「夏襦袢仕様書」五六
「柔道着販売証明書」五七
「組合公認の件につき質問書並回答書」五八
「姫路市商工保安協会会則草案」五九
「姫路市商工保安協会会則附会員名簿」六〇
「合資会社藤本商店社員総会関連文書」六二
「糸配給統制規則施行に関する件通知」六三
「原布使用実績申告記入上の注意」六四
「原布使用実績表」六五
「原布使用実数量申告書」六六
「営業の純益金額審査請求書控」六七
「兵庫県学校服卸商組合創立総会附議事項並収支概算」七一
「定款」（「兵庫県西部内地向被服製造工業組合定款」）七三
「規格制定に供する参考資料の件通知」七五
「繊維雑貨卸売高調査報告書控」七八
「商業・工業組合加入の件に付質問書並回答書」八〇
「理事辞任届」八一
「姫路ミシン裁縫同業者組合組合員並役員氏名表」八二
「卸商組織表並卸業者に対する販売実績調控」九四
「卸業者に対する販売実績調」九五
「学童服仕入販売実績調査表並覚控」九六

「一般青壮年縁故雇入認可申請書並調査報告依頼」一三〇
「書状中央製造配給統制会社の代行人の件に付回答」一三一
「組合員の営業種類転廃業者等回答依頼書」一三二
「兵庫県西部被服工業有限会社出資証券7枚」一三三
「兵庫県西部内地向被服製造工業組合出資証券用紙」一三四
「姫路被服工業組合創立総会に関する書類並組合関係文書」（姫路被服工業組合創立総会付議事項）一三七
「兵庫県繊維製品配給統制株式会社割当株代金並名義人控」一三八
「書状（ミシンの件につき御願）」一四四
「臨時建築制限規則による許可申請書」一四五
「全国製産博覧会に出品の足袋有功三等銅牌」一六三
「不遷流柔術一級・初・三段允許状」一七一
「盛武館月謝受領証」二一七
「店主と職工の契約書(下書)」二一八
「専売特許ゴム底跣足袋割引代価表」（日本護謨株式会社　専売特許護謨底跣足袋割引代価表）二一九
「新案柔道稽古襦袢」二二二
「買原簿」二二四
「売原簿」二二五

アジア歴史資料センター（JACAR）
Ref. A03010009300「海軍衣糧廠令ヲ定ム」国立公文書館。
Ref. A03023148400「軍人被服仕立料ヲ定ム」国立公文書館。
Ref. A03023214200「縫靴革三工習業場取設工員育成ノ達」国立公文書館。
Ref. A03023214500「西村勝蔵弾直樹へ十年ヲ限リ軍靴製造申付伺」国立公文書館。

Ref. C01000961100「被服追送の件」防衛省防衛研究所。
Ref. C01004737600「管理工場管理人任意出頭に関する件」防衛省防衛研究所。
Ref. C04123118600「被服追送に関する件」防衛省防衛研究所。
Ref. C06083644800「陸軍々用被服の製作を随意契約となす件」防衛省防衛研究所。
Ref. C08011035100「第一、第二、海軍衣糧廠　引渡目録」防衛省防衛研究所。
Ref. C08011413900「保管物品及被服移管目録　第二海軍衣糧廠（一）」防衛省防衛研究所。
Ref. C08011414100「保管物品及被服移管目録　第二海軍衣糧廠（三）」防衛省防衛研究所。
Ref. C09084893200「五月二九日　大倉組裁縫師其許へ来たるや　参謀部」防衛省防衛研究所。
Ref. C09090560200「会計司諸達　洋服仕立師周吉裁縫方職人申付の件会計司達」防衛省防衛研究所。
Ref. C12070160500「昭和一七年一月（二）」防衛省防衛研究所。
Ref. C12070164900「昭和一七年九月分（二）」防衛省防衛研究所。
Ref. C12070165000「昭和一七年九月分（三）」防衛省防衛研究所。
Ref. C12070188900「昭和一八年九月（五）」防衛省防衛研究所。
Ref. C13072082200「九月（四）」防衛省防衛研究所。
Ref. C13072082300「九月（五）」防衛省防衛研究所。
Ref. C13072083800「一月（一）」防衛省防衛研究所。
Ref. C13072087200「一〇月（一）」防衛省防衛研究所。
Ref. C13120864300「府県別陸軍監督工場名簿　昭和一七年五月　陸軍省整備局工政課／本文（一）」防衛省防衛研究所。
Ref. C13120864400「府県別陸軍監督工場名簿　昭和一七年五月　陸軍省整備局工政課／本文（二）」防衛省防衛研究所。
Ref. C13120864500「府県別陸軍監督工場名簿　昭和一七年五月　陸軍省整備局工政課／追加分」防衛省防衛研究所。
Ref. C13120864600「音別陸軍管理工場名簿　府県別陸軍監督工場名簿（削除ノ部）（追加ノ部）（訂正ノ部）」防衛省防衛研究所。
Ref. C14060441600「緬憲経第八四号移牒昭和一九年八月一二日　森七九〇〇経衣第一二三四号　被服節用に関する件通牒

昭和一九年八月三日」防衛省防衛研究所。

二　政府等公的刊行史料

大蔵省印刷局「官報」一九四〇年二月三日、日本マイクロ写真。

大蔵省印刷局「官報」一九四二年〇九月〇九日、日本マイクロ写真。

大蔵省印刷局「官報」一九三六年一二月二一日、日本マイクロ写真。

大蔵省印刷局「官報」（号外）一九四七年九月一〇日、日本マイクロ写真。

大蔵省主税局編『外国貿易概覧』一八九三年、一八九五年、一九〇七年。

商工省編『全国工場通覧二一　昭和一六年版①』柏書房、一九九三年。

商工省編『全国工場通覧二二　昭和一六年版②』柏書房、一九九三年。

商工省編『全国工場通覧二三　昭和一六年版③』柏書房、一九九三年。

商工省商務局編『商業組合一覧』商業組合中央会、一九三七年。

通商産業大臣官房調査統計部『工業統計五〇年史資料編二』大蔵省印刷局、一九六二年。

通商産業大臣官房調査統計部『工場統計表』『工業統計表』各年版。

農商務省商工局工務課編『工場通覧』日本工業協会、一九一一年。

農商務省商工局工務課編『工場通覧』日本工業倶楽部、一九一八年。

農商務大臣官房統計課編『工場統計総表』一九一一年一月。

農商務大臣官房文書課編『工場統計総表』一九一六年三月。

兵庫県総務部調査課編『昭和一四年兵庫県統計書』一九四一年。

三　民間団体等刊行史料

大阪商業会議所編『大阪商工名録』福井文徳堂、一九一一年。

小郷虎一編『岡山市商工人名録』岡山商業会議所事務局、一九二三年。

共益社編『兵庫県商工人名録』一九一四年。

銀行問題研究会編『統制経済法令集』一九四一年。

工業組合中央会編『工業組合名簿』一九三七年。

交運日日新聞社編『鉄道運送業全国運送店名簿』一九二八年。

財団法人海軍有終会編『海軍要覧』一九四四年。

篠田介爾編『姫路飾磨神崎紳士大鑑』姫路興信所、一九二四年。

柴田建義『全国運送取扱人名簿』第七版、全国運輸聯合会、一九一九年。

商工社編ほか『日本全国商工人名録』一八九二年刊行版、一八九八年刊行版、一九一四年刊行版、一九一六年刊行版、一九一九年刊行版、一九二一年刊行版、一九二五年刊行版。

シンガー製造会社編『諸製造所用裁縫機械目録表』南中社、一九〇一年。

砂田亀男編『特殊ミシンカタログ全集』日本ミシン商工通信社、一九三六年。

繊維需給調整協議会愛知県支部編『(繊維需給調整関係法規類纂別冊附録)繊維製品配給消費統制規則関係法規集(衣料品切符制関係法規)』(繊維統制法規刊行会、一九四二年。

大日本商工会編『昭和五年版　大日本商工録』一九三〇年。

竹内則三郎編『兵庫縣姫路市。飾磨。印南。神崎一市三郡富豪家一覧表』名誉発表会、一九〇九年。

統制法令研究会編『統制法全書』教育図書、一九四二年。

名古屋商工会議所商工相談所編『統制関係法令集――繊維工業関係――』一九三八年。

日本商工会議所編『繊維業統制ニ関スル法規(自昭和一五年九月至昭和一六年六月)』一九四一年。

日本商工会議所編『繊維製品配給機構整備要綱』一九四一年。

日本繊維製品小売商業組合聯合会調査課編『繊維製品配給統制要攬』日本繊維製品小売商業組合聯合会、一九四一年。

蓮田重義編『工業用ミシン総合カタログ』工業ミシン新報社、一九五八年。

細谷秋編『行田足袋組合史』行田足袋被服工業組合、一九四四年。

森正『全国運送取扱人名簿』全国鉄道運輸業連合会事務所、一九〇〇年。

森正『全国運送取扱人名簿』再版、全国運輸連合会、一九〇三年。

四　新聞

「ミシン持つ店は〝工場〟である　裁縫の乙女も新解釈は職工洋裁屋にも工場法」『神戸新聞』一九三六年六月二八日。

「貿易管理に伴うわが産業界の動向――輸出入調整法と産業政策」『中外商業新報』一九三七年一一月一日。

五　二次文献

「愛知県額田藤川村是調査」一九〇二年。

浅井虎夫『新訂　女官通解』所京子校訂、講談社学術文庫、一九八五年。

浅井良夫「不動貯金銀行の発展構造」『一橋論叢』第八五巻一号、一九八一年一月。

浅田芳朗『姫路・第二海軍衣糧廠』一九七四年。

浅田芳朗『考古学の殉教者――森本六爾の人と学績――』柏書房、一九八二年。

浅沼アサ子「戦時下の女子教育Ⅱ――高等女学校家庭科と関連して――」『東京家政学院大学紀要』第二二号、一九八二年一二月。

阿部武司『日本における産地綿織物業の展開』東京大学出版会、一九八九年。

阿部武司「綿工業」西川俊作・阿部武司編『日本経済史四・産業化の時代(上)』岩波書店、一九九〇年。

阿部武司『近代大阪経済史』大阪大学出版会、二〇〇六年。

阿部猛編『日本古代官職事典』増補改訂、同成社、二〇〇七年。

井口あくり・可児徳ほか『体育之理論及実際』国光社、一九〇六年。

石井晋「アパレル産業と消費社会――一九五〇～一九七〇年代の歴史――」『社会経済史学』第七〇巻三号、二〇〇四年九月。

石橋正二郎『私の歩み』一九六二年。

磯部喜一『最近経済問題叢書　第一一』甲文堂書店、一九三九年。

逸見勝亮「戦時下における教育の崩壊過程――師範学校生徒の勤労動員――」『北海道大学教育学部紀要』第三一号、一九七八年三月。

伊東岩男『統制経済と商工業組合』産業文化研究所、一九四〇年。

伊藤萬株式会社偏『伊藤萬百年史』一九八三年。

伊藤萬商店企画部経済調査課『繊維製品配給統制と配給機構の整備（前編）』一九四一年。

伊藤萬商店企画部経済調査課編『伊藤萬経済叢書第五輯　解説。企業許可令と企業整備令。』伊藤萬商店企画部情報課、一九四二年。

井上俊『武道の誕生』吉川弘文館、二〇〇四年。

井上孝編『現代繊維辞典』増補改訂版、センイ・ジヤァナル、一九六五年。

今城徹「戦前期における不動貯金銀行の経営活動――中小商工業金融との関係を中心に――」『地方金融史研究』第四〇号、二〇〇九年五月。

入来朋子「西洋服装史にみられる女子服の袖の構成と機能に関する一考察――ゴシック期からルネッサンス期まで――」『長野県短期大学紀要』第三二号、一九七七年。

巌津政右衛門「不遷流と児島」倉敷史談会『倉子城』第一三号、一九七八年。

岩本真一「衣服産業史研究の動向――個別史から全体史へ――」大阪経済大学日本経済史研究所『経済史研究』第一七号、二〇一四年一月。

岩本真一『ミシンと衣服の経済史――地球規模経済と家内生産――』思文閣出版、二〇一四年。

遠藤武「仕事着」宮本馨太郎編『講座日本の民俗四　衣・食・住』有精堂出版、一九七九年。

大阪経済研究会編『繊維製品配給総覧』一九四二年。

大阪市『洋服受託製造工業の現況』大阪市中小商工業調査資料第一三篇、一九四〇年。

大阪洋服商同業組合編『日本洋服沿革史』一九三〇年。

大島真理夫「糸吉藤本政吉商店の商圏」『姫路市史』第五巻上・本編近現代一、姫路市役所、二〇〇〇年。

大島真理夫「希少生産要素による経済史の発展区分」徳永光俊・本多三郎編『経済史再考』思文閣出版、二〇〇三年。

太田虎一『生野史第一校補鉱業編』柏村儀作校補、生野町、一九六二年。

大塚佳彦『ファッション業界』教育社、一九七六年。

大塚製靴百年史編纂委員会編『大塚製靴百年史資料』一九七六年。

尾崎智子『二〇世紀日本の生活改善運動』博士論文、東京大学大学院人文社会系研究科、二〇一七年度。

鹿嶋洋「新発田市における既製服縫製業の展開」『地域調査』第一五号、一九九三年三月。

鍜島康子『アパレル産業の成立――その要因と企業経営の分析――』東京図書出版会、二〇〇六年。

片倉工業『片倉工業株式会社創業一一七年のあゆみ』一九九一年。

神奈川大学日本常民文化研究所編『仕事着――西日本編――』神奈川大学日本常民文化研究所調査報告第一二集、平凡社、一九八七年。

金光彌一兵衛『岡山県柔道史』一九五八年。

神立春樹『明治期の庶民生活の諸相』御茶の水書房、一九九九年。

木下明浩『アパレル産業のマーケティング史――ブランド構築と小売機能の包摂――』同文舘出版、二〇一一年。

木村発編『朝来志』巻三、一九〇三年。

くろだたけし「名選手ものがたり・八　不遷流田辺又右衛門」『近代柔道』ベースボール・マガジン社、一九八〇年六月号。

経済産業省中小企業庁編『中小企業白書』二〇一一年版。

神戸銀行史編纂委員会編『神戸銀行史』一九五八年。

神戸市編『産業調査資料　第一九』神戸市、一九三九年。

神戸洋服百年史刊行委員会編『神戸洋服百年史』一九七八年。

小島慶三『戊辰戦争から西南戦争へ』中央公論社、一九九六年。

小林正義『制服の文化史――郵便とファッションと――』ぎょうせい、一九八二年。

斎藤修「在来織物業における工場制工業化の諸要因――戦前期日本の経験――」『社会経済史学』第四九巻六号、一九八四年三月。

斉藤修『プロト工業化の時代――西欧と日本の比較史――』日本評論社、一九八五年。

坂上康博「大日本武徳会の成立過程と構造――一八九五～一九〇四年――」『行政社会論集』第一巻三号、一九八九年三月。

桜井秀『日本服飾史』雄山閣、一九二四年。

佐々木淳『アジアの工業化と日本――機械織りの生産組織と労働――』晃洋書房、二〇〇五年。

佐藤利夫『裂織――木綿生活誌――』法政大学出版局、二〇〇五年。

佐藤秀夫『教育の文化史二　学校の文化』阿吽社、二〇〇五年。

佐藤宏拓穣「国士館専門学校における武道教員養成の研究」『武道学研究』第三九巻二号、二〇〇六年。

三十八銀行編『三十八銀行五十年誌』一九二八年。

実践女子学園八〇年史編纂委員会『実践女子学園八〇年史』一九八一年。

篠崎文子「紳士服の形態研究――明治初期の洋服仕立てに関する一考察――」『日本服飾学会誌』第一六号、一九九七年五月。

篠崎文子「紳士服の形態研究――幕末期の洋服に関する一考察――」『日本服飾学会誌』第一七号、一九九八年五月。

下園聰『怒濤を越えて――国産ミシンの父・山本東作の生涯――』日本ミシン工業、一九六〇年。

柔道大事典編集委員会編『柔道大事典』アテネ書房、一九九九年。

商工組合中央金庫調査課『商工組合経営事例輯　第二輯』一九四二年。

商工経営研究会編『衣料品切符制の解説』大同書院、一九四二年。

白井博之「戦時体制下における普通・貯蓄銀行業の集中・合同について」『甲子園短期大学紀要』第二八号、二〇一〇年三月。

杉原実『博多織』改訂増補、葦書房、一九九八年。

鈴木正彦偏『和洋学園八十年史』和洋学園、一九七七年。

摺河学園兵庫播磨高等学校編『兵庫県播磨高等学校八十年のあゆみ――心の教育をめざして――』二〇〇二年。

関桂三『日本綿業論』東京大学出版会、一九五四年。

大丸弘「近世の襯衣に関する考察――その着装様態について――」『大阪樟蔭女子大論集』第七号、一九六九年一一月。

大丸弘「西欧人のキモノ観」(『国立民族学博物館研究報告』第八巻四号、一九八三年一二月。

大丸弘「西欧型服装の形成――和服論の観点から――」『国立民族学博物館研究報告別冊』四号、一九八七年二月。

大丸弘「シンポジウム特別講演　民族服飾と専門用語」専門用語研究会『専門用語研究』第一号、一九九〇年八月。

大丸弘・高橋晴子『日本人のすがたと暮らし――明治・大正・昭和前期の身装――』三元社、二〇一六年。

タウン編集室編『姫路市立城陽小学校創立八〇周年記念誌――城陽の歩みを求めて――』姫路市立城陽小学校創立八〇周年記念事業実行委員会、一九九一年。

鷹司綸子「近世以降に於ける農民服飾の研究――東北地方に見られる維新後の衣生活の進展――」『和洋女子大学大学紀要』第一三号、一九六八年一二月。

鷹司綸子「関東地方における維新後の衣生活の変貌」『和洋女子大学紀要家政系編』第二六号、一九八五年三月。

高橋一郎「女性の身体イメージの近代化――大正期のブルマー普及――」高橋一郎・谷口雅子他『ブルマーの社会史――女子体育へのまなざし――』青弓社、二〇〇五年。

高橋芳太郎編『郷土誌』枚田尋常高等小学校、一九一〇年。

高橋久一「戦時期企業整備の諸問題――中小企業問題について――」神戸大学経済経営研究所『経済経営研究』第二四号（Ⅱ）、一九七四年、一七一頁。

棚井仁「衣類消費と裁縫――「縫う」という行為に注目して――」加瀬和俊編『戦間期日本の家計消費――世帯の対応とその限界――』東京大学社会科学研究所研究シリーズNo.五七、二〇一五年。

田中千代『服飾事典』同文書院、一九六九年。

田中千代『服飾事典』増補版、同文書院、一九七三年。

田中陽子「十五年戦争下における更生利用の推進と裁縫科教師の問題関心」『日本家庭科教育学会誌』第五二巻二号、二〇〇九年七月。

田中陽子「一九三七年から一九四五年までの戦時下における被服統制と供給事情」『日本家庭科教育学会誌』第五二巻三号、二〇〇九年一〇月。

田中陽子「小学校裁縫科における裁縫と手芸の統合的扱い」『日本家庭科教育学会誌』第五四巻二号、二〇一一年七月。

谷本雅之『日本における在来的経済発展と織物業――市場形成と家族経済――』名古屋大学出版会、一九九八年。

谷本雅之「分散型生産組織の論理」阿部武司・中村尚史編『産業革命と企業経営――一八八二～一九一四――』講座日本経営史二、ミネルヴァ書房、二〇一〇年。

玉置紀夫『日本金融史』有斐閣、一九九四年。

田村均『ファッションの社会経済史——在来織物業の技術革新と流行市場——』日本経済評論社、二〇〇四年。

多和和彦『児島産業史の研究　児島の歴史第一巻』児島の歴史刊行会、一九五九年。

中外商業新報経済部『全解　商品統制の知識（続）』千倉書房、一九四〇年。

蝶矢シャツ八十八年史刊行委員会編『蝶矢シャツ八十八年史』一九七四年。

通商産業省編『商工政策史』第一二巻中小企業、一九六三年。

土屋角平編『大日本武徳会制定柔術形　乱補之巻』便利堂、一九〇八年。

角田直一『児島機業と児島商人』児島青年会議所、一九七五年。

出口稔編『日本洋服史』洋服業界記者クラブ・日本洋服史刊行委員会、一九七六年。

鉄道省編『日本鉄道史』中編、一九二一年。

鉄道省編『日本鉄道史』下編、一九二一年。

寺尾元彦『改正会社法通論』巌松堂、一九三九年。

東京商工会議所編『中小企業整備要綱輯録（五）』一九四三年。

東條由起彦『近代・労働・市民社会』ミネルヴァ書房、二〇〇五年。

藤堂良明・入江康平・村田直樹「柔道衣の形態と色に関する史的研究（その一）」日本武道学会『武道学研究』第三〇巻三号、一九九八年一月。

東洋レーヨン株式会社『レーヨンとステープルファイバー並に當社の沿革と現況』一九三九年。

東洋紡績株式会社社史編集室編『百年史　東洋紡』一九八六年。

東洋紡株式会社社史編集室編『東洋紡一三〇年史』二〇一五年。

富澤修身「戦前期大阪の繊維関連問屋卸商について」『経営研究』第六五巻第三号、二〇一四年一一月。

内務省警保局経済保安課編『経済警察関係法令質疑集』一九四一年。

中込省三『アパレル産業への離陸——繊維産業の終焉——』東洋経済新報社、一九七七年。

中込省三『衣服産業のはじめ』国連大学人間と社会の開発プログラム研究報告、一九八二年。

中島茂「岡山県児島地方の繊維産業と地域経済——学生服生産を中心にして——」『山陽論叢』第一四号、二〇〇七年一二月。

長島修『日本戦時鉄鋼統制成立史』法律文化社、一九八六年。

永原慶二『苧麻・絹・木綿の社会史』吉川弘文館、二〇〇四年。

永松茂州編『福岡県生葉郡江南村是』吉井町丁夾舎、一八九七年。

中村隆英「国内市場の発展と二重構造の成立」玉野井芳郎・内田忠夫編『二重構造の分析』一九六四年。

中村隆英『明治大正期の経済』東京大学出版会、一九八五年。

中山英三郎「不遷流柔術名人田辺又右衛門先生」吉備文化発行所『吉備文化』第六号、一九五五年。

中山千代『日本婦人洋装史』新装版、吉川弘文館、二〇一〇年。

難波知子「大衆衣料としての学生服――岡山県旧児島郡における綿製学生服の製造を中心に――」『国際服飾学会誌』第四七号、二〇一五年。

苦瓜・永田・門野・橘・辰己・田尻編『三田学園四十年史』三田学園、一九五二年。

日本銀行金融研究所『日本金融史資料』昭和続編付録第三巻、大蔵省印刷局、一九八八年。

日本近代史料研究会・伊藤隆編『日本陸海軍の制度・組織・人事』東京大学出版会、一九七一年。

日本繊維協議会編『日本繊維産業史　各論篇』繊維年鑑刊行会、一九五八年。

二村一夫『労働は神聖なり、結合は勢力なり――高野房太郎とその時代――』岩波書店、二〇〇八年。

能沢慧子『モードの社会史――西洋近代服の誕生と展開――』有斐閣、一九九一年
橋野知子『経済発展と産地・市場・制度――明治期絹織物業の進化とダイナミズム――』ミネルヴァ書房、二〇〇七年。

林恕哉『婦人職業案内』文学同志会、一八九七年。

原巷隠（池田憲之助）『各種営業小資本成功法』第三版、博信堂、一九〇八年。

播磨生産品評会編『揖保郡指要』伏見屋書店、一九一一年。

姫路紀要編纂会編『姫路紀要』一九一二年。

姫路市編『姫路誌』一九一二年。

姫路市埋蔵文化センター「考古学――播磨の先人　浅田芳朗――」二〇一〇年度冬季企画展チラシ。

平賀明彦「日本における戦時統制経済の実態――中小工業問題を通して――」『白梅学園大学・短期大学紀要』第四八号、二

〇一二年三月。

枚方市史編纂委員会編『枚方市史第四巻』一九八〇年。

枚方市史編纂委員会編『枚方市史別巻』一九九五年。

広島県被服工業協同組合記念誌編集委員会編『広島県被服工業協同組合――半世紀の歩み――』二〇〇〇年。

備後産地誌刊行委員会編『備後産地誌』繊研新聞社、一九六六年。

備後産地誌刊行委員会編『備後産地誌』繊研新聞社、一九七二年。

福井貞子「鳥取県の仕事着」神奈川大学日本常民文化研究所編『仕事着――西日本編――』神奈川大学日本常民文化研究所調査報告第一二集、平凡社、一九八七年。

福井貞子『木綿口伝』第二版、法政大学出版局、二〇〇〇年。

福田敬太郎・本田実『生活必需品消費規正』千倉書房、一九四三年。

藤本薫編『現代有馬郡人物史』三丹新報社、一九一八年。

文化出版局編『ファッション辞典』文化出版局、二〇〇六年。

細井富太郎「有限会社制による集団転業に就て」東京商工会議所・大阪商工会議所・名古屋商工会議所共編『中小商工経営の新体制』一元社、一九四一年。

細田豊「C・スレン染料」『有機合成化学協会誌』第一四巻四号、一九五六年。

カール・マルクス『資本論』大内兵衛・細川嘉六監訳『マルクス＝エンゲルス全集』第二三巻第一分冊、大月書店、一九六五年。(Karl Marx, "Das Kapital", Bd. I, Karl Marx - Friedrich Engels Werke, Band. 23, Dietz Verlag, Berlin/DDR, 1968.)

溝口紀子『性と柔――女子柔道史から問う――』河出書房新社、二〇一三年。

宮本馨太郎『民俗民芸双書　かぶりもの・きもの・はきもの』岩崎美術社、一九九五年。

桃山学院百年史編纂委員会『桃山学院百年史』一九八七年。

文部省編『学制百年史』帝国地方行政学会、一九八一年。

柳田国男編『服装習俗語彙』国書刊行会、一九七五年(初版一九四〇年)。

山内直一編『神戸市要覧』一九〇九年。

山口和雄編『日本産業金融史研究――織物金融篇――』東京大学出版会、一九七四年。

山崎広明・阿部武司『織物からアパレルへ――備後織物業と佐々木商店――』大阪大学出版会、二〇一二年。

山崎光弘『現代アパレル産業の展開――挑戦・挫折・再生の歴史を読み解く――』繊研新聞社、二〇〇七年。

山崎志郎『戦時経済総動員体制の研究』日本経済評論社、二〇一一年。

山崎志郎『物資動員計画と共栄圏構想の形成』日本経済評論社、二〇一二年。

由里宗之「戦中期銀行合同過程における神戸銀行の店舗展開（前編）――店舗網競合状況から窺われる「余りにも濃厚な地域的限定性という矛盾」――」『総合政策論叢』第三巻、二〇一二年三月。

由里宗之「戦中期銀行合同過程における神戸銀行の店舗展開（後編）――店舗網競合状況から窺われる「余りにも濃厚な地域的限定性という矛盾」――」『総合政策論叢』第四巻、二〇一三年三月。

由里宗之「戦時期における兵庫県下三銀行の合併中止の経緯とその後の神戸銀行との合併交渉過程――「兵庫県下における『地方銀行』の存続を」という企図の挫折――」『総合政策論叢』第五号、二〇一四年三月。

渡辺純子『産業発展・衰退の経済史――「一〇大紡」の形成と産業調整――』有斐閣、二〇一〇年。

六　二次文献（外国語）

劉克祥『簡明中国経済史』北京、経済科学出版社、二〇〇一年。
Chris Anderson, *"The Long Tail: Why the Future of Business Is Selling Less of More"*. New York: Hyperion, 2006.
Franco Brunello, *"The Art of Dyeing in the History of Mankind"*, Bernard Hickey（tl.）, Neri Pozza, 1973.

七　ウェブサイト

アジア歴史資料センター（JACAR）
大妻女子大学
共立女子大学
神戸大学附属図書館新聞記事文庫

国立公文書館
国立国会図書館
シンガーハッピージャパン
日本女子大学
姫路市立安富南小学校
兵庫県播磨高等学校
防衛省防衛研究所
モードの世紀／ミシンの世紀（筆者ウェブサイト）
文部科学省
Singer Sewing Company

【初出一覧】

※本書の元となった論文・著書と本書各章〔 〕の対応関係は、おおむね次のとおりである。

1「戦前期小規模縫製業者の資産動向――姫路市藤本仕立店「棚卸」の分析――」（『経済学雑誌』第一一七巻三号、二〇一七年二月）〔第二部八章〕

2「戦時期縫製業の業態転換――姫路市藤本仕立店の統制関連史料をもとに――」（『大阪経大論集』第六七巻一号、二〇一六年五月）〔第二部七章〕

3「戦時期縫製業と経営体転換――兵庫県姫路市藤本仕立店の動向から――」（『大阪経大論集』第六六巻六号、二〇一六年三月）〔第二部五章・六章〕

4「平肩連袖からみた近代裁縫技術の位置（2）――姫路市藤本仕立店の裁縫技術・ミシンの導入と生産工程――」（『大阪経大論集』第六六巻五号、二〇一六年一月）〔第一部一章〕

5「平肩連袖からみた近代裁縫技術の位置（1）――姫路市藤本仕立店の衣料品製作図を中心に――」（『大阪経大論集』第六六巻四号、二〇一五年一一月）〔第一部二章〕

6『ミシンと衣服の経済史――地球規模経済と家内生産――』第二部三章「中規模工場の経営動向――藤本仕立店の生産体制と多品種性――」（思文閣出版、二〇一四年七月）〔序章・補論1、ほか主に第一部各章、第二部四章・八章〕

7「衣服産業史研究の動向――個別史から全体史へ――」（『経済史研究』第一七号、二〇一四年一月）〔序章〕

8「近代日本の衣服用語――統計用語変遷の意味――」（『大阪経大論集』第六一巻四号、二〇一〇年一一月）〔第一部補論2〕

9「20世紀前半の衣料品部門産業化と中規模仕立業――兵庫県姫路市藤本仕立店の事例から――」（『社会経済史学』第七六巻第一号、二〇一〇年五月）〔第一部一章、第二部四章〕

10「近代における綿布加工業の実態――藤本仕立店の販売動向を中心に――」（修士学位論文、大阪市立大学大学院経済学研究科、二〇〇三年三月）〔序章、第二部四章〕

※第一部三章、第二部補論3、終章は書き下ろし。

あとがきと謝辞

近代日本の衣服産業は急速な産業化と衰退を経験したためその研究はいまだ十分に進んでいない。その空白を埋めるために、本書は一九世紀末から約半世紀にわたり兵庫県姫路市で仕立業を営んだ藤本家文書の全容解明をめざした。

会社史がいくつか残されたに留まる状況のもとで、私が藤本家文書と巡り合った経緯は前著『ミシンと衣服の経済史』ですでに述べた。同家文書と知り合って二〇年近い歳月が経つ。二〇〇〇年の夏、姫路市史編集室に依頼されて「大福帳」を中心にマイクロ撮影したが、現像所のミスで一二、〇〇〇枚のネガが真っ白になっていた。めげずに文書を大学院宛てにお借りして再撮影をしたが、その後の整理作業は思わしく進まなかった。

当時の大阪市立大学は経済研究所を廃止し、独立法人化に向けた動きもあり、空部屋や空教室の整理が慌ただしく、そわそわしていた。私は大学院のマイクロ・リーダーを使って、ある程度まとめてマイクロ・フィルムを印刷し、自宅へ持ち帰って史料解読作業とデータ処理に没頭した。そのため設備や備品の整理を予告する学内掲示板を見ないでいた。マイクロ・リーダーの傍に置いていた二〇本のリールが整理業者によってすべて廃棄されたのを知ったのは、廃棄後三か月ほどが過ぎた頃だった。

詰まるところ原史料をお借りした方が早いと考え、これまでの経緯を現当主の藤本祥二氏に話したところ、頻繁に史料を貸与して頂けるようになった。二〇〇三年に修士号を取得して以来、史料をお借りするたびに祥二氏から食事を御馳走していただくようになった。私はその都度、新しい論文を持って行こうと思い、調査の励みにした。

二〇一二年、私は中国雲南省昆明市出身の蔡蕾と再婚し、その報告を兼ねて一緒に藤本家を訪問した。祥二氏は一九九〇年代に昆明市へ旅行された際の写真をたくさん取り出され、同市石林の観光をはじめいろいろな思い出を話して下さった。姫路城が改修されてからは、城の夜景を見ながら祥二氏と食事や談笑をするようになった。この二〇年間、祖父政吉氏の人物像や仕立店の具体像を惜しむことなく祥二氏は話して下さった。

日本史学や経済史学の学会や研究会の報告では、題名に裁縫業や仕立業を冠しているにも関わらず、織物に関する質問やコメントを受けたり、テーラーかと勘違いされたりした。本論にも述べたが、仕立とは生地を裁断縫製して衣服を作ること、すなわち衣服裁縫のことであって注文の有無も程度も問わないし、一九世紀開港地のテーラーたちは注文服だけでなく既製服も広く取り扱っていた。藤本家文書に出会って以来、私は議論を育める研究者に出会えなかった。そして、学会から離れた。

藤本家文書の整理や読解を続けるなかで一番驚いたのは、たった一枚の史料であった。二〇〇七年のことだったと思う。その史料は一九四〇年に同家が所有していたミシンの一覧で、製造会社はすべてシンガー社であった。この時、二〇世紀前半日本の工業化の根元には、一九世紀後半と同様に外国の機械や技術が強く影響したのだと再認した。

一九九〇年代から日本経済史研究は、外国人と内国人が混在的だった近代化像を無視し、いわば国風経済史観というべき、外国からの独立を前提にしながらも外国からの影響に言及しない癖が散見されるようになった。日本の研究者たちは、いとも簡単に自分の親を忘れるらしい。その意味で最近三〇年間の日本経済史研究に躍動感はない。藤本家の所有ミシン一覧からは、それまでに読んだ日本経済史分野の論文や著書のすべてを超える衝撃を受けた。

これを機に、私はミシンの世界的普及と各国衣服産業の展開について調べた。二〇世紀転換期頃にシンガー社製ミシンは地球規模で販売され、世界中の良妻賢母像、学校教育、衣服文化、衣服産業に影響を与えた。それらの調査に没頭して私は論文を書きまくった。その成果が一冊目の『ミシンと衣服の経済史』(思文閣出版、二〇一四年)になった。

私が大阪経済大学日本経済史研究所に勤務していた頃、所長の本多三郎先生は私のミシン調査の成果を毎週じっくりと聞いて下さった。藤本仕立店を主題に二冊目の単著を書くよう勧めて下さったのはほかでもない本多先生である。

二〇一五年四月二日に京都大学の社会経済史・経営史ワークショップ(現史的分析セミナー)で渡邊純子先生が『ミシンと衣服の経済史』の書評をして下さり、口頭報告ではこれが初めての書評となった。当日、堀和生先生(京都大学名誉教授)は、今後も精力的に研究を続けるよう励ましてくださった。九日後の一一日、日本経済史研究所の経済史研究会で評者の阿部武司先生(国士舘大学)と谷本雅之先生(東京大学)が「二冊目を期待」と仰って、直後の懇親会で二冊目は藤本仕立店で書こうと本多先生が念を押して下さった。

この二つの書評会を機に、私は修士課程と博士課程の間に書き溜めた雑文や未刊行原稿など、藤本家文書に関するあらゆる草稿を掻き集めた。それらを主題ごとに分割し再構成した上で、当時の勤務先である大阪経済大学の紀要論文に発表していった。提出のたびに山本正先生は細かく原稿をチェックして下さった。

二〇一六年一月、社会経済史学会近畿部会・経営史学会関西部会主催の合同合評会でも渡邊先生が司会と評者を務めて下さった。渡邊先生の感想や助言は自分の研究の立場を振り返らせられるもので、ミシン、衣服産業、そして藤本家文書の関係を常に確認する重要性を教わった。堀先生からは、同一部門の研究者がいない主題を研究する困難さや、研究自体を続ける意義について話していただいた。大学院を修了してから非常勤講師が長く続き、しばしば気が滅入りそうになったが、堀先生を思い出すと元気を取り戻せる。また、史的分析セミナーで知り合った長島修先生（立命館大学名誉教授）からは製鉄業一筋の研究姿勢に元気づけられている。長島先生は社会経済史研究会を今でも主宰され、しばしば報告の機会を下さっている。

同研究会や史的分析セミナーをつうじて、当時京都大学大学院経済学研究科の博士課程に在籍していた見浪知信君（現桃山学院大学）と知り合い、互いの自宅が近かったこともあり、研究状況や日本経済史像について頻繁に意見交換をした。彼との会話がいつも盛り上がることは、非常勤という立場から専門ゼミを持てない状況のなかで大きな自信につながった。

二〇一七年には尾崎智子さん（追手門学院大学学院志研究室）、二〇一八年には安城寿子さん（阪南大学）と知り合い、近代日本の衣服変容についてさまざまな角度から議論を交わすようになった。見浪君や尾崎さんや安城さんとの会話が弾めば、今まで研究を続けてきたことが報われた気持ちになれた。学会では得られない達成感である。

この一〇年間ちかく、高橋晴子先生（元大阪樟蔭女子大学）とは直接や電子メールで研究内容や衣服史の議論を幾度となく交換していただいた。また、二〇一九年二月からは濱田雅子先生（元武庫川女子大学）の主宰されるアメリカ服飾社会史研究会に参加させていただくようになった。

文献関係でお世話になった方々や諸機関も明記しておきたい。姫路市市史編集室の方からはたびたび貴重文献の閲覧に便宜を図っていただいた。大阪産業大学綜合図書館の方々には図書資料の閲覧はもとより、文献取寄せや複写依頼に並々ならぬ便宜を図っていただいた。坂上茂樹先生（大阪市立大学）やアトリエそだ代表の祖田好夫氏はミシン図録や繊維辞典など、図書館に置かれていない貴重書を提供して下さった。桃山学院史料室の玉置栄二氏は自彊学院に関する文献を提供して下さった。講道館図書資料部の森田貴久子氏は戦前期講道館の他流稽古に関する情報を教示して下さった。

修士課程進学以来、私の学業を長期にわたり精神的に支えてくれたのは父の基祿と母の壽子である。私は大阪府立大学経済学部の入学から満期退学までの八年間、放蕩に放蕩を尽くした。市立大学の修士課程でも一年間留年した。しかし、基祿は「せっかく乗った船、気の済むまで乗れ」と博士課程の進学を快諾してくれた。母も「とにかく応援する」と微笑んでくれた。両親の言葉で私は精神的に吹っ切れ、博士課程では史料調査に一層のめり込むことができた。

研究の支えとなってきたのは、個人的にお付き合いをしている研究者のおかげでもある。私はあまりにもよく喋るので大学院生や先生から台風や猛獣と言われていた。そのなかで伊澤正興君（現近畿大学）は私の沸騰した議論を最も頻繁に聞いてくれ、程良く風力や風速を調整してくれた。私の博士課程修了直前に市大に勤務していた瀬戸口明久君（現京都大学人文科学研究所）は今でも食事会と称して、伊澤君と一緒によく餌づけをしてくれている。

いま私には二人目の妻蔡蕾がいる。部屋では本縫ミシンとロックミシンが賑やかに動き、旗袍、アオザイ、着物リメイクのドレス類が並んでいる。また、土と食材と効用の知識を有機的に繋げて実に多彩な料理を作ってくれる。不安定な家計収入でも日常生活を楽しく過ごせるのは妻のおかげである。

これまでの恋人たちと同様に彼女の人生にもいろいろなことがあった。近現代史を振り返っても、女性の人生はさまざまである。家庭を築いた女性もいれば、何らかの事情で家庭を築かない（または築けない）女性や、途中で家族や家庭を失った女性もいる。しかし、どのような人生を歩もうと、世界中の女性たちは家や工場でミシンを踏んできた。そのような女性たちの一部に、藤本仕立店のような裁縫業者がミシン貸与や技術伝授などをつうじて媒介者となり、衣服産業や衣服文化を突き動かした点を想像して本書を捉え直していただければ、新しい本書の読み方が出てくるはずである。

本書は大阪市立大学経済学会木本基金から出版費用の一部を助成された。思文閣出版の田中峰人さんと中原みなみさんからは読み応えや論旨展開の点から丁寧な助言や感想をたくさんいただき、とくに校正前の最後の修正と初校は大幅にランクアップできた。

岩本真一

二〇一九年五月一日

索　　引

※藤本政吉をはじめ、藤本家に属する人物（吉平、嘉吉、春治、常、祥二、弥栄、ます、ユキ）は索引の対象としていない。

◎著者略歴◎

岩本　真一（いわもと　しんいち）

1970年７月７日生。奈良県橿原市出身。経済学博士（大阪市立大学・2010年３月）。大阪府立大学経済学部満期退学後、法政大学通信教育課程を経て経済学学士（学位授与機構）。大阪市立大学大学院経済学研究科前期博士課程および後期博士課程修了。国立民族学博物館（総合研究大学院大学）特別共同利用研究員、大阪経済大学日本経済史研究所研究員、追手門学院大学・大阪産業大学非常勤講師などを経て、現在、大阪市立大学大学院経済学研究科特任助教、同志社大学経済学部嘱託講師、龍谷大学・園田学園女子大学非常勤講師。

主な業績

〔単著〕『ミシンと衣服の経済史――地球規模経済と家内生産――』思文閣出版、2014年。

〔論文・書評など〕「学術資料　戦前期ミシンに関する産業財産権――その一覧と傾向――」『大阪産業大学経済論集』第18巻２号、2017年３月。「書評　鄭鴻生著『台湾少女、洋裁に出会う――母とミシンの60年――』」『週刊読書人』2016年12月９日号。「ミシン国産化の遅延要因――特許出願の方向性に関連して――」『大阪経大論集』第67巻２号、2016年７月。「近現代旗袍の変貌――設計理念と機能性にみる民族衣装の方向――」『大阪経大論集』第66巻３号、2015年９月。「書評　パトリシア・リーフ・アナワルト著・蔵持不三也監訳『世界の民族衣装文化図鑑１・２』『週刊読書人』2012年１月13日号。「衣服用語の100年――衣服史研究の諸問題と衣服産業の概念化――」奈良産業大学経済経営学会『産業と経済』第23巻３・４号、2009年３月。

近代《きんだい》日本《にほん》の衣服《いふく》産業《さんぎょう》

――姫路《ひめじ》市《し》藤本《ふじもと》仕立店《したててん》にみる展開《てんかい》――

2019（令和元）年９月20日発行

著　者　岩本　真一

発行者　田中　大

発行所　株式会社　思文閣出版

〒605-0089 京都市東山区元町355

電話 075-533-6860（代表）

装　幀　上野かおる（鷺草デザイン事務所）

印　刷
製　本　株式会社 図書印刷 同朋舎

ISBN978-4-7842-1981-0　C3033